走向深蓝·海洋管理系列

海洋管理及案例分析

刘 洋 等著

大连海洋大学东北亚研究中心（教育部备案GQ17091）资助

大连海洋大学社会科学界联合会资助

辽宁省社会科学界联合会：辽宁省区域经济发展研究重点基地

（海洋经济发展与法律政策研究）项目资助

中国太平洋学会海洋维权与执法研究分会资助

辽宁省法学会海洋法学研究会资助

大连市社会科学界联合会、大连市国际法学会资助

东南大学出版社
SOUTHEAST UNIVERSITY PRESS
·南京·

图书在版编目(CIP)数据

海洋管理及案例分析 / 刘洋等著. —南京：东南大学
出版社，2019.11
（走向深蓝 / 姚杰，裴兆斌主编. 海洋管理系列）
ISBN 978 - 7 - 5641 - 8669 - 2

Ⅰ. ①海…　Ⅱ. ①刘…　Ⅲ. ①海洋—管理—案例
Ⅳ. ①P7

中国版本图书馆 CIP 数据核字(2019)第 284516 号

海洋管理及案例分析　Haiyang Guanli Ji Anli Fenxi

著　者	刘洋　等
出版发行	东南大学出版社
出 版 人	江建中
社　址	南京市四牌楼 2 号(邮编：210096)
网　址	http://www.seupress.com
责任编辑	孙松茜(E-mail：ssq19972002@aliyun.com)
经　销	全国各地新华书店
印　刷	虎彩印艺股份有限公司
开　本	700 mm×1000 mm　1/16
印　张	12.75
字　数	257 千字
版　次	2019 年 11 月第 1 版
印　次	2019 年 11 月第 1 次印刷
书　号	ISBN 978 - 7 - 5641 - 8669 - 2
定　价	49.80 元

（本社图书若有印装质量问题，请直接与营销部联系。电话：025 - 83791830）

走向深蓝·海洋管理系列编委会名单

总 序 *General Preface*

　　海洋对自然界、对人类文明有着巨大的影响,人类社会发展的历史进程一直与海洋息息相关,海洋是生命的摇篮,它为生命的诞生、进化与繁衍提供了条件;海洋是风雨的故乡,它在控制和调节全球气候方面发挥着重要的作用;海洋是资源的宝库,它为人类提供了丰富的食物和无尽的资源;海洋是交通的要道,它为人类从事海上贸易提供了经济便捷的运输途径;海洋是现代高科技研究与开发的基地,它为人类探索自然奥秘,发展高科技产业提供了广阔的空间。

　　2002 年可持续发展世界首脑会议通过的《约翰内斯堡执行计划》进一步指出,应促进在国家一级采用综合、跨学科及跨部门的沿海与海洋管理方法,鼓励和协助沿海国家制定海洋综合管理政策和建立相关机制。2005 年联合国世界首脑会议提出要"在各个层面加强合作与协调,以便用综合方法解决与海洋有关的各类问题,并促进海洋综合管理与可持续发展"。2012 年 6 月联合国可持续发展大会通过了题为《我们憧憬的未来》的成果文件,进一步重申了 1992 年联合国环境与发展大会和 2002 年可持续发展世界首脑会议做出的承诺。2012 年 11 月 26 日,联合国秘书长和联合国系统行政首长协调理事会在关于《对联合国海洋事务协调机制的评估》报告的评论意见中指出,联合国联合检查组提出的第一条建议是"联大应在第六十七届会议上建议各国设立海洋和有关问题的国家协调中心","联合国系统各组织对此建议表示支持和欢迎"。

　　从 20 世纪 70 年代开始,尤其是自 1992 年联合国环境与发展大会以来,联合国日益重视海洋事务,并确立了联合国海洋事务协调机制,许多沿海国家纷纷制定海洋战略、政策与计划,推进海洋综合管理与海洋事务高层协调机制和执法队伍建设。我国在推进海洋综合管理方面已取得显著进展。近年来,党中央、国务院高度重视海洋工作。党的十六大在规划我国未来 20 年经济与社会发展宏伟蓝图时,将"实施海洋开发"作为其中一项重要的战略部署。党的十八大报告指出:"提高海洋资源开发能力,坚决维护国家海洋权益,建设海洋强国。"《中华人民共和国国民经济和社会发展第十一个五年规划纲要》,首次将海洋作为专门一章进行规划部署。《国家中长期科学和技术发展规划纲要(2006—2020 年)》,也把海洋科技列为我国科技发展五大战略重点之一。

　　由此可见,海洋事业将在我国政治、经济和社会发展中发挥越来越重要的作用。因而,将目光转向海洋、经略海洋,实施有效的海洋管理,是我国新时期实现新发展的重要内容,也是我国实施可持续发展战略的必然选择。

我国现行的海洋管理体制是在我国社会主义建设初期的行政管理框架下形成的,其根源可推至我国计划经济时期形成的以行业管理为主的模式,是陆地各行业部门管理职能向海洋领域的延伸。[①] 自新中国成立以来,我国海洋管理体制大概经历了四个阶段:

第一阶段是分散管理阶段。从新中国成立至20世纪60年代中期,我国对海洋管理体制实行分散管理,主要是由于新中国刚刚成立,对于机构设置、人员结构的调整还处于摸索和探索时期,其主要效仿苏联的管理模式,导致海洋政策并不明确,海上执法建设相对落后。随着海洋事务的增多,海洋管理规模的扩大,部门与部门之间、区域与区域之间出现了职责交义重叠、力量分散、管理真空的现象。[②]

第二阶段是海军统管阶段。从1964年到1978年,我国海洋管理工作由海军统一管理,并且成立国务院直属的对整个海洋事业进行管理的国家海洋局,集中全国海洋管理力量,统一组织管理全国海洋工作。此时的海洋管理体制仍是局部统一管理基础上的分散管理体制。

第三阶段是海洋行政管理形成阶段。这一阶段的突出特点是地方海洋管理机构开始建立。至1992年底,地(市)县(市)级海洋机构已达42个,分级海洋管理局面初步形成。海上行政执法管理与涉海行业或产业管理权力混淆在一起,中央及地方海洋行政主管部门,中央及地方各涉海行业部门,各自为政,多头执法,管理分散。

第四阶段是综合管理酝酿阶段。这一阶段的特点是国家制定实施战略、政策、规划、区划、协调机制以及行政监督检查等行为时,开始注重以海洋整体利益和海洋的可持续发展为目标,但海洋执法机构仍呈现条块结合、权力过于分散的"复杂局面"。[③] 仍然无法改变现实中多头执法、职能交叉、权力划分不清等状况。

2013年3月14日《国务院机构改革和职能转变方案》公布,为了进一步提高我国海上执法成效,国务院将国家海洋局的中国海监、公安部边防海警、农业部中国渔政、海关总署海上缉私警察的职责整合,重新组建国家海洋局,由国土资源部管理。[④] 2018年3月党的十九届三中全会通过了《中共中央关于深化党和国家机构改革的决定》和《深化党和国家机构改革方案》,组建自然资源部,作为国务院组

---

① 刘凯军.关于海洋综合执法的探讨[J].南方经济,2004(2):19-22.
② 宋国勇.我国海上行政执法体制研究[D].上海:复旦大学,2008.
③ 仲雯雯.我国海洋管理体制的演进分析(1949—2009)[J].理论月刊,2013(2):121-124.
④ 李军.中国告别五龙治海[J].海洋世界,2013(3):6-7.

成部门,自然资源部对外保留国家海洋局牌子,不再保留国土资源部、国家海洋局、国家测绘地理信息局。

总之,为了建设强大的海洋国家,实现中华民族的伟大复兴,更好地维护我国海洋权益和保障我国海上安全,有效地遏制有关国家在海上对我的侵扰和公然挑衅,尽快完善我国海洋管理体系显得尤为必要,这也是海洋事业发展的紧迫要求和时代赋予我们的神圣使命。

为使我国海洋管理有一个基本的指导与理论依据,大连海洋大学海洋法律与人文学院组织部分教师对海洋管理工作进行研究,形成了走向深蓝·海洋管理系列成果。

丛书编委会主任由姚杰担任;宋林生、张国琛、胡玉才、赵乐天、裴兆斌担任丛书编委会副主任。王君、王太海、王祖峰、田春艳、刘鹰、刘海廷、刘新山、李文旭、李巍、高雪梅、郭云峰、常亚青、彭绪梅、蔡静担任丛书编委会编委。

丛书主要作者刘洋系大连海洋大学海洋法律与人文学院行政管理教研室主任,长期从事海洋综合管理教学与科研工作,理论基础雄厚。其余作者均系大连海洋大学海洋法律与人文学院等部门教师、研究生及其他院校教师、博士和硕士研究生,且均从事渔政渔港监督管理、海洋行政管理、邮轮游艇管理、海洋人力资源管理等教学与科研工作,经验十分丰富。

本丛书的最大特点:准确体现海洋管理内涵;体系完整,涵盖海洋管理所有内容;理论联系实际,理论指导实践,具有可操作性。既可以作为海洋行政管理部门管理海洋的必备工具书,又可作为海洋行政管理部门的培训用书;既可以作为涉海高校行政管理专业、人力资源管理专业等方向本科生的教材,又可作为这些专业的教学参考书。

希望本丛书的出版,对完善和提高我国海洋管理水平与能力提供一些有益的帮助和智力支持,更希望海洋管理法治化迈上新台阶。

大连海洋大学校长、教授

2015 年 10 月于大连

前 言 *Preface*

　　20世纪70年代开始,尤其是自1992年联合国环境与发展大会以来,联合国日益重视海洋事务,并建立了联合国海洋事务协调机制,我国在推进海洋综合管理方面也取得显著进展。随着海洋强国战略的落地,各省份不约而同将目光聚焦海洋,进一步关心海洋、认识海洋和经略海洋,不断提出发展海洋的新构想,海洋管理面临着前所未有的发展机遇。

　　行政管理(渔政与渔港监督管理)作为大连海洋大学重点支持的海洋人文社会科学特色研究领域,其发展一直受到学校和学院的高度重视。该专业自2006年成立以来,海洋管理概论、海洋行政管理、渔政管理学、渔港监督业务等被作为专业核心课程,但作为研究生和本科生授课的专著与教材相对较少,海洋管理的案例教学教材领域几乎为空白。众所周知,在管理学科的教学体系中,案例教学存在明显的优势,海洋管理的案例汇总与分析不仅能对未来的实际工作起到启示作用,而且还可以丰富海洋管理课程的教学内容。

　　基于上述考虑,笔者产生了对海洋管理案例教材进行深入研究和撰写的想法。同时,我们借助农业农村部渔业渔政管理局等部门进行调研的机会,虚心地向实务部门的领导和管理者进行了请教,实务部门提供了大量真实的实践案例,

① 基金项目:

(一)科研项目

1. 2017年度国家社科基金重大项目"构建中国特色境外追逃追赃国际合作法律机制研究"(17ZDA136);2. 湖南省社科基金重点项目(构建中国特色境外追赃之资产直接追回国际合作法律机制(19ZDB34);3. 辽宁省教育厅2019年度科学研究经费项目"我省涉外渔业管控困境及法律对策研究"(DW201903);4. 2020辽宁省经济社会发展研究课题"辽宁省涉外渔业管控法律问题研究"(2020lslktjdzd‐014);5. 2018年度大连海洋大学第三届蔚蓝英才工程项目阶段性成果。

(二)教改项目

1. "辽宁省高校优质教育资源共享机制建设研究",辽宁省教育科学"十三五"立项规划2018年度课题(JG18DB0066);2. "卓越海洋法治人才培养研究与实践",2018年度辽宁省普通高等教育本科教学改革研究项目(辽教函〔2018〕471)号;3. "卓越海洋法治人才教育培养计划的探索与实践",中国学位与研究生教育学会农林学科工作委员会2019年研究课题立项(2019‐NLZX‐YB52);4. "新时代海洋强国背景下海洋法治人才培养体系创新与实践",大连海洋大学2019年度校级本科教育教学改革研究项目(大海大校发〔2019〕152号;5. 行政管理专业"专业思政"教学改革的探索与实践,2018年度辽宁省普通高等教育本科教学改革研究项目(辽教函〔2018〕471号)。

在实务部门的领导和部分管理者的帮助下,我与姜眹芃、范英梅、程佳琳终于完成了这本著作。

本书主要包括海洋环境案例篇、海洋资源案例篇、海域管理案例篇与海岛管理案例篇等共9章。为便于教学,本书各章的内容力求做到形式的统一,其结构一律设计为"目标设置""理论综述""案例分析""问题思考"四部分,其中"案例分析"由内容梗概、资料来源、要点分析、参考文献构成。"案例分析"的案例选材严格遵守"真实""典型""时效"和"普遍"的原则,要点分析与问题思考不是就事论事地对案例分析内容的简单重复,而是带有回归色彩的再思考,即换成"问题"的方式将对案例咀嚼后的理解再回归到理论层面的认识,是一种通过对案例感性材料的剖析进而升华到内在理性认识层面的产物。

本书由刘洋提出全书内容设计并制订写作大纲和撰写计划,各章初稿的写作分工是:刘洋负责第四、八章的撰写;姜眹芃负责第二、九章的撰写;范英梅负责第一、三章的撰写;程佳琳负责第五、六、七章的撰写。初稿完成后,由刘洋对各章内容进行了修改、统稿并定稿。

本书的付梓得益于大连海洋大学党委书记姚杰、校长宋林生的鼎力支持与指导,也受益于农业农村部渔业渔政管理局等部门领导和执法者的无私帮助与启迪,同时大连海洋大学海洋法律与人文学院诸多老师都给予了大力帮助,在此深表衷心的谢意!东南大学出版社编辑孙松茜老师不辞劳苦逐字逐句予以核校勘正,在此也表达我们深深的谢忱!

本书在写作过程中参考了一些经典著作和大量的专业研究成果,向这些著作的作者们表示由衷的感谢。由于时间关系,本书可能仍存在问题和不足,恳请读者给予批评指正。

刘　洋

2019 年 5 月 18 日

目 录

海洋环境案例篇

一、目标设置

伴随着经济发展,过度捕捞、海水污染、海岸环境被破坏,不仅造成渔业资源严重衰退而且严重影响了人民的生活。该如何修复海洋环境,首要问题是要科学地进行管理。海洋环境是指围绕海洋的所有空间构成的自然要素和人类与这些空间要素间产生的一系列非自然要素的综合体。非自然要素的海洋环境还包括由人类相互作用的关系形成的社会要素,不能忽视海洋环境与人类的社会性相互作用而引发的一系列结果,在强调管理和保护海洋环境的一系列方法和措施时,需要充分考虑海洋环境的社会属性和特征。海洋环境管理是政府行使海洋行政管辖权的一种行政行为,是政府为协调社会发展与海洋环境的关系、保持海洋环境的自然平衡和持续利用,综合运用行政、法律、经济、科学技术和国际合作等各种有效手段,依法对影响海洋环境的各种行为进行的调节和控制活动。本章的3 个案例在于说明如下结论。

(1)海洋环境管理属于海洋管理的范畴,是海洋行政管理的一部分。海洋环境管理是国家海洋环境管理部门按照对海洋经济发展进行全面规划、合理布局的原则,运用行政、法律、经济、教育和科学技术手段等,实现合理开发利用海洋资源、综合防治海洋污染、改善海洋环境质量、保持海洋生态平衡的目标而行使的基本职能。

(2)进行海洋环境管理,必须贯彻全面规划、合理布局的原则,运用行政、经济法律、教育、技术等手段,使海洋资源开发利用和海洋环境保护同步规划、同步实施、同步发展,实现经济效益、社会效益和环境效益的统一。加强海洋环境保护机构建设,提高管理人员的业务素质,是进行海洋环境保护管理的组织保证。健全海洋环境保护法制,是强化管理的法律依据。不断提高人们的海洋环境意识和法制观念,是搞好管理的思想基础。

二、理论综述

(一) 海洋环境的概念与特征

1. 海洋环境的概念

环境总是相对于某一中心事物而言的,并随着中心事物的变化而变化。在《中华人民共和国环境保护法》第二条中,环境的定义是:"影响人类生存和发展的各种天然的和经过人类改造的自然因素的总和,包括大气、水、海洋、土壤、矿藏、森林、草原、野生动物、自然遗迹、人文遗迹、自然保护区、风景名胜区、城市和乡村等。"环境概念的内涵是强调以人为主体,还包括相对于主体周围存在的一切自然的、社会的事物及其变化与表征的整体。

与之相应,海洋环境的构成至少包括两个方面:一是围绕海洋的自然个体要素,即物理、化学、生物要素、海底地理、地貌等构成海洋空间的环境要素;二是人类与海洋相互作用的非自然因素,如海洋污染、海洋灾害等。因此,海洋环境即是指围绕海洋的所有空间构成的自然要素和人类与这些空间要素间产生的一系列非自然要素的综合体。应该注意的是,非自然要素的海洋环境还包括由人类相互作用的关系形成的社会要素,因此,不能忽视海洋环境与人类的社会性相互作用而引发的一系列结果,在强调管理和保护海洋环境的一系列方法和措施时,需要充分考虑海洋环境的社会属性和特征。

在社会学领域,海洋环境包括的范围更加广泛。社会学不只关注海洋自然环境形成的影响,还注重研究与海洋相关的人文环境。海洋管理学与海洋社会学相似,也倾向于将海洋环境视为自然和非自然环境的集合。从管理学的角度看,如此界定海洋更加有助于对其进行客观和系统的了解和研究,契合该学科对于海洋研究的现实需要①。

在法学领域,不同的学者也给出了不同的解释。韩培德认为海洋环境包括的范围非常广泛,不仅指海洋水域,还应该将沿海陆地区域,比如:滨海湿地、入海口区域等也包括进去。蔡守秋、何卫东两位学者则持保守看法,认为海洋环境只能是指海洋水域,剩下的环境要素不应该属于海洋②。

2. 海洋环境的特征

(1) 整体性和区域性

海洋环境的整体性,是指海洋环境的各个组成部分或要素构成一个完整的系统,故又称为系统性。系统内的各环境要素是互相联系、互相影响的。海洋环境的区域性或称区域环境,是指环境特性的区域差异,不同地理位置的区域环境各

---

① 邓丽丽.我国海洋环境污染防治法律问题研究[D].北京:中国海洋大学,2016.
② 陈敏.海洋环境污染及其法律对策研究[D].大连:大连海事大学,2008.

有其不同的整体特性。海洋环境整体性和区域性的这个特点,可以使人类选择一条包括改变、开发、破坏在内的利用自然资源和保护环境的道路。例如,海洋生态环境是海洋生物生存和发展的基本条件,生态环境的任何改变都有可能导致生态系统和生物资源的变化。海洋环境各要素之间的有机联系,使得海洋环境的整体性、完整性和组成要素之间密切相关,任何海域某一要素的变化,都不可能仅局限在产生的具体地点上,都有可能对临近海域或者其他要素产生直接或间接的影响和作用。这是因为生物依赖于环境,环境影响生物的生存和繁衍。但当外界环境变化量超过生物群落的忍受限度时,就会直接影响生物系统的良性循环,从而造成生态环境的破坏。

（2）变动性和稳定性

海洋环境的变动性,是指在自然和人为因素的作用下,环境的内部结构和外在状态始终处于不断变化之中。而稳定性,是指海洋环境系统具有一定的自我调节能力,只要人类活动对环境的影响不超过环境的净化能力,环境可以借助自身的调节能力使这些影响逐渐消失,令其结构和功能得以恢复。

（3）容纳性和多样性

因为全球海洋的容积约为 1.37×10^9 km³,相当于地球总水量的 97% 以上。海洋作为一个环境系统,其中发生着各种不同类型和不同尺度的海水运动或波动,而这些都是海洋污染物运输的重要动力因素。任何排入海洋的污染物通过海洋环境自身的物理、化学和生物的净化作用,能使污染物的浓度自然地逐渐降低乃至消失,但海洋的净化作用是有限的,超过海洋生态系统的自净能力必然引起海洋生态系统的退化。

（二）海洋环境污染及其危害

1. 海洋环境污染的法律内涵

关于海洋环境污染在法律上的定义,大部分学者同意《联合国海洋法公约》的表述:海洋环境污染是指因物质或者能量被排入海水、河口湾中,导致的海洋动植物资源受到危害、人类健康受到影响、海上活动受到妨碍、海水使用质量下降和美好环境质量下降[①]。其包括四方面内涵:第一,引入海洋的污染物质和能量是由外部引入的,并不是海洋自然发生的。更加直接地说:污染是由人类的某些有意或无意、直接或间接的行为导致的。第二,海洋环境污染物的来源主要来自两方面:直接污染和间接污染。直接污染顾名思义就是将污染物直接丢弃或抛撒于海洋中。间接污染被普遍认为是由其他环境因素的污染所引起的海洋环境污染。第三,污染分为两种:可预测和不可预测。可预测的污染即现实可见的污染。而

[①] United Nations Convention on the Law of the Sea, 1982.

后者指的是当前的科技水平还不能证实其损害程度的污染[①]。第四,与以上污染种类相似,海洋环境污染造成的损害也包含两类:有形的损害和无形的损害。有形的损害即物质上的损害,如海洋动植物资源减少、人类身体健康程度下降、渔业旅游业损失等[②]。无形的损害指两个方面:人类可使用海水质量的下降和人类可欣赏到的海洋优美环境等级的下降。

2. 海洋环境污染的危害

(1) 石油污染及其对渔业的危害

石油是海洋污染的主要物质,在港口、海湾、沿岸,船舶的主要航线附近,以及海底油田周围,经常可以看到漂浮的油块和油膜。我国近海石油污染严重,几个海域各种油污入海量每年高达 144 000 吨,其中渤海油污染约占 44%,每年约64 000 吨。石油污染范围广,对水生生物、水域环境和人体健康都有不良影响。石油污染的主要来源有:沿岸工矿企业的排放废水,港口、油库设施的泄漏,船舶在航行中漏油,海难事故,海底石油开采及油井喷油,以及拆船工业的油扩散等。入海的石油,由于比水轻,便漂浮在水面上,扩展成油膜。油膜在扩散和漂流过程中,轻组分迅速挥发,重组分沉降或黏附在悬浮固体颗粒上而后沉到海底。石油污染对渔业危害最大,因为漂浮在海面上的油膜,隔断了大气与海洋气体的交换,减弱了太阳的辐射量,影响植物光合作用,降低了水域的海洋初级生产力。石油中低沸点的饱和烃对低等海洋生物具有毒性,特别对其幼体危害更大;而高沸点饱和烃过量会干扰海洋生物的营养状况,影响其生长,毒性大的燃料油能大量毒死鱼类。

(2) 重金属污染及其对渔业的危害

重金属是指相对密度大于 5 的金属。污染水体的重金属主要有汞、铜、锌、镉、铬、镍、锰、钒等,其中汞的毒性最大,镉次之,铬等也有相当大的毒性。砷和硒虽然属非金属,但其毒性及某些性质类似于重金属,所以在环境化学中都把它归于重金属范围。重金属污染物主要来源于纺织、电镀、化工、化肥、农药、矿山等工业生产中排出的重金属废水流入江河湖海。重金属在水体中一般不容易被微生物分解,只能发生生态之间的相互转化、分散和富集。重金属在水中一般呈化合物形式,也可以离子状态存在,但重金属的化合物在水体中溶解度很小,往往沉于水底。由于重金属离子带正电,因此在水中很容易被带负电的胶体颗粒所吸附。吸附重金属的胶体随河水向下游移动,但多数很快沉降。由于这些原因,大大限制了重金属在水中的扩散,使重金属主要集中于排水口下游一定范围内的底泥中。沉积于底泥中的重金属是个长期的次生污染源,而且难治理。每年汛期,河

---

① 邓丽丽.我国海洋环境污染防治法律问题研究[D].北京:中国海洋大学,2016.

② 李娜.海洋油污生态损害赔偿法律制度研究[D].哈尔滨:哈尔滨工程大学,2013.

川流量加大和对河床冲刷增加时,底泥中的重金属随泥一起流入径流。

（3）农药污染及其对渔业的危害

对环境造成污染的农药,主要包括含有汞、铜、铅等重金属的农药和含有有机磷、有机氯的农药。含有重金属的农药所产生的危害与重金属污染的危害相同。有机磷农药的毒性较烈,能在局部水域造成危害,但它较易分解,毒性作用持续时间不长。有机氯农药的结构比较稳定,不易分解,因此其毒性作用持续时间较长。有机氯污染的水域以滴滴涕和多氯联苯的农药为主。难分解的农药已成为全球性的污染物,参与大气和水的循环以及生态系统,危害遗传基因,存在着致畸、致瘤的潜在危险。氯化碳氢化合物随鱼、虾、贝等食物进入人体,便会富集于肾腺、甲状腺、肝以及脂肪中,危害人体健康。

（4）有机物污染及其对渔业的危害

污染渔业水域的有机物有两类:一类是具有毒性的有机物,如人工合成的有机磷、有机氯等。还有其他化工产品、天然石油、天然气等,这类有机物能在水生生物体内积累并对其产生直接的毒害作用。另一类是营养性有机物,主要来源于生活污水、养殖排污、工农业废水等,分解后成为营养盐。营养盐是水生生物生长繁殖所必需的,但数量过多就会造成污染,这类污染被称为"富营养化",或"过度肥沃"。在水体交换不良的地方,一旦出现富营养化,即使切断外界营养盐的来源,水体还是难以恢复。

（5）放射性污染及其对渔业的危害

水体中的放射性物质,有天然放射性物质和人工放射性物质,前者存在于自然界,后者是人类活动中造成的。放射性污染物种类繁多,其中较危险的有锶-90和铯-137等,它们主要来源于核试验的人工放射性同位素及其大气沉降,稀土元素,稀有金属铀、钍矿的开采、洗选、冶炼提纯过程的废物,原子能反应堆、核电站、核动力潜艇运转时排放或泄漏的废物,核潜艇失事,载有核弹头飞机坠毁,原子能工业排放出的废弃物等。

（6）酸碱污染及其对渔业的危害

水体酸污染主要是冶炼、金属加工酸洗、人造纤维、硫酸、农药等工厂排放的废酸水和矿业排放的废水造成。此外,酸雨也是当前水体酸污染的一个来源。水体碱污染主要是造纸、化学纤维、印染、制革、炼油等工厂排放的废水造成。水体遭受酸、碱污染后,当 pH 值小于 6.5 或大于 8.5 时,水中微生物的生长会受到抑制,致使水体对需氧有机物的净化能力降低。水体长期遭到酸碱污染,会使水生生态系统产生不良影响,水生生物的种群结构会发生变化,某些生物种类减少,甚至绝迹。

（7）热污染及其对渔业的危害

水域热污染是指工业废水对水域的有害影响,如果常年有高于海区水域 4℃

以上的热废水排入,即产生热污染。水域热污染主要来源于电力工业的废水,其次是冶金、石油、造纸和机械工业排放的热废水。一座核电站每秒排放 30 吨热废水,可使周围水域温度升高 3℃～8℃,一座 $10×10^4$ 千瓦的火力发电站,每秒排出 7 吨热废水,能使周围水温升高 3℃。在热污染的水域中绿藻、红藻、褐藻可能消失,而蓝藻却大量繁殖。

(8) 固体废弃物污染及其对渔业的危害

人类活动会产生多种固体废弃物,如工业生产和矿山开采、城市的生活垃圾、农作物的秸秆、家畜的粪便,以及船舶有意投弃的固体废弃物,如碎木片、空瓶、旧鞋、废旧轮胎、废矿渣、破旧汽车等。对固体废弃物的处理,除了利用废弃矿区或挖深坑埋藏之外,还向海洋倾废。海洋倾废的目的是利用海洋的环境容量和自净能力,将固体废弃物倒入指定的海洋倾倒区。

(三) 海洋环境管理的概念、原则与目标

1. 海洋环境管理的概念

目前对于海洋环境管理的概念有不同的阐述。主要包括以下几种:

倪轩、李鸣峰认为,海洋环境管理为在全面调查研究海洋环境的基础上,根据海洋生态平衡的要求制定法律规章,自觉地利用科学的手段来调整海洋开发与环境保护之间的关系,以此来保护沿岸经济发展的有利条件,防止产生不利条件,达到合理地充分利用海洋的目的,同时还要不断地改善海洋环境条件,提高环境质量,创造新的、更加舒适美好的海洋环境。

管华诗、王曙光认为海洋环境管理是以海洋环境自然平衡和可持续利用为基本宗旨,运用法律制度、经济政策与行政管理以及国际合作等手段,维护和实现海洋环境的良好状况,防止、减轻和控制海洋环境的破坏、损害或退化的管理活动的过程。

鹿守本先生认为海洋环境管理是以海洋环境自然平衡和持续利用为目的,运用行政、法律、经济、科学技术和国际合作等手段,维持海洋环境的良好状况,防止、减轻和控制海洋环境破坏、损害或退化的行政行为。

综上所述,海洋环境管理是政府行使海洋行政管辖权的一种行政行为,是政府为协调社会发展与海洋环境的关系、保持海洋环境的自然平衡和持续利用,综合运用行政、法律、经济、科学技术和国际合作等各种有效手段,依法对影响海洋环境的各种行为进行的调节和控制活动。这一定义包含以下内容:

第一,海洋环境管理是由政府行使的行政行为。海洋环境管理的主体是国家海洋局以及地方各级人民政府中的环境行政管理部门。此外,海洋环境管理主体还包括:地方各级人民政府中对某方面的海洋污染防治负有管理职责的其他行政部门,以及地方各级人民政府中对海洋自然资源的保护负有管理职责的职能部门。它们对海洋环境保护实施统一的监督和管理,行使必要的管辖权,如责令企

业限期治理、采取强制性应急措施等。

第二,海洋环境管理的目的是维持人类自身生存和实现社会可持续发展,实现海洋的可持续利用。具体表现为:维护海洋生态环境的平衡,防止和避免自然环境平衡关系的破坏,为人类对海洋资源和环境空间的持续开发利用提供最大的可能。海洋环境管理的有效实施直接关系到沿海地区社会经济的持续、健康和快速发展。

第三,海洋环境管理的途径和手段主要是法律、行政、经济、科学技术和伦理规范。海洋环境管理通常与海洋环境保护联系在一起。在多数情况下,一般认为海洋环境保护就是海洋环境管理。1992 年,联合国环境与发展大会通过并签署的《21 世纪议程》特别强调了海洋环境保护的以下问题:建立并加强国家协调机制,制定环境政策和规划,制定并实施法律和标准制度,综合运用经济、技术手段以及有效的经常性监督工作等来保证海洋环境的良好状况。

2. 海洋环境管理的特点

(1) 整合协调性

海洋是一个相互连通的整体,其环境管理包括水质、底质、生物、大气等多种环境要素,又由于自然和历史的原因,沿海地区是人口、工业、农业、航运、养殖和旅游活动的汇集场所,涉及多方面的活动和管理,因此海洋环境必须采取行政、法律、经济、教育和技术等整合、协同的有效措施,协调解决各类海洋环境问题。

(2) 区域性

由于海洋环境的自然背景、人类活动方式及环境质量标准等具有明显的地区差异,所以海洋环境管理的任何重大决策和行动,都必须具体分析不同海域的自然条件和社会条件的区域性特点。

(3) 充分利用海洋自适应性

海洋自适应性就是海洋环境对外界冲击的应变能力,主要包括利用海洋资源可更新的能力、海洋空间容量能力和海洋自净能力及其对污染的负荷能力。海洋环境管理的目标必须体现生态环境效益与社会经济效益的统一,因此海洋管理如何充分利用海洋的自适应性来达到海洋空间资源科学合理利用的效果,将关系到海洋环境污染治理的成效问题。

3. 海洋环境管理的原则

尽管各个国家对海洋的认识以及相应的海洋政策各不相同,海洋环境的状况和趋势也在不断变化,基于海洋科学技术进步、海洋经济发展的要求,海洋环境管理在实践中应该坚持如下原则:

(1) 预防为主、防治结合、综合治理的原则

这一原则是把海洋环境管理的重点放在防患于未然上。通过有效的措施和办法,预防海洋污染和其他损害性事件的进一步发生,防止环境质量的下降和生

态的破坏。预防为主、防治结合是环境管理工作的指导思想,是人类利用海洋环境的实践经验总结,也是现实的必然选择。发达国家在过去的几十年里都是以牺牲海洋环境为代价获得一定的发展条件的。历史和现实已经告诉我们,这种先污染后治理的模式必将付出更大的代价。令人担忧的是,这种历史性包袱至今仍在继续,其中包括全球海平面的上升、海洋自然景观和沿海沼泽地的消失、海洋生物多样性的减少、海洋污染的日趋恶化等。

海洋环境污染和破坏原因的多样性决定了治理的整体性、全面性和综合性。要想减轻或杜绝海洋环境的持续破坏,遏制海洋环境恶化,首先要切断污染和危害海洋环境的各种直接或间接的污染源。其次,由于海洋环境具有复杂性、一体性的特点,所以,在治理海洋污染时不能只采取单一的措施,而应该综合治理。再次,综合使用治理的技术和方法。在技术上,可以运用工程的方法,修筑堤坝、补充沙源以防止海岸侵蚀;应用生物工程,恢复和改善生态系统,提高海域生物生产力。在管理上,可以使用法律、经济与行政手段相结合的方法控制海洋环境非正常污染事件的发生。

(2)可持续发展原则

可持续发展是人类对环境治理达成的共识。它是在 20 世纪 80 年代随着人们对环境认识的逐步深入形成的。《我们共同的未来》中对可持续发展的定义为:可持续发展是既满足当代人的需求,又不损害子孙后代在满足其需求时的长久发展。这一概念是从环境与自然资源角度提出来的关于人类长期发展的战略。它所强调的是环境与自然资源的长期承载力对经济和社会发展的重要性,以及经济社会发展对改善生活质量与生态环境的重要性,主张环境与经济社会的协调、人与自然的协调与和谐。其战略目标主要在于协调人口、资源、环境之间和区域之间的矛盾以及代际矛盾。可见可持续发展是一个涉及经济、社会、文化、科技、自然环境等多方面的综合概念,以自然资源的可持续利用和良好的生态环境为基础,以经济可持续发展为前提,以谋求社会的全面进步为目标。

一方面,海洋环境的自然属性与特点,使其与陆地环境相比具有更强的一体性特点。从一定意义上讲,海洋的流动性使得全球海洋有了共同的命运。另一方面,海洋中相当多的生物具有迁移和洄游的习性,其中那些高度洄游群种,它们的洄游区域多以洋区为主,海洋生物的这一特性决定了人类对海洋生物资源的影响具有广延性。因此,各个国家直接或间接施加给海洋的影响及其造成的危害,绝非局限在一个海区之内,往往有着更大范围的区域性,甚至全球性。所以,海洋环境管理就需要贯彻可持续发展的原则。海洋环境问题的解决,应该以可持续发展的"需求"和环境与资源的持久支持动力为目标,要根据国家、地区和国际的政治、经济的客观情况,针对海洋环境的不同区域确定具体的对策和采取不同的管理方式,以真正达到海洋开发和环境保护的目的。

（3）谁开发谁保护、谁污染谁治理的原则

谁开发谁保护，是指开发海洋的一切单位与个人既拥有开发海洋资源与环境的权利，也有保护海洋资源与环境的义务和责任。无论是海洋资源的开发，还是海洋环境的保护，都可能对海洋环境造成干扰和破坏，甚至打破生态系统的平衡。因此，在开发利用海洋的同时必须做好对海洋环境的保护工作。我国的《民法通则》明确规定了所有在中国海域进行海洋资源开发的行为主体都必须做好海洋环境的保护工作。

谁污染谁治理，是我国环境保护实践经验的总结。执行这一原则，能够加强开发利用海洋的单位和个人的行为责任，唤起开发利用者保护海洋环境的意识。作为渔性经济人，每个人都希望"搭便车"，而不是主动承担责任，只有明确界定产权才能避免"搭便车"行为的出现。海洋环境管理也是如此，只有强制性地将"谁污染谁治理"这一原则加到当事人身上，才会引起开发者的足够重视，才会给开发者敲响警钟。早在1972年，由西方24个国家组成的"经济合作与发展组织"，为改善资源分配和防止国际贸易和投资发生偏差，确定了污染者承担费用的范围，应包括防治污染的费用、恢复环境和损害赔偿费用，被称为"污染负担"原则。这条原则后来在国际上得到认可，并适用于污染和损害赔偿的处理。

（4）海洋环境资源有偿使用的原则

环境这一类资源，对其开发利用不应该是无偿的，特别是有损害的环境利用，更应该支付使用费用。我国的环境保护法律、法规中也有这方面的规定。比如，根据《中华人民共和国海洋倾废管理条例》和《中华人民共和国海洋石油勘探开发环境保护管理条例》的规定，凡在中华人民共和国内海、领海、大陆架和其他管辖海域倾倒各类废弃物的企事业单位和其他经济实体，应向所在海区的海洋主管部门提出申请，办理海洋倾废许可证，并缴纳废弃物倾倒费。这部分费用就是因使用海洋资源而支付的使用费用。

海洋环境资源的有偿使用，首先是海洋管理有效实施的重要途径，也是海洋环境保护在国际上的惯例。对于推进建立保护海洋的国际秩序，保障各个国家在治理海洋环境问题上达成一致意见，协调统一行动，实现海洋环境保护的跨地域性、全球性具有重要意义。其次，有利于减少对海洋环境的损害、维护海洋生态健康和自然景观。对环境的有偿使用会对部分毫无节制地开发海洋资源、破坏海洋环境的行为形成制约。出于经济利益的考虑，开发者会在权衡海洋资源带来的收益与为此付出的代价之间权衡，尽力减少危害海洋环境的支出，在一定程度上保护了海洋环境资源。最后，海洋环境资源的有偿使用会积累海洋环境保护的资金。保护海洋环境是为了将来更好地利用。人类利用海洋资源是必然的，也是完全应当的。与此同时，对海洋环境的破坏也是不可避免的，由此而产生的海洋环境治理工作是一项长期而又艰巨的任务。治理需要足够的资金支持，海洋环境有偿使用取得的这部分资金就是用于海洋环境污染治理的。

4. 海洋资源管理的目标

从根本上看,对海洋环境进行管理是为了保持海洋生态系统的可持续发展利用,使海洋环境完善持续地发挥其各项功能,满足当代及子孙后代生存发展的各种需要。从长远来看,还需加强海洋环境管理新机制的研究,并依据这种新机制进行管理,保持海洋环境逐步改善,使之走上可持续利用的道路。

海洋环境管理的具体目标主要包括:①在保证海洋环境可持续利用的基础上,强化开发力度,提高科技含量,争取海洋经济增加值的最大化,提高资源利用效率。②保持海洋生物资源的理性化捕获,使之与海洋生物自生产能力冲突最小化。③保护海洋生物的多样性,保持海洋生态链的均衡发展。④保护海洋环境最优化发挥其功能,在规划与发展过程中为旅游和娱乐留下发展空间。⑤保护人类平等享有海洋资源的权益。⑥控制海洋污染。⑦加强海洋环境管理,建立沿海各级政府的目标责任制。

三、案例分析

案例 1.1 填海造陆的忧思

(一) 内容梗概

案例一:辽宁绥中"违法围填海"问题调查

2017 年 8 月,针对第一轮中央环境保护督察指出的葫芦岛市绥中滨海经济区管委会(现更名为东戴河新区管理委员会)违法将 39.6 公顷沿海滩涂转让给佳兆业公司等 3 家企业用于房地产开发问题,辽宁省整改方案明确提出,暂停执行填海区域相关规划,研究修改规划方案,并停止相关项目建设。令人意想不到的是,绥中县对督察反馈的问题和辽宁省整改要求视而不见,这些开发项目并没有停工整改,仍在继续施工。

2018 年 9 月 18 日,生态环境部再次通报葫芦岛市违法围填海问题,辽宁省纪委监委随即会同葫芦岛市纪委监委展开调查。绥中县、辽宁东戴河新区的虚假整改随之浮出水面。

——县政府竟然五次编造虚假整改情况甚至编造假公文

"一是责令停止项目建设;二是调整区域规划。"这是辽宁省市两级政府、部门对绥中县和佳兆业等 3 家企业违法占用海滩开发建设问题提出的明确整改要求。

然而,调查发现,在违法围填海问题整治过程中,弄虚作假、欺上瞒下的问题相当严重:在根本没有整改的情况下,绥中县政府、绥中县环保督察整改工作领导小组为应对上级检查,先后 5 次编造虚假整改情况,甚至通过伪造公文来应付检查验收。

2017年12月12日，绥中县环保局起草了《绥中县环境保护督察重点信访案件整改工作报告》，经请示时任分管督察整改工作的副县长郭勇同意后，以绥中县环保督察整改工作领导小组办公室名义上报。该文中表述："2017年8月28日，绥中县人民政府已正式发文通知各相关单位，对该区域已经规划的项目停止建设，并暂停规划执行。"

2018年3月28日，生态环境部东北督察局开展中央环保督察整改情况现场检查后，葫芦岛市环保局要求绥中县汇报整改落实情况。2018年3月30日晚，郭勇召集时任东戴河新区住建局局长曹长宏等人研究汇报事宜，后安排人员起草了《关于佳兆业地产（绥中）有限公司、绥中亚胜置业有限公司和葫芦岛宏跃集团综合开发有限公司占用海域情况的报告》，经请示时任县长马茂胜同意并加盖县政府印章，以绥中县政府名义报送市环保局。该报告称："2017年8月28日，我县下发了关于对沿海开发企业暂停规划执行、停止建设的通知。"3月31日，由郭勇带队到市环保局，将上述报告内容向时任局长任守民等市环保局领导汇报。

更令人震惊的是公文造假。

"市里要环保督察整改的资料，非常急，需要补发一个停工的通知。"2018年4月，葫芦岛市环保局要求绥中县政府将佳兆业等3家企业环保问题整改情况的全部材料组卷上报。为应对上级检查要求，经郭勇提议、马茂胜同意，绥中县政府下发了《绥中县人民政府关于印发绥中县沿海涉及占用海域建设项目暂停规划执行、暂停施工的通知》，马茂胜倒签发文日期为2017年8月27日。该文件声称："县及新区国土部门对涉及占用海域的项目正在办理手续的暂停办理相关手续，已办理相关手续、未供地的项目停止供地。"

从发文字号看，该通知系"绥政发〔2017〕49号"文。但这个文号却用在两个完全不同的文件上。一个名为《绥中县人民政府关于印发绥中县沿海涉及占用海域建设项目暂停规划执行、暂停施工的通知》；另一个名为《绥中县人民政府关于印发绥中县农业水价综合改革实施方案（细则）试行的通知》。

"经调查，《绥中县人民政府关于印发绥中县沿海涉及占用海域建设项目暂停规划执行、暂停施工的通知》这个文件，是临时编造、偷梁换柱、应对检查的假文件。"葫芦岛市纪委监委第七纪检监察室主任李如山说。

2018年4月19日，绥中县政府向市环保督察整改办公室报送整改情况说明函，文中再次虚假报告：2017年8月28日，绥中县印发了"49号文件"，并将编造的"49号文件"附在报告后。

2018年7月，生态环境部东北督察局开展"回头看"督察，发现佳兆业商业街和宏跃酒店存在督察整改期间施工的情况后，绥中县政府8月6日向市里汇报工作中仍强调"目前我县落实整改情况，已完成工作情况，制定了'49号文件'，对全县沿海开发企业停止建设，并暂停规划执行"等内容。

　　事实上，宏跃酒店项目和佳兆业商业街项目在第一轮中央环境保护督察期间及之后一直在施工。而在此期间，绥中县却采取编造报告、文件等方式进行了多次虚假汇报，"以为用材料就能骗过去"。案发地党委和政府及相关职能部门究竟在做什么？

　　"部署是一套，方案是一套，落实是另外一套"——各相关责任主体形式主义、官僚主义问题突出。

　　为何绥中县多达5次的虚假汇报没有被发现？参与调查的辽宁省纪委监委第八纪检监察室有关负责同志指出，相关责任主体表态多、行动少、落实差，形式主义、官僚主义问题突出是主要原因。

　　据调查人员介绍，查阅宏跃酒店项目施工记录发现，2017年5月至11月、2018年5月至7月，宏跃酒店会议中心1至8号楼均存在施工行为。根据卫星图片显示，2017年5月佳兆业商业街项目刚刚开始土建施工，同年11月已基本完成主体工程建设。2018年7月，该项目已具备营业条件。

　　颇具讽刺意味的是，相关职能部门多次派员去现场检查，绥中县政府主要负责人表态坚决："针对大规模违法围填海影响海洋生态环境问题，必须认识到位，立足整改""真实客观全面反映情况，按照时间要求提供材料，绝不允许漏报瞒报、虚报谎报、慢报迟报……"

　　"调门高、表态好，但相关地区和部门就是执行不到位。"辽宁省纪委监委调查人员说。

　　以葫芦岛市环保局为例，作为市环境保护督察整改小组办公室，相关负责人满足于坐在办公室向地方要材料，工作停留在纸面上、听汇报，检查不深入、不细致，导致虚假整改一再得逞。

　　葫芦岛市作为整改责任主体，同样存在坐在办公室监管，调取材料监管，听取汇报监管等形式主义问题，对绥中县假装整改、说一套做一套行为失察。

　　"个别地区选择性落实、部分落实和虚假落实，导致部署是一套，方案是一套，落实是另外一套。"葫芦岛市政府有关负责人反省道。

　　一面是层层转发文件，一面是层层上报材料，整改责任在逐级转移中不断弱化。

　　虚假整改、责任不落实终将受到严厉问责：经辽宁省委批准，葫芦岛市政府相关负责同志对中央第三环保督察组反馈违法围填海问题虚假整改、督察交办问题整改弄虚作假问题负重要领导责任，被分别给予通报批评、警告处分；绥中县原县委书记李树存，绥中县原县长马茂胜被分别给予党内严重警告处分，并被免去原任职务。包括局长任守民在内的葫芦岛市环境保护局6名责任人员也被予以问责。

"形式主义、官僚主义是'表',政治站位不高是'里'"——坚定"两个维护",才能真正做到举一反三。

辽宁省纪委常委崔隆介绍,调查人员在查阅东戴河新区管委会专题主任办公会议纪要时发现,在实际整改工作中,绥中县政府不仅不落实整改要求,反而暗中推进违法围填海项目建设。

2017年11月7日,时任绥中县县长、东戴河新区管理委员会主任马茂胜召开主任办公会议,专题研究佳兆业商业街项目未批先建问题,同意佳兆业商业街项目进行防水施工建设,并议定"由新区住建局等部门共同负责为佳兆业商业街项目办理相关施工手续",且"对该项目未批先建事宜不予处罚"等事项。

绥中县政府、东戴河新区管理委员会对整改工作阳奉阴违,导致佳兆业商业街项目、宏跃酒店项目持续顶风施工建设。

"如果说形式主义、官僚主义是'表',那么政治站位不高就是'里'。"崔隆说,绥中县委、县政府以为用材料就能骗过去,归根结底是没有把中央环保督察交办反馈问题整改提高到"两个维护"的高度,提高到落实习近平生态文明思想的高度来认识。

葫芦岛市纪委监委有关负责同志说:"虽然围海造田可以带来当地经济的短期增长,但对生态环境的影响不可逆转,个别地方的小算盘伤害的是国家的大利益。"

于是,葫芦岛市召开了全市解放思想暨作风建设大会,宣布了关于生态环境部通报两起中央环保督察整改不力问题调查处理情况通报和《葫芦岛市党政领导干部不担当不作为问责办法(试行)》,对全市干部思想和作风集中开展全面大洗礼、大排查、大整顿。

目前,佳兆业商业街、宏跃酒店会议中心1至8号楼等违法建筑已实施拆除。"地基已全部拆除并回填平整完毕,正在推进生态修复工作,未来这里将建设一个海边公园,不搞商业开发,还地于民,供市民休闲娱乐。"绥中县委常委、县纪委书记、县监委主任刘兴富指着海边不远处的空地说。

"严格限制房地产开发、低水平重复建设旅游休闲娱乐项目及污染海洋生态环境的项目。"随着《辽宁省加强滨海湿地保护严格管控围填海实施方案》的印发,辽宁省将严格管控围填海,节约集约利用海洋资源。

针对绥中县暴露的问题,辽宁省委、省政府迅速制定出台了《辽宁省环保督察问题整改问责办法(试行)》。目前,辽宁省及葫芦岛市纪委监委已对23名领导干部和相关人员进行了严肃问责。

资料来源:

中央纪委国家监委网:《辽宁绥中"违法围填海"问题调查》,http://www.ccdi.gov.cn/yaowen/201902/t20190220_188826.html,访问日期:2019年9月20日。

案例二：沧海变桑田，拿未来当赌注——深圳填海造陆拉警鸣

早在深圳建市之初，盐田、蛇口、赤湾、妈湾等深水港区，深圳国际机场、福田区、南山区、宝安中心区及西部通道，就已经采取填海造地的措施来满足建设用地的需要。至 2001 年底，全市因建设用地已至少填海 30 平方千米。紧接着，2004 年通过了《深圳市海洋功能区划规定》，2005 年至 2010 年围海、填海造地区，用海面积相当于 34.65 平方千米。目前，据不完全统计，自建市以来填海造出的土地已达到 69 平方千米。

是什么导致了填海规模的疯狂扩张？深圳市海洋局某工作人员讲道，随着经济快速发展，沿海可供开发的空间越来越小，建设用地日趋紧张，通过填海造地发展房地产、重化工业的需求越来越强烈。

记者调查到，因发展资本密集型重化工业可以迅速拉动经济发展，深圳建市以来，市年均建设用地增长超过 30 平方千米。而根据国务院批复的《深圳市土地利用总体规划大纲(2006—2020 年)》，2020 年建设用地规模不能突破 976 平方千米，年均仅 4 平方千米，建设用地非常紧张。

此外，国际金融危机后，当地出台了十大产业振兴规划，批出了大量工业项目，其中很多涉海，且规划部门要求包括钢铁、石化等大进大出的产业，重心向沿海转移。这些都成为深圳向海洋要地的主要因素。

而除了建设用地需要，填海造地直接成本不高也是原因之一。"有的地方海岸线地价每亩动辄数百万，而每亩的填海成本仅 20 万元。相比之下，填海造地搞房地产或工业建设成了物美价廉的暴利行业。"知情人透露。

海滨被填，生态告危

"以前，从深大教工宿舍原址走出 30 米外就可以下海游泳，90 年代后南山蛇口一带海域水质变差，这一块海滩很快就被填平了，立起了幢幢高楼。现在从海滩原址望出去，离滨海大道都还有几里路。"深圳大学郁教授说道。

据了解，除了海滨被填，深圳特色红树林面积也因填海造陆大幅减少。内伶仃国家级自然保护区管理局研究员王勇军说，深圳湾经历了三次大规模的填海，共填了深圳湾的四分之一。在这个影响下，红树林保护区至今已消失了一半，内伶仃保护区里的红树林原有 130～140 公顷，现在天然红树林不到 70 公顷，后来经补种才达到 80 多公顷；其他很多地方，如福永、盐田港的红树林都已消失不见。

而最为可惜的，则是生态价值最高的滩涂部分的高潮位在填海中"全军覆没"，海洋生物的栖息地几乎都被破坏。

福田红树林湿地乃至全深圳红树林湿地，曾经是东半球国际候鸟通道上不可或缺的"加油站"，每年经过福田红树林湿地的候鸟超过 10 万只。"受填海造陆的影响，红树林保护区内的生物多样性明显下降，尤其是候鸟数量不断减少，珍稀涉危种类减少了 54.8%，像黑脸琵鹭等世界珍稀鸟类受影响明显。"深圳市观鸟协会工作人员讲道。

　　记者在西乡海边看到，地上堆放着各类施工工具和材料，当地人口中往日的大片红树林已不见，现在这里已经是广深沿海高速工程和西气东输二线工程的现场。只在西乡海堤外还仅存一片比较集中的红树林，几只白鹭正在水面嬉戏，无法不让人叹息。

　　"红树林在深圳分布广泛，但管理都是各自为政，应该严格控制填海规模，并将全市红树林统一管理，借鉴与深圳隔海相望的香港米埔保护区的经验，立法保护。"宝安区绿委办的一位工作人员建议。

大冒险"知错难改"

　　随着填海造陆带来的生态问题日益凸显，深圳市政府也似乎意识到了这一点。

　　2012年《深圳市海洋经济十二五规划》出台，规划坦承，深圳市海洋意识缺位，信息支撑不足；在海洋资源利用方面，长期以来过于注重当期经济价值，海洋开发利用密度过大，护海意识相对淡薄；职能部门及企业"重使用、轻规制""重经济效益、轻生态效益"倾向严重，并表示要确保生态优先，按照生态扰动最小、综合效益最大原则，引导海洋经济活动。

　　但深圳的填海行动似乎并没有停止。根据深圳市规划国土委相关规划，到2020年，深圳将围海造地超过80平方千米，总计开发15个围海造地功能区，其中仅深圳湾水域就有后海和福田保税（扩展）区两个填海工程。

　　2013年6月，《前海深港现代服务业合作区综合规划》出台，前海填海造陆了15平方千米，并将打造产业和现代综合服务功能区，成为深圳另一个寸土寸金的经济中心。据调查，前海填海造地和软基处理工程已经完成，但由于填海造陆和基建施工的原因，存在着水污染、入海口被堵、水流不畅的问题。

　　记者了解到，前海是深圳市南山区多条河涌的入海口，由于填海堵塞了入海口，改变了河涌水的循环周期，再加上上游产业区、生活区乱排污水，在2009年，合作区内水污染现象就已经显现。

　　既然生态问题早已暴露，为什么填海行动一直没有叫停？负责该项目的规划专家解释，在经过5年的拉锯之后，找到了解决方案——即将在阻碍前海湾水循环的大铲港上修建一个通道，安装水泵来增加水动力缩短水循环周期；在合作区内修建综合用途的水廊道，让原有的河流入海口更加宽敞。这样可以实现环境保育功能，也使得排洪顺畅，目前情况正在好转。

　　但也有业内人士质疑，明知有问题，却难改正。要经过5年才得出解决方案，即便方案有效，但前期填海对环境的影响已经构成了。为什么不在填海造陆之前就把好关，做好环境规划呢？

　　"填海造陆无异于大冒险，后续还将引发的环境问题是我们无法估量的，国家和地方应制定科学合理的围填海规划,填海项目一定要慎重论证和审批,谨防其成为利益的牺牲品。如果不严格评估和控制,填海填掉的是城市的未来!”一位曾从事18年海洋地质勘查的专家也表达了深切的担忧。

某规划专家则表示,在荷兰,1990年制定《自然政策计划》,要求花费30年的时间恢复这个国家的“自然”,建立生态长廊,将围海造田的土地恢复成原来的湿地;在日本,每年投入巨资设立专门的“再生补助项目”,目前,日本围填海总面积已经不足1975年的1/4。这些当初热衷围海造田的国家让近海环境休养生息的经验,非常值得我们学习。

资料来源:

苏一.沧海变桑田,拿未来当赌注——深圳填海造陆拉警鸣[J].中华建设,2013(12):14-15.

(二)要点分析

围填海造陆是沿海城市发展空间的有效手段,是缓解土地供求矛盾的一种重要途径。世界上很多国家和地区都有围填海造陆的历史,其中包括荷兰、日本、韩国、新加坡和中国等。随着中国经济的高速发展,城镇化、工业化进程不断推进,沿海地区土地资源的紧张的现状将更加突出,不可避免地要向海洋继续索取发展空间。但随着围填海范围和规模不断扩大,人类工程活动对海洋环境的影响进一步加深,围填海造陆给沿海城市提供大量土地的同时,也直接或间接地引发了各种环境和生态问题。从以上案例,可以得出如下结论:

第一,填海造陆会给海洋环境造成多方面危害。其一,引发海岸自然灾害;其二,破坏海洋资源;其三,影响海洋环境;其四,破坏海洋生态。

第二,如何科学规划,适度并且生态化地围填海造陆是我国目前面临的主要问题[①]。正确识别围填海造陆的环境影响并采取相应的措施,能够对合理利用海洋资源和推动社会经济发展起到重要作用,在发展海洋经济与海洋环境保护之间找到一种平衡对可持续开发海洋资源是非常重要的。

第三,我国应通过多种途径应对填海造陆的环境危害:制定政策法规,明确围填海标准,从政策层面推行“生态系统补偿优先”的填海造陆工程;建立海洋生态补偿标准,征收海域使用金与生态补偿金和生态税;明确中央政府和地方政府用海的权力划分;建设专门的填海造陆项目用海审批委员会;完善法律法规,从法律层面进一步管理,政府加强监管,依法执政;鼓励大学或专门研究机构,从技术层面支持和完善填海造陆工程;民众广泛参与,建立信访举报制度。

我国已经出台三十多年的《海洋环境保护法》即将迎来大修,也将开展渤海专

---

① 黄国柱,朱坦,曹雅.我国围填海造陆生态化的思考与展望[J].未来与发展,2013(5).

项治理。根据中央环保督察反馈的意见,部分沿海地区存在未批先填、边批边填、批小填大、围而不填、填而不用的问题。2018 年国务院专门下发《关于加强滨海湿地保护严格管控围填海的通知》,提出从健全调查监测体系、严格用途管制、加强围填海监督检查等方面入手建立长效机制。自然资源部 2018 年下半年还部署开展全国围填海现状调查,并将在当年年底前完成全国围填海现状调查报告和历史遗留问题清单。调查成果数据将上报国务院,并以适当的形式向社会公布。调查工作将掌握围填海的审批情况、用海主体、用海面积、利用现状等信息,重点查明违法违规围填海和围而未填、填而不用情况,分析评价围填海总体规模、空间分布和开发利用现状,为制定围填海管控政策、妥善处理围填海历史遗留问题提供决策依据。

环境部将从"监管者"的角度,严格实行"三线一单"(生态保护红线、环境质量底线、资源利用上线和生态环境准入清单)制度,用好海洋工程、海岸工程环评措施,除国家重大战略项目外,禁止审批新增围填海项目。环境部还将加大督察问责力度,特别是要压实压紧地方党委政府的主体责任,确保围填海项目整改到位,确保严控围填海的政策落到实处,坚决遏制和严厉打击违法违规的围填海行为。

为进一步促进辽宁省海洋资源严格保护、有效修复和集约利用,日前,辽宁省自然资源厅印发《关于进一步明确围填海历史遗留问题有关事项的通知》,针对省内"已批未用、已批未填、未批已填"的围填海历史遗留问题提出处理意见。

据介绍,国务院有关文件下发前已完成围填海的,沿海各市自然资源局要负责监督指导海域使用权人在符合国家产业政策的前提下集约节约利用,并进行必要的生态修复;已获批准但尚未完成围填海的,最大限度控制围填海面积,并进行必要的生态修复,提升湿地生态功能;确需继续围填的,由市自然资源局认真研究提出处置意见,报市政府同意后,将处置意见和包含项目建设内容、最大限度控制填海面积、必要的生态修复、利益相关者协调情况的相关材料一并上报省自然资源厅。

同时,沿海各市要根据围填海现状调查形成的历史遗留问题清单,结合违法违规围填海项目生态评估结果,抓紧制定围填海历史遗留问题处理方案。要依法依规严肃查处违法违规围填海项目,市、县(市、区)政府应抓紧开展生态评估工作,科学评价违法违规围填海项目对海洋生态环境的影响,明确生态损害赔偿和生态修复的目标和要求,责成用海主体做好处置工作。

围填海项目严重破坏海洋生态环境的,应责成用海主体限期拆除;未能限期拆除的,应依法予以强制拆除,并由用海主体承担费用;对海洋生态环境无重大影响的,不得新增围填海面积,并加快集约节约利用。

参考文献：

1. 黄国柱,朱坦,曹雅. 我国围填海造陆生态化的思考与展望[J]. 未来与发展,2013(5).

2. 胡斯亮. 围填海造地及其管理制度研究[D]. 青岛:中国海洋大学,2011.

3. 朱坦,关骁健,汲奕君. 围填海造陆生态化理论与实践探索——以天津临港经济区为例[J]. 环境保护,2016(2).

4. 朱高儒,许学工. 填海造陆的环境效应研究进展[J]. 生态环境学报,2011(4).

案例1.2 中国湾长制方兴未艾

(一)内容梗概

2017年9月,国家海洋局印发了《关于开展"湾长制"试点工作的指导意见》,提出在河北省秦皇岛市、山东省胶州湾、江苏省连云港市、海南省海口市和浙江全省开展湾长制的试点工作。

央广网青岛2017年9月14日消息(记者王伟) 青岛市委、市政府近日正式发布《关于推行湾长制加强海湾管理保护的方案》(以下简称《方案》),这是全国发布的首个湾长制实施方案。

《方案》确定2017年10月底前,在全市建立湾长制组织体系,全面推行湾长制。到2020年,湾长制工作机制健全完善,管理保障能力显著提升,海湾生态环境明显好转,水质优良比例稳步提高,海湾经济社会功能与自然生态系统更加协调,实现水清、岸绿、滩净、湾美、物丰的蓝色海湾治理目标。

《方案》明确了全市推行湾长制组织形式。由各级党委、政府主要负责同志担任行政区域总湾长;各级相关负责同志担任行政区域内湾长,建立市、区(市)、镇(街道)三级湾长体系。市委、市政府主要领导同志担任全市总湾长,市委副书记、负责市政府常务工作副市长、分管海洋与渔业工作的副市长为副总湾长。胶州湾、崂山湾、灵山湾设立市级湾长,分别由市长、负责市政府常务工作副市长、分管海洋与渔业工作副市长担任,市海洋与渔业局为联系部门,负责落实湾长安排事项和工作任务;沿湾区(市)(含青岛红岛经济区)主要负责同志担任二级湾长;沿湾镇(街道)主要负责同志担任三级湾长。其余海湾由沿湾区(市)确定湾长。

《方案》根据全市海湾实际,明确了优化海湾资源科学配置和管理、加强海湾污染防治、加强海湾生态整治修复、加强海湾执法监管四个方面的23项具体任务和加强组织领导、完善工作制度、加大财政资金投入、严格考核问责、加强宣传引导等保障措施。

新华社杭州2018年3月14日电(记者王俊禄、唐弢) 国家海洋局14日在浙江省台州市召开"湾长制"试点工作领导小组第一次会议暨现场会。会议提出,今年是"湾长制"试点工作的关键之年、深化之年,要扩大试点工作范围,尽快形成在全国全面建立实施"湾长制"的意见和配套制度标准体系。

走进浙江温岭石塘镇，沿海滩涂上的公示牌标明了"湾长"姓名、工作职责、联系电话、举报二维码等信息。随着"湾长制"的深化，石塘半岛还滩于民、融滩于景，从无人问津的荒滩乱石，变成了热门旅游度假区。

据国家海洋局党组成员、副局长孙书贤介绍，为强化海洋生态环境保护工作，加快推进海洋生态文明制度建设，2017年初，国家海洋局印发相关意见，成立"湾长制"试点工作领导小组，在浙江、秦皇岛、青岛、连云港、海口一省四市先期开展了湾长制试点工作。

"随着'河长制''湖长制'等制度陆续出台，环境保护的压力由陆向海传导。"国家海洋环境监测中心主任关道明说，"湾长制"是以党政领导负责制为核心，是督办、问责等制度的延伸，是破解管理体制机制藩篱、压实海洋生态环境保护主体责任的制度创新。

作为全国第一个全域"湾长制"试点省份，浙江省建立了"湾滩结合、全域覆盖"的组织架构。浙江省海洋与渔业局局长黄志平说，截至2017年底，全省已确定各级湾(滩)长近2 000名。同时，浙江省将"湾长制"和生态红线、灾害应急防御、渔场修复振兴暨"一打三整治"相结合，打出组合拳。

污染在海里，源头在陆上，海洋污染80%是陆源污染。会议提出，"河长制""湖长制"与"湾长制"要形成合力。据台州市海洋与渔业局局长潘崇敏介绍，依托"湾(滩)长制"，台州沿海15个消劣断面全部销号，4个入海断面水质均达到国家"水十条"考核要求，117个入海排污口被清理封堵。

孙书贤表示，2018年是湾长制试点工作的关键之年、深化之年，要力争实现新突破：一是扩大试点工作范围，推动湾长制试点工作串点成线、连线成面；二是加快政策制度创新力度，尽快补上制度建设的短板和漏项；三是形成制度建设模式，尽快形成在全国全面建立实施湾长制的意见和配套制度标准体系。

资料来源：

1. 央广网国内地方新闻：《青岛市在全国率先推行"湾长制"》，https://baijiahao.baidu.com/s？id＝1578493593468160485，访问日期：2019年9月19日。

2. 新华网时政新闻：《国家海洋局：加快"湾长制"试点推向全国》，http://www.xinhuanet.com/politics/2018－03/14/c_1122536867.htm，访问日期：2019年9月20日。

（二）要点分析

"湾长制"以主体功能区规划为基础，以逐级压实地方党委政府海洋生态环境保护主体责任为核心，以构建长效管理机制为主线，以改善海洋生态环境质量、维护海洋生态安全为目标，加快建立健全陆海统筹、河海兼顾、上下联动、协同共治的治理新模式。从以上案例，可以得出如下结论：

第一，实行"湾长制"是提升海洋生态环境治理能力的创新形式，更是落实习近平总书记提出的"把海洋生态文明建设纳入海洋开发总布局之中"的创新举措，为系统解决海洋生态环境问题指明了方向①。湾长制的意义在于："湾长制"是国家海洋治理的需要；是海洋综合治理的长效抓手；是国家海洋治理体系中"条块整合"的一大创新。

第二，湾长制试点工作的启动，有利于解决海湾污染问题，满足人民群众对改善环境质量的期盼。然而，在推行湾长制的过程中，应注意几方面问题：一是制度定位问题②；二是与现行管理体制的协调问题；三是行政成本的控制问题；四是监督机制的建立问题；五是河长制和湾长制的衔接实施问题；六是湾长制实施的基础工作问题。

第三，湾长制是一种协调机制，是以党委政府主导，各部门、社会各界共同参与的一种组织机制，需要全方位落实。一是从法律法规和规划计划着手，加强顶层设计③；二是完善责任分级体系与协调机制，加强组织管理；三是细化任务分工与考核安排；四是将湾长制纳入海洋督察工作，督促地方政府落实；五是加强宣传引导，鼓励公众参与。

我们要积极实施"湾长制"，促进"陆海统筹"与"河海联动"。理顺海湾环境管理运行机制，制定海湾环境管理任务清单。以整个海岸带区域的水环境承载能力为基础，整合流域水环境管理体制和海域水环境管理体制，探索"河长制"和"湾长制"的对接机制。

案例 1.3 世界各国共同抵制海洋塑料垃圾

（一）内容梗概

塑料工业的发展在给人类社会生活、生产带来方便的同时，也导致大量的废旧塑料垃圾不断产生。

自 20 世纪 40 年代开始大规模生产以来，塑料的产量迅速增加，从 20 世纪 50 年代的每年 150 万吨大幅增加到 2013 年的 2.99 亿吨。随着海洋塑料污染问题日益严重，海洋塑料垃圾越来越受到重视。研究表明，60%～80%的海洋碎片来自陆地活动，且这些碎片中约 80%为塑料，多数的海洋塑料碎片是经环境分解后的微型塑料，绝大多数直径小于 5 毫米。由于塑料的持久性和普遍性，塑料垃圾正在破坏、威胁着海洋环境，它已经开始渐渐地进入食物链，严重影响到海洋生态系统的健康和可持续发展。

据英国《每日邮报》2014 年 12 月 10 日报道，日前，一个由多国科学家组成的

---

① 王建友.湾长制是国家海洋生态环境治理新模式[N].中国海洋报,2017-11-15(002).
② 常纪文.实施湾长制应注意的几个问题[N].中国环境报,2017-11-8(003).
③ 陶以军,杨翠,许艳,等.关于"效仿河长制,推出湾长制"的若干思考[J].海洋开发与管理,2017(11).

团队宣称,依据其 2007 年至 2013 年远征海洋 24 次所收集到的数据,全球海洋上漂浮的塑料垃圾估计超过 5 万亿块,总重量约 26.9 万吨,比 2 艘大游轮还重。科学家们利用牵引网从巨大洋流、澳大利亚海岸、孟加拉湾以及地中海等海域的 5 大副热带"涡流"中捞取塑料垃圾,通过对数据进行汇总和计算机模拟,他们估计全球海洋上的塑料垃圾至少有 5.25 万亿块,总重量达 268 940 吨。这些塑料垃圾中,小的不到 1 毫米的微粒,大的长达 20 厘米。最小的塑料颗粒甚至到达世界最偏远地区,包括亚北极。参与研究的科学家马库斯·埃里克森(Marcus Eriksen)说:"我们的发现显示,5 大副热带涡流并非全球海洋漂浮塑料的最后安息之地。那些塑料微粒显示,全球海洋生态系统互相影响。"

科学家们还发现,大块塑料经常出现在海岸附近。塑料垃圾造成的海洋污染在全球扩大。被海龟和鲸鱼误食等危害已经出现。近年来,塑料垃圾劣化产生的"微塑料"的影响尤其成为问题。塑料对海洋生物已经造成威胁,例如:在偏远的太平洋岛屿上,信天翁因吃下太多塑料而死;还有海龟误将塑料袋当成水母吃下,导致消化道堵塞,最终饿死。据估计,90% 死在海滩上的海鸟是因吞入塑料而死。据统计,世界上每年产生的塑料垃圾多达 2.6 亿吨。它们散布在地球各处,但被雨水冲刷或大风吹走之后,会最终悄无声息地流进海洋。海洋塑料垃圾会对海洋鱼类、海洋哺乳动物、海鸟和珊瑚等产生严重威胁。

(二)要点分析

由于塑料的持久性和普遍性,塑料垃圾正在破坏、威胁着海洋环境,它已经开始渐渐地进入食物链,严重影响到海洋生态系统的健康和可持续发展。海洋塑料垃圾问题无法由一个国家单独解决,全球所有国家应该加强合作共同应对。联合国环境规划署宣布发起"清洁海洋"运动,向海洋垃圾"宣战"。联合国环境规划署指出,化妆品中的塑料微粒成分和过量使用的一次性塑料制品是海洋垃圾的主要来源,这项运动的目标是消除这类海洋垃圾。

2019 年 3 月 11 日至 15 日第 4 届联合国环境大会在肯尼亚内罗毕联合国环境规划署总部召开,来自 170 多个国家、国际组织和非政府组织的 5 000 余名代表出席会议。联合国环境大会是全球环境问题的最高决策机制,其前身是联合国环境规划署理事会。大会主题是"寻求创新解决办法,应对环境挑战并实现可持续消费与生产",讨论海洋塑料污染和微塑料、一次性塑料产品、化学品和废物无害化管理等全球环境政策和治理进程,听取全球环境状况最新评估报告,对推进后续工作做出 25 项决议。会议通过部长宣言,呼吁各国加快全球对自然资源管理、资源效率、能源、化学品和废物管理、可持续商业发展及其他相关领域的治理进程。各方应加强合作,携手共同应对包括海洋在内的全球环境治理问题。

大会发表了部长声明,各方表示将支持以创新举措应对气候变化、塑料污染和资源枯竭等环境挑战,通过可持续的消费和生产模式迈向可持续的未来,并承诺将采取"有力行动"解决塑料废物问题,促进环境数据共享,采用气候适应性更强的食品生产系统,并通过有效管理自然资源解决贫困问题。声明表示,各方承诺采取行动恢复和保护海洋和海岸带生态系统,支持联合国环境规划署《海洋与海岸带战略》的有效实施,共同致力于解决全球海洋治理难题。同时,声明还鼓励各方发展国家环境监测系统技术,提高对空气、水、土壤质量以及海洋垃圾等的监测能力。就海洋塑料污染,声明表示各方将致力于解决不可持续性的塑料使用和处理,到2030年前显著减少一次性塑料产品的生产与使用,并与相关企业合作寻求经济型与环境友好型的塑料替代方法。

大会还通过了一系列非约束性决议。其中,就海洋塑料污染、一次性塑料产品、珊瑚礁保护等涉海议题通过了相关决议,包括决定在联合国环境规划署内建立多利益相关方平台,推动采取紧急行动,持久专注地消除垃圾和微塑料,并呼吁成员国通过研究产品的整个生命周期和提高资源效率来解决海洋垃圾问题。"世界正处于十字路口,但今天我们已经选择了所要走的路。"本届大会主席、爱沙尼亚环境部部长西姆·基斯勒在闭幕式上说:"不管是减少对一次性塑料产品的依赖,还是将可持续理念置于未来发展的核心,我们都将为此改变生活方式。"会上,安提瓜和巴布达、巴拉圭、特立尼达和多巴哥宣布加入联合国环境规划署发起的"清洁海洋"行动。目前,已有60个国家加入该行动,使其成为全球规模最大的海洋塑料污染治理联盟,其中包括20个拉丁美洲和加勒比地区国家。据悉,"清洁海洋"行动发起于2017年,目前范围已覆盖全球60%的海岸线。

大会还就海洋塑料垃圾和微塑料治理问题发布了多份研究报告,系统阐述了全球海洋环境面临的严峻形势,呼吁国际社会携手共同开展塑料垃圾治理行动。大会发布的第一份报告名为《塑料与浅水珊瑚礁》,聚焦塑料垃圾对浅水珊瑚的影响,并提出了相关科学建议。报告指出,数以百万的人类依靠浅水珊瑚生存,每年相关产业的经济价值更达数十亿美元。但近年来浅水珊瑚礁却遭受了气候变化和污染等威胁,其健康状况持续下降。该研究指出,目前塑料垃圾高度集中在海岸带及珊瑚礁中,且多数垃圾来源于陆地。"海洋塑料垃圾已经通过吞食、缠绕以及栖息地改变等影响了800多种海洋生物的繁衍生存。"联合国环境规划署珊瑚礁项目负责人杰克尔说:"大量来自陆地的塑料进入海洋,珊瑚礁成为它们的目的地。目前气候变化对珊瑚礁系统的影响已经非常严重,再加上塑料垃圾威胁,我们必须采取有力措施保护该生态系统。"第二份报告名为《海洋塑料垃圾监测和评估方法指南》,旨在确定监测海洋塑料垃圾及微塑料的统一标准。该指南涵盖海洋塑料垃圾的定义与实例、监测与评估方案的设计、采样及调查等具体内容,包括建立基线调查,并为监测和评估方案提供建议和实际指导。联合国环境规划署首席科学家刘健说:"塑料污染已经成为海洋面临的突出问题之一。没有全球数据收集标准的统一,就难以采取有效的治理行动。如今通过应用这一指南,我们可以更清楚地认识到塑料污染程度。"海洋塑料垃圾问题无法由一个国家单独解决，全球所有国家应该加强合作共同应对。

第一，各国加强合作，让海洋微生物成治污神器。随着海洋塑料污染问题日益严重，海洋塑料垃圾越来越受到重视。在众多海洋塑料污染物中，主要成分为聚对苯二甲酸乙二醇酯（PET）的各类食品包装占很大一部分比例。在过去十几年中，德国、日本、奥地利和中国的几个课题组分别报道了从放线菌类细菌和环境宏基因组中分离出来的 PET 水解酶，证明了 PET 生物降解的可能性。通过重组表达和定向进化等方法，这些水解酶已被生产、改造并应用于特定生物反应器内的小规模 PET 降解中，为 PET 绿色生物降解的工业化奠定了基础。

据悉，原中国国家海洋局第一海洋研究所海洋生态研究中心关注黄海生态和海洋微生物研究三十多年，从黄海等海区分离获得了丰富多样的微生物资源，建立了我国近海海洋微生物资源库。通过对菌种功能筛查和定向研究，将所整理的资源分为生态环境益生菌（光合细菌为主）、潜在药源菌（放线菌、真菌为主）、环境污染修复菌（例如石油降解菌）等类群，并将资源信息上交国家海洋微生物资源平台，为治理海洋塑料污染做出了重要贡献。

第二，变废为宝，将海洋塑料垃圾转换成燃料。加拿大一家名为 Upcycle the Gyres Society（UpGyres）的科研所对外宣布，他们已通过特殊工艺，成功将海洋塑料垃圾转换成燃料。该科研所研究人员表示，这一转换方法类似于将地热能转换成常规能源。为改善海洋生态环境，同时开发新能源，Upcycle the Gyres Society 部分工作人员于 2013 年起在温哥华岛北部海岸线上进行了试点项目。研究人员发现，该岛上 99% 的海洋塑料垃圾均可进行热分解。在无氧环境状态下，这些垃圾在分解的过程中会产生液体燃料。令人惊喜的是，这些海洋塑料垃圾经长时间盐水浸泡后，其性能居然一点也没被破坏。

UpGyres 研究所的这一项目旨在将海洋垃圾变废为宝，进行二次利用，故该项工作也得到了加拿大塑料行业协会的大力支持。研究人员称，他们下一步的工作重心将是收集并清理加拿大西海岸的塑料垃圾，然后将其转换成燃料提供给一些边远地区。据悉，因能源相对匮乏，这些地区不得不花费巨资向外面购买燃料。研究结果表明，一千克塑料垃圾可制取一升类似于柴油的燃料。而这一制取过程只需一千瓦时的电量。一旦进行大规模热解，每升燃料的成本费用将会进一步降低。

第三，政府增加财政支持，加大治污力度。印度尼西亚拥有 1.7 万多座岛屿，是世界上最大的群岛国家。据印尼本地媒体报道，印尼每年产生 130 万吨海洋塑料垃圾，是世界上第二大海洋塑料垃圾倾倒源。印度尼西亚海洋事务统筹部部长卢胡特·潘查伊坦在巴厘岛宣布，印尼决心在 2025 年前将本国海洋塑料垃圾减少 70%。卢胡特说，印尼将为完成这一行动计划制订陆地、海岸和海洋实施方案,印尼政府每年将会提供高达 10 亿美元的资金来支持这一行动计划。

第四,设立专门协会,联合企业团体入会。日本化学工业协会等 5 个团体目前在东京开会,决定设立"海洋塑料问题应对协议会",以行业力量致力于削减塑料垃圾和发布信息等。5 个团体还将与日本政府携手,呼吁完善有关亚洲新兴市场国家废弃物管理的社会制度和基础设施。出任协议会会长的日本化学工业协会会长、三井化学公司社长淡轮敏在会后召开记者会,强调:"为削减塑料垃圾,日本应起到的作用很大。"其他 4 个团体分别为日本塑料工业联盟、塑料循环利用协会、石油化学工业协会、氯乙烯工业和环境协会,还有约 40 个企业和团体参加。今后将呼吁其他企业加入协会。

第五,加大宣传力度,积极吸纳更多年轻人加入治污运动。英国塑料联合会(BPF)联同塑料欧洲委员会进行海洋保护协会合作,开展了一项名为"Bincentives"的新式反海洋塑料垃圾运动。Bincentives 活动针对英国中学在一系列海报上使用了表情符号信息,以减少乱扔垃圾现象并促进回收。BPF 表示,该运动旨在奖励正确处理垃圾的学生。活动规定,表现最好的班级或个人最终将获得由学校提供的奖励。Bincentives 是汉普顿高中"垃圾挑战"活动中的一部分。"垃圾挑战"项目是由英国塑料联合会、塑料欧洲和海洋保护协会在上一学年开展的。学校可下载 6 个免费的表情海报和资源,以支持这个运动,并鼓励他们参与绿色理事会或环保组织。

荷兰代尔夫特理工大学航空航天工程系的毕业生斯莱特最近提出创建"海洋废物清除系统"(OCA)的计划。OCA 由海水处理器、锚式浮动档栅网状物和塑料垃圾处理平台等构成。浮动档栅酷似一个巨大的漏斗,迫使塑料垃圾朝着处理平台的方向移动,再小的塑料垃圾也难以逃脱。处理平台设计有蝠鲼一样的翅膀,可以摆动,即使在恶劣的天气里,也能确保入口与表面的接触。而且处理平台自身能依靠太阳、流汐和波浪发电,不会产生排放物。处理平台能把塑料垃圾与浮游生物分离,并且将垃圾中的有用材料过滤出来回收利用。OCA 系统效率高,通过销售回收有用材料获得的经济效益超过系统运行的成本。在学校里,19 岁的斯莱特进行了"海洋垃圾板块中塑料颗粒数量和大小"项目的研究。他的毕业论文接连赢得多项大奖,其中包括荷兰代尔夫特理工大学 2012 年最佳技术设计奖。斯莱特随后成立了"海洋废物清理基金会",旨在为进一步发展和完善 OCA 系统筹措资金。他的 OCA 解决方案富有独创性,可以从世界的海洋中清除 7 250 万吨塑料垃圾,减少食物链中包括多氯联苯和滴滴涕等在内的污染物质,拯救无数水生动物的生命。OCA 能节省清理海洋废物的费用,减少旅游业的损失和海洋船舶的损坏。

总之,在全球海洋环境污染逐渐恶化的今天,海洋塑料污染问题越发成为社会关注的问题,没有一个能从塑料危害中幸免。对于海洋塑料污染的治理,不仅个人、群体、组织要增强环保意识,自觉做好海洋环保方面的工作,国家要加大执法力度,通过相关法律法规等硬性措施来加强对海洋环境的保护;而且全球所有国家应该加强合作,共同应对海洋塑料垃圾问题。

参考文献:

李忠东.清除海洋塑料垃圾[J].生命与灾害,2013(4).

四、问题思考

1. 简述海洋环境的概念及其特征。
2. 简述海洋环境污染的概念及其危害。
3. 简述海洋环境管理的概念、原则与目标。
4. 就本章的理论内容,尝试给出与本章不同的案例以说明理论问题。

第二章
海洋资源案例篇

一、目标设置

海洋历来被视为人类财富的宝库,具有巨大的经济价值。向海洋要财富、变海洋资源优势为经济优势,已成为越来越多人的共识,前所未有的开发利用海洋资源的活动正在日益蓬勃地开展,开发海洋资源对加快建设海洋强国起着越来越重要的作用。对海洋资源的合理分配和充分利用,是传统海洋法所调整的重点。海洋资源不仅包括海洋自然资源,还应该包括海洋社会资源。流动性、连续性、公共性、有限性、脆弱性、多样性和空间立体性决定了其和其他资源相比具有很大的不同,也决定了海洋资源管理具有其自己的特殊性。本章的两个案例在于说明如下结论。

(1)海洋资源管理属于海洋管理的范畴,是海洋行政管理的一部分。海洋资源管理是指以行政、法律、经济、技术、教育等多种手段,以海洋资源的科学和持续利用为最终目的,对海洋资源的开发和利用进行规划、组织、指导、协调和监督的组织过程。

(2)海洋资源管理的过程当中,要坚持国家所有、宏观规划、科学利用、持续发展和整治生息几项原则。如果海洋生物资源遭到破坏,则要求人类在利用海洋自然资源的过程中采取多种手段整治和生息海洋资源。如果海洋资源开发利用中污染到海洋环境,则海洋管理必须控制海洋开发的科学性、合理性和速度并想出解决的办法,尽量减少对海洋生态系统和生态环境的损害。

二、理论综述

(一)海洋资源的基本概念

1. 海洋资源的定义

人们对于海洋资源的理解是伴随着科学技术的不断进步和新的海洋领域的不断扩展而发展的,所以人们对海洋资源一词的定义也不尽相同。在国内外专业文献和一些专著中,存在狭义和广义两种说法。

从狭义上说,海洋资源指的是海洋所固有的或在海洋内外力的作用下形成并分布于海域内的,包括能在海水中生存的生物、溶解于海水中的化学元素和海水中所蕴藏的能量以及海底的矿产资源,是人类经过努力可以开发和利用的自然资源。从广义上讲,海洋资源的概念不仅包括了海洋的有形物质,而且也包括由海洋产生的无形的类存物和价值。广义的海洋资源是除了海洋水体本身所具有的物质、能量外,还包括海洋景观、海洋文化、港湾和四通八达的海洋航线、海上和海底海洋空间、海洋生态环境。总之一切沿岸海洋空间的利用都属于此范畴,不管是水体本身还是空间利用,凡是可以创造财富的物质、能量以及设施、活动,都属于海洋资源研究的内容。

根据上述两种范围的定义,可以对海洋资源进行综合概括:海洋资源是以海洋作为其依托,能够适应或满足人类物质、文化及精神需求的一种自然或社会的资源。海洋资源不仅包括海洋自然资源,还应该包括海洋社会资源。

2. 海洋资源的基本特征

(1) 海洋资源的流动性和连续性

海水不是静止不动,而是向水平方向或垂直方向移动的。溶解于海水的矿物随海水的流动而发生位移,污染物也经常随着海水的流动在大范围内移动和扩散,部分鱼类和其他一些海洋生物也具有洄游的习性,这些海洋资源的流动使人们难以对这些资源进行明确而有效的占有和划分。世界海洋是连成一个整体的,鱼类的洄游无视人类所划定的界限而四处闯荡,这样就给人类的开发带来一个在不同国家间利益和养护责任的分配问题;污染物的扩散和移动则可能会给其他地区造成损失,甚至引起国际问题。这些都给海洋资源开发带来了困难。正是由于海水的流动性,加上各个海域自身的条件(比如地质、地貌、距岸远近程度等)以及相应的气候条件、水文条件的差异,造成了海洋资源的自然差异性。

(2) 海洋资源的公共性

自古以来,海洋通常属于国家所有,或属于各国共有,这与陆地有很大的不同。因为世界海洋是一个连通的整体,而海洋水体是在不断流动的,这就造成任何一个地区或国家均不易独占海洋资源。目前,国家管辖海域内的自然资源通常属于国家所有,这是公有性的一个方面;海洋资源公有性的另外一个方面则体现为国际性。国际水域的资源属于全人类所有,这在国际海洋法中有明确规定。因此,近年来大规模的海洋调查、勘探和开发,经常采取国际合作的形式,直至成立协调各国利益的国际海洋开发组织。此外,在开发活动中,以海洋资源问题为中心的国际争端也长年不休。

(3) 海洋资源的有限性和脆弱性

海洋是人类赖以生存的资源宝库,其巨大的资源储量使人类社会的可持续发展有了最为可靠的保障。尽管海洋资源丰富,但并非取之不尽,用之不竭。海洋资源中大部分具有不可再生性,如矿产资源等;即使是可再生资源,其再生资源是有限的,而且利用过度,使其稳定的结构破坏后就会丧失其再生能力,成为非再生性资源;而像海洋能、潮汐能、风能等这些恒定性资源从某个时段或地区来考虑,所能提供的能量也是有限的。因此,确定海洋资源的合理开发程度具有重要的意义。

(4) 海洋资源的生物多样性优于陆地

海洋生物多样性其实远比陆地上的来得更为丰富珍贵。海洋是生命的摇篮,海洋生物比陆地更加丰富多彩,海洋环境能够容纳动物的总量至少是陆地环境动物总量的 2 倍。如目前所发现的 34 个动物门中,海洋其实就占了 33 个门,而且其中有 15 个门的动物只能生活在海洋环境。相反,34 个动物门里只有 13 个门可以栖居陆地。这个悬殊的比例显示其实海洋才是保存了地球上绝大部分生物多样性的地方。它所能提供人类未来探索学习的机会,和利用这些多样性的潜力,要远比陆地上生物多样性来得更大。这是因为血缘关系愈远的生物,它们彼此间基因的歧异度和生物的特性差异就会更大的缘故。科学家已经预测在大陆棚的海底或更深的海域所孕育的物种可能高达百万种之多,估计最少还有百万种大洋以及深海的生物还未知。现有已知的海洋生物约有 20 万种,每升海水中至少含有 2.5 万种微生物,有些区域甚至达到 10 万种。从最微小的微生物到最大的哺乳动物,地球上有 80% 的生物栖息在海洋中。丰富多样化的海洋生物不但提供人类食物、医药与休憩等多功能的需求,也借由保护海岸、分解废弃物、调节气候、提供新鲜空气等,成为地球上最大的维生系统。

(5) 海洋资源空间立体性和时序变化性

海洋是一个三维立体的庞大的水系统结构,由一个巨大的连续水体及其上覆大气圈空间和下伏海底空间三大部分组成。在二维平面上它占据地球表面积的70.8%,在垂直向上,有平均 3 800 米深的水体空间。如此广阔的空间资源对于显得日益拥挤不堪的陆地空间来说,无疑是 21 世纪人类社会生存与发展的新空间。不同的海洋资源具有不同的物理、化学和生物特性,其形成、存在和变化具有各自的规律性,所以海洋资源具有各自的分布特征,同一类资源在海洋中并非均匀分布,而是呈现出明显的空间差异性。除此之外,在时间上也具有鲜明的变化规律性,概括起来主要有节律性与周期性、不确定性和演化性等。这就要求人类在海洋开发时要以海洋的立体观来布局海洋产业,同时考虑海洋资源的时序变化性,避免造成海洋资源与空间的浪费。同时也正是海洋资源的这些特性使得海洋环境要比陆地环境更为复杂和具有风险性,使得人类开发和利用海洋资源的难度加大。

3. 海洋资源的分类

对于海洋资源,根据不同的角度、标准有着不同的分类方法。目前存在的基本的分类大致有 9 种,但较为常见的分类方法有以下 2 种:

（1）按照海洋资源根本特质划分

按海洋资源的根本特质的不同，可以将其划分为海洋自然资源和海洋社会资源。海洋自然资源是由海洋自然生成的，一般指海洋物质资源，是海洋固有的，包括海洋生物资源（海洋植物资源、海洋动物资源、海洋微生物资源）、海洋矿产资源（滨海砂矿、海底自生矿产、海底固结岩中的矿产）、海洋空间资源（围海造陆、海洋交通运输空间、海底空间、海洋旅游资源）、海洋水体资源（海水化学资源和海水动力资源）四个大类。海洋社会资源是在海洋自然资源基础上衍生而成的一种人类所特有的和分享、消费的资源。海洋社会资源是指海洋为社会所提供的，并对社会成员的发展具有重要意义的物质与精神要素之综合，包括以海洋为主体的有关海洋政治的、经济的、文化的、有形的与无形的各种海洋性资源。海洋社会资源具体包括海洋活动的劳动者、资本、海洋科学技术以及海洋管理与信息等方面的内容。

（2）按照海洋资源的形成方式

以资源的形成方式来分，可以把海洋资源分为可再生资源和非再生资源。海洋可再生资源是指可以用自然力保持或增加蕴藏量的自然资源。这些资源在合理使用的前提下，可以自己生产。这类资源包括海洋生物资源、海洋旅游资源、海水化学资源、海洋再生能源、海洋空间资源等。海洋非再生资源是指不能运用自然力增加蕴藏量的自然资源。海洋非再生资源不具备自我繁殖能力，非再生资源的初始禀性是固定的，用一点少一点，某一时点的任何使用，都会减少以后时点可供使用的资源。这类资源主要指海底矿产资源。

另外，按照不同的角度，还可以把海洋资源划分不同的类别。从利用方式分，可分为可提取资源、不可提取资源、固定资源、流动资源；从资源所处的地理位置划分，可分为海岸带资源、海岛资源、大陆架资源、深海与大洋资源、极地资源等；按海洋资源的空间层次划分，可以划分为海洋大气空间资源、海面资源、海洋水体资源和海底资源。每个亚类还可以再进行细分，可以说，海洋资源是地球上除大陆资源之外的另一大类自然资源。

（二）海洋资源管理基础

1. 海洋资源管理的概念

海洋资源管理是指以行政、法律、经济、技术、教育等多种手段，以海洋资源的科学和持续利用为最终目的，对海洋资源的开发和利用进行规划、组织、指导、协调和监督的组织过程。

海洋资源的行业管理是指以海洋资源产业为管理内容的一种管理方式，主要有：海洋渔业资源管理、海洋矿产资源管理、海洋油气资源管理、海洋港口资源管理、海洋盐业资源管理、海洋旅游资源管理、海洋环境资源管理等。

海洋资源综合管理是指国家海洋局根据国家赋予的职能安排所进行的，以海域使用管理为抓手的,对国家管理范围内的海洋空间资源、海洋新能源、海岛资源以及国际海底资源、极地资源等进行调查、研究、规划、统计、监测和监管于一体等综合性、整体性管理。

海洋资源管理的法律依据有 5 类:一是国家大法;二是海洋资源国家部门法律;三是海洋资源国家行政法规;四是海洋资源地方行政法规;五是海洋资源标准。

2. 海洋资源管理法律

海洋资源管理法律法规是指由许多有关海洋资源管理的法律、法规等法律规范组成的系统,是海洋资源管理的重要依据。

我国目前没有综合性的海洋法,也没有海洋资源法,但是已经建立了许多涉及海洋资源的国家法律、行政法规和地方法规,对我国海洋资源的合理开发利用起到了重要作用。

在海洋环境资源保护方面,1974 年,国务院颁布《防治沿海水域污染暂行规定》,标志着中国海洋环境保护立法的开端。1982 年 8 月 23 日,第五届全国人大常委会第二十四次会议通过了《海洋环境保护法》,为我国海洋环境的保护创立了基本法。为实施该法,国务院先后颁布《防治船舶污染海域管理条例》《海洋石油勘探开发环境保护管理条例》《海洋倾废管理条例》《防治陆源污染物污染损害海洋环境管理条例》《防治海岸工程建设项目污染损害海洋环境管理条例》《防止拆船污染环境管理条例》等。除了上述立法之外,在《环境保护法》《海域使用管理法》《渔业法》《海上交通安全法》《海商法》《水污染防治法》《固体废物污染环境防治法》等相关法律中也有一些内容直接或间接地涉及海洋环境保护。另外,我国在 1982 年以来,陆续颁布了《海水水质标准》《船舶污染物排放标准》《海洋石油开发工业含油污水排放标准》《污水海洋处置工程污染控制标准》《景观娱乐用水水质标准》等海洋环境保护的国家标准,以及《海洋检测规范》《海洋调查规范》等海洋环境保护规范。这些法律法规共同构成了我国海洋环境保护法律制度体系。

海洋渔业资源管理方面,1986 年 1 月 20 日第六届全国人民代表大会常务委员第十四次会议通过了《中华人民共和国渔业法》,其目的是为了加强渔业资源的保护、繁殖、开发和合理利用,发展人工养殖,保障渔业生产者的合法权益,促进渔业生产的发展。之后在 2000 年、2004 年、2009 年和 2013 年进行了相应的修正。为保护、拯救珍贵、濒危野生动物,保护、发展和合理利用野生动物资源,维护生态平衡,1988 年 11 月 8 日第七届人大常委会第四次会议通过《中华人民共和国野生动物保护法》,2018 年 10 月 26 日,第十三届全国人民代表大会常务委员会第六次会议通过,修改《中华人民共和国野生动物保护法》。

1986 年,为了发展矿业,加强矿产资源的勘查、开发利用和保护工作,根据《中华人民共和国宪法》,制定了《中华人民共和国矿产资源法》,并于 1996 年进行了修订,对我国领土及管辖海域勘查、开采矿产资源做出法律规定。海洋石油资源是国家石油资源的重要组成,为了合理、科学、有序开发海洋石油资源,我国政府制定了《中华人民共和国海洋石油勘探开发环境保护管理条例》《中华人民共和国对外合作开采海洋石油资源条例》。

在海洋空间资源使用方面,《中华人民共和国海域使用管理法》已由中华人民共和国第九届全国人民代表大会常务委员会第二十四次会议于 2001 年 10 月 27 日通过,自 2002 年 1 月 1 日起施行。为保护海岛及其周边海域生态系统,合理开发利用海岛自然资源,维护国家海洋权益,促进经济社会可持续发展,2010 年 3 月 1 日起施行《中华人民共和国海岛保护法》。与此同时,国家还先后颁布了《中华人民共和国海上交通安全法》《中华人民共和国港口建设管理规定》《中华人民共和国航道管理条例》《中华人民共和国港口法》等。

除此之外,国家和地方还制定了大量有关海洋资源开发与使用的各种法规、规章、规划和标准体系。

3. 海洋资源管理原则

(1) 国家所有原则

我国的内水、领海和其他管辖海域及其各类自然资源均属国家所有,任何个人或集体都不能侵占。国家拥有管辖海域一切物质资源和空间的占有、处分和保护的全部权利。因此,在海洋资源管理中,国家所有原则必须确立和贯彻,确保国家在全部管辖海域内的完全的资源利益和战略目标。

(2) 宏观计划原则

为了实现海洋资源管理的目标和海洋资源开发的较好效益,必须根据海洋资源的自然分布规律和所处的自然条件和社会需求,以科学发展观为指导,因地制宜地指导、组织和实施海洋资源开发,不能脱离具体社会需求、具体海域海洋资源的自然分布特点与丰度,否则就难以达到预期目的。

(3) 科学利用原则

海洋资源科学利用原则在于海洋资源的整体性、综合性和开发利用的协调性。海洋资源利用的整体性原则是指海洋资源存在的整体性,以调整某类海洋资源与其他各类海洋资源之间的关系。综合性原则是指资源开发的综合性,以调整在海洋资源开发过程中,开发使用海洋资源与社会需求、社会布局之间的关系。协调性原则是指在海洋资源开发利用中的经济、环境、生态和资源的协调性。

(4) 整治生息原则

"生息"是指海洋自然资源,特别是海洋生物资源的繁衍、生存、生长。生息的原则是要遵守自然资源的生命规律,提倡科学利用、文明开发,开发而不破坏其生息环境,利用而不扼杀生息繁衍。"整治"是指对人类开发和利用活动已经造成的"不可生息"的自然资源,根据自然科学规律,使用人工干预的方法和手段,按照自然资源的生息和持续原则,进行适度的整理、修复、管制,促使其尽快恢复到其自然生态。

4. 海洋资源管理的任务

海洋资源管理的基本任务是由开发利用海洋自然资源的实践决定的,取决于海洋资源的现状、社会利用资源的能力和由这种能力产生的海洋产业。根据目前海洋资源产业情况,可以将海洋资源管理的基本任务概括为五个方面,分别是海洋资源的调查、监测与评估,海洋资源的开发与利用,海洋资源的修复与整治,海洋资源的国民教育与专业研究,海洋资源开发利用中的生产关系。海洋资源的管理内容一般可分为:海洋渔业资源管理、海洋矿产资源管理、海洋空间资源管理、海洋水资源及物质资源管理、其他海洋资源管理。

5. 海洋资源管理对象

海洋资源管理的对象可以分为自然对象和社会对象两部分,其中自然对象又可分为自然资源对象和自然环境对象,社会对象又可分为国内社会对象和国外社会对象。

(1)自然对象

海洋自然系统是指天然存在的海洋系统。站在海洋资源的角度,海洋自然系统的主体是海洋自然资源,相对于海洋自然资源的海洋自然环境。因此,海洋管理的自然对象就是海洋自然资源对象和海洋自然环境对象。

海洋资源管理是因其自然资源开发而产生的,因此,其管理的自然资源对象是按其开发性来划分的,主要有海洋渔业资源管理、海洋矿产资源管理、海水化学资源管理、海洋空间资源管理、海水水资源管理、海洋旅游资源管理、海洋可再生资源管理等。

海洋自然资源的开发与保护离不开海洋自然环境,因此,其管理也必然涉及海洋自然环境。海洋资源管理的海洋自然环境对象是按其对开发和保护的影响而划分的,主要有海洋水动力环境管理、海洋地质环境管理、海洋化学环境管理、海洋生物环境管理等。

(2)社会对象

国内社会对象是指我国主权海域开发利用海洋资源者中具有中国国籍的自然人或组织的法人。国内社会对象的管理又可分为开发主权海域海洋资源的管理和非主权海域海洋资源的管理两种情况。前者的管理适用一般国内海洋法律法规和政策,后者适用海域所属国的法律法规、国际海洋法律法规和两国协议关系中的海洋资源开发的配额制、许可制等。

国外社会对象是指我国主权海域开发利用海洋资源者中不具有中国国籍的自然人或组织的法人。这部分的管理适用我国与其所属国两国协议关系、我国海洋法律法规和国际海洋法律法规等。

（三）我国海洋资源管理

1. 海洋渔业资源管理

我国海洋分布着许多渔获量很高的渔场，如黄渤海渔场、舟山渔场、南海沿岸渔场、北部湾渔场、吕四、大沙、闽南等渔场，前四者被称为我国的四大渔场。由于我国海洋渔业捕捞强度越来越大，有时甚至酷渔滥捕，加上海洋污染日益严重，导致我国沿岸近海渔业资源不同程度地受到损害或破坏而呈技术衰退趋势。因此，我国加强渔业资源管理的主要内容有以下几个方面：

第一，国务院渔业行政主管部门主管全国的渔业工作。县级以上地方人民政府渔业行政主管部门主管本行政区域内的渔业工作；县级以上人民政府渔业行政主管部门可以在重要渔业水域、渔港设渔政监督管理机构；县级以上人民政府渔业行政主管部门及其所属的渔政监督管理机构可以设渔政检查人员；渔政检查人员执行渔业行政主管部门及其所属的渔政监督管理机构交付的任务。

第二，通过国家以及与国际组织合作，调查评估国家管辖海域和相关公海海域的渔业分布、数量、质量与变动情况，为资源的养护、持久利用和控制调节等管理活动提供科学依据。

第三，海洋渔业资源的有偿使用，实施海洋渔业资源的资产化管理，避免渔业资源开发中"竭泽而渔"的短期行为。依据有关法律法规通过控制使用渔船、渔具标准和规定捕捞对象技术标准，维护海洋渔业资源的生态平衡，避免资源的严重破坏。

第四，按照国家立法和《联合国海洋法公约》要求，确定各海区适宜捕捞量，再由渔政部门向生产单位或个人分配下达捕捞数量指标，发放捕捞许可证与限量捕捞许可证并负责进行监督检查。

第五，制定并实施保障海洋渔业及所有海洋生物资源持久利用的战略。《中华人民共和国渔业法》规定：县级以上人民政府渔业行政主管部门应当对其管理的渔业水域统一规划，采取措施，增殖渔业资源。大力鼓励近海海水养殖业和增殖渔业的发展，进一步提高资源的利用效益。

第六，国家对渔业的监督管理实行统一领导、分级管理。海洋渔业，除国务院划定由国务院渔业行政主管部门及其所属的渔政监督管理机构监督管理的海域和特定渔业资源渔场外，由毗邻海域的省、自治区、直辖市人民政府渔业行政主管部门监督管理。国家渔政渔港监督管理机构对外行使渔政渔港监督管理权。

2. 海洋矿产资源管理

（1）海洋石油资源管理

我国颁布的海洋石油资源开发与管理有关的法律、法规包括《中华人民共和国矿产资源法》《中华人民共和国对外合作开采海洋石油资源条例》《中华人民共和国海洋石油勘探开发环境保护管理条例》等。其中《中华人民共和国对外合作开采海洋石油资源条例》专门对我国海洋石油资源国际合作开发与管理做出了明确规定。

中华人民共和国的内海、领海、大陆架以及其他属于中华人民共和国海洋资源管辖海域的石油资源,都属于中华人民共和国国家所有。在前款海域内,为开采石油而设置的建筑物、构筑物、作业船舶以及相应的陆岸油(气)集输终端和基地,都受中华人民共和国管辖。

中国政府依法保护参与合作开采海洋石油资源的外国企业的投资、应得利润和其他合法权益,依法保护外国企业的合作开采活动。在本条例范围内,合作开采海洋石油资源的一切活动,都应当遵守中华人民共和国的法律、法令和国家的有关规定;参与实施石油作业的企业和个人,都应当受中国法律的约束,接受中国政府有关主管部门的检查、监督。

国务院指定的部门依据国家确定的合作海区、面积,决定合作方式,划分合作区块;依据国家规定制定同外国企业合作开采海洋石油资源的规划;制定对外合作开采海洋石油资源的业务政策和审批海上油(气)田的总体开发方案。

中华人民共和国对外合作开采海洋石油资源的业务,由中国海洋石油总公司全面负责。中国海洋石油总公司是具有法人资格的国家公司,享有在对外合作海区内进行石油勘探、开发、生产和销售的专营权。中国海洋石油总公司根据工作需要,可以设立地区公司、专业公司、驻外代表机构执行总公司交付的任务。

中国海洋石油总公司就对外合作开采石油的海区、面积、区块,通过组织招标,确定合作开采海洋石油资源的外国企业,签订合作开采石油合同或者其他合作合同,并向中华人民共和国商务部报送合同有关情况。

企业或作业者在编制油(气)田总体开发方案的同时,必须编制海洋环境影响报告书,由海洋行政主管部门核准,并报环境保护行政主管部门备案。

(2)海洋矿产资源管理

海洋矿产资源的所有权管理由国土资源部代表国家,依据有关法律对海洋石油等矿产资源的所有权实施统一管理。国土资源部的主要职能是:土地资源、矿产资源、海洋资源等自然资源的规划、管理、保护与合理利用。依据《中华人民共和国矿产资源法》《中华人民共和国土地管理法》《中华人民共和国测绘法》等法律法规,对海洋资源实施管理。

《中华人民共和国矿产资源法》规定了矿产资源所有权和使用权。矿产资源属于国家所有,由国务院行使国家对矿产资源的所有权。地表或者地下的矿产资源的国家所有权,不因其所依附的土地的所有权或者使用权的不同而改变。国家保障矿产资源的合理开发利用,禁止任何组织或者个人用任何手段侵占或者破坏矿产资源。各级人民政府必须加强矿产资源的保护工作。勘查、开采矿产资源,必须依法分别申请、经批准取得探矿权、采矿权,并办理登记;但是,已经依法申请取得采矿权的矿山企业在划定的矿区范围内为本企业的生产而进行的勘查除外。国家保护探矿权和采矿权不受侵犯,保障矿区和勘查作业区的生产秩序、工作秩序不受影响和破坏。从事矿产资源勘查和开采的,必须符合规定的资质条件。

3. 海洋港口管理

我国港口管理的主要内容分为港口规划和港口收费。

我国港口实现合理布局规划的主要内容包括:合理利用海岸线资源,控制低水平、区域性非深水港的重复建设,按照突出重点、兼顾一般的原则进行建设;加快深水泊位和大型专用泊位的建设;发展和完善散货、杂货、国际集装箱和滚装运输的港口接运网络和配套支持系统,形成各种港口的网络布局结构;鼓励发展我国国际集装箱沿海运输;对老港区进行改造和功能调整,实现港口的全面现代化。

我国交通部门不断加强对港口收费的宏观管理,1999 年先后出台了一系列规章。为了更好地贯彻和实施《中华人民共和国交通部港口收费规则(外贸部分)》的各项规定,交通部颁发了《中华人民共和国交通部港口收费规则(外贸部分)解释》,对原交通部收费规则的有关内容做了相应的解释,并对有关费用的计算方法做了明确的规定,进一步厘清了进出我国港口的外贸船舶和货物的有关计费标准。

4. 海洋旅游资源管理

我国海洋旅游资源最显著的特点就是海洋旅游资源丰富、类型多样。我国现行的海洋旅游资源开发的主要法律规范有:《旅游安全管理暂行办法》《边境旅游暂行管理办法》《旅游发展规划管理办法》《旅游景区质量等级评定管理办法》等由中华人民共和国国家旅游局制定的规章。目前,海洋旅游资源的管理工作集中在以下几个方面:

第一,开展海洋旅游资源分布、类型、数量的普查和价值登记评定,以全面掌握旅游资源的基本情况,并按照国家和地方制定的标准划分出资源登记标准,作为开发和管理的依据。

第二,进一步研究并建立适应社会主义市场经济条件的合理的海洋旅游资源管理体制,提高管理效率。

第三,对我国海洋旅游资源进行统一规划并进行开发秩序的管理。

5. 海洋水资源及化学资源管理

(1) 海洋水资源管理

目前我国的海洋水资源管理缺乏配套的法律规范和政策。我国在有关海水利用的法律法规和产业政策建设方面还十分薄弱,远远落后于海水利用产业的发展进程。法规和政策缺失,严重制约着我国海水利用产业的健康、持续发展。

在海洋水资源管理的组织形式方面存在以下问题:我国海水资源的管理主体不明缺,责任主体缺位;相关部门事权划分不明确,管理职能交叉;上下关系没有理顺;没有建立部门协作的工作机制;管理制度不完善等。

（2）海洋化学资源管理

海洋化学资源是海洋资源的重要内容,其中盐化工资源的开发与利用是海洋化学资源利用中的最古老、最成熟的。海水盐化工资源与产业的管理代表了海水化学资源和工业的管理。当前,我国对海盐资源的管理主要体现在以下几个方面:

第一,进一步组织海盐资源调查、评价和区别。

第二,协调盐业资源开发中出现的矛盾。

第三,根据《盐业管理条例》开展盐资源的保护工作。

第四,加强对盐资源开发的技术管理工作,努力提高开发效益。

三、案例分析

案例 2.1　农业部通报 2017 年涉渔违规违法典型案件

（一）内容梗概

为贯彻落实党中央国务院关于推进生态文明建设、深化农业供给侧结构性改革等有关部署要求,促进渔业绿色发展,2017 年,农业部直面渔业突出问题,组织实施"亮剑 2017"系列渔政专项执法行动和规范远洋渔业管理活动,重拳出击、打非治违,从严监管,取得了积极成效。2017 年 12 月 26 日,农业部举行新闻发布会介绍渔业执法监管有关情况。

农业部渔业渔政管理局局长张显良表示,2017 年农业部渔业渔政工作的一个突出特点就是"严"字当头。一年来,各级渔业渔政部门按照农业部的统一部署,严格监管、严格执法、严肃办案,查处了一批涉渔违规违法案件,选取 10 个典型案例向社会通报。

案例一:"辽某渔 23659""鲁某渔 51433""鲁某渔 65555""鲁某渔 67778"伏季休渔期非法捕捞案

2017 年 5 月 31 日,"辽某渔 23659""鲁某渔 51433""鲁某渔 65555""鲁某渔 67778"四艘拖网渔船涂抹船名、船籍港等信息,捕捞渔获物 6 873 箱、净重 14.69 万千克,被江苏省中国渔政"32501 船""32516 船"查获。四艘渔船 42 名涉案人员违反伏季休渔规定、违法捕捞数量巨大,已涉嫌构成犯罪。江苏省海洋渔政监督直属支队将案件移送公安机关查办。

案例二："辽某渔运 25148"休渔期收购非法渔获物案

2017 年 6 月 26 日晚,"辽某渔运 25148"渔运船在休渔期间收购销售非法捕捞玉筋鱼约 5 026 箱、92 430 千克,在庄河市南尖头渔港被大连市海监渔政局查获。该渔运船未按规定休渔、违法收购非法捕捞渔获物。同年 8 月 7 日,大连市海监渔政局依据《辽宁省渔业管理条例》有关规定,对当事人作出了罚款人民币123 856 元和没收非法收购渔获物的处罚。

案例三："浙某渔 82751"在禁渔区内非法捕捞案

2017 年 4 月 21 日,"浙某渔 82751"在机动渔船底拖网禁渔区线内使用最小网目尺寸为 30 毫米的单船有翼单囊拖网捕捞虾蛄等水产品 2 千克。其使用的渔具属于浙江省规定的禁用渔具,且在禁渔区内捕捞,已涉嫌构成犯罪,浙江省瑞安市海洋与渔业局将案件移送至当地公安机关。案件当事人被判处拘役三个月(缓刑四个月),并被责令于 2017 年 9 月 30 日前向瑞安市浅海区域投放梭鱼 1 万尾,修复海洋生态。

案例四："浙某渔 02167"使用禁用渔具捕捞案

2017 年 4 月 17 日,"浙某渔 02167"使用加装有多层囊网(密眼衬网)的帆张网捕捞虾籽 16 260 千克。其使用的渔具属浙江省规定的禁用渔具,且捕捞数量大,已涉嫌构成犯罪,浙江省岱山县海洋与渔业执法大队将案件移送公安机关。同年 7 月 27 日,钱某某、刘某某、刘某某、乐某某等四名当事人以非法捕捞水产品罪分别被判处拘役三个月、拘役五个月不等。

案例五:江苏一涉渔"三无"船舶非法捕捞案

2016 年 7 月 7~13 日,叶某明驾驶一"长 25 米、宽 4.6 米"的涉渔"三无"船舶在机动渔船底拖网禁渔区内拖网作业捕捞梭子蟹等 69.35 千克。2017 年 4 月25 日,江苏省海洋渔政监督支队依据《渔业法》《渔业船舶检验条例》等法律规定,对使用涉渔"三无"船舶在禁渔期和禁渔区内捕捞的行为,作出没收该涉渔"三无"船舶、渔具和渔获物,和罚款人民币 500 元的处罚。2017 年 5 月 23 日,该涉渔"三无"船舶以公开拍卖的方式予以拆解。

案例六:涉渔"三无"船舶引发涉外渔业事件案

2017 年 2 月 16 日,标有"辽丹渔 23955"的船舶及其对船越界捕捞时被韩国海警查扣,并引发涉外事件。经农业部、公安部、外交部和中国海警局等四部门联合调查发现,涉事船舶未取得入渔韩国捕捞许可证、未持有国家统一规定的合法有效渔业船舶证书、涉案船舶船长未取得职务船员证书,属于涉渔"三无"船舶。

该案交由船舶所有人所在地山东省某市政府按涉渔"三无"船舶进行后续处理。

案例七:齐某等人在禁渔期电鱼案

2017年5月20日,齐某、王某在北京市密云水库实施电捕鱼,共计29.7千克、价值人民币857元。齐某、王某在密云水库禁渔期电鱼,已涉嫌构成犯罪。北京市密云水库联合执法大队将案件移送密云区公安机关。2017年8月31日,齐某、王某以非法捕捞水产品罪分别被判处有期徒刑八个月、有期徒刑六个月。

案例八:钟某等人非法售卖中华白海豚案

2017年3月29日,钟某驾船出海将一头中华白海豚(国家一级重点保护动物)拖回赤鱼头码头,后由钟某实、蔡某生和蔡某荣三人带回高栏港飞沙村进行分割、售卖。2017年3月30日,农业部根据"珠海市金湾区南水镇有人当街宰杀售卖中华白海豚"的媒体报道线索,组织广东省海洋与渔业厅进行调查。经查实,钟某等人的行为已涉嫌构成犯罪。案件已移送当地公安机关。

案例九:大连某远洋渔业公司所属远洋渔船违规作业案

大连某远洋渔业有限公司所属"远大19"船存在无证捕捞蓝鳍金枪鱼行为,"大洋15"船和"大洋16"船存在未按批准海域作业行为,还存在擅自拆卸船位监测设备等行为。2017年4月24日,依据《远洋渔业管理规定》,我部永久取消了该公司的远洋渔业企业资格,取消了该公司所有远洋渔业项目,将公司主要负责人傅某某列入远洋渔业从业人员"黑名单",扣除上述3艘渔船的全年油补,吊销涉事3艘渔船船长的职务船员证书。

案例十:某外籍渔船转载IUU渔获物案

应南极海洋生物资源养护委员会请求,农业部组织山东省海洋与渔业厅对一艘涉嫌违规转载南极犬牙鱼的外籍冷藏运输船(船名:Andrey Dolgov)实施了港口检查,查扣南极犬牙鱼约110吨。已经完成对犬牙鱼货物的货值评估,于2017年12月29日进行公开拍卖,所得款项扣除必要支出后,全部捐献给南极海洋生物资源养护委员会,用于打击非法捕捞和养护南极海洋生物资源。这是中国首次处置外国渔船转载IUU(非法、不报告、不受管制)渔获物。

资料来源:

1. 中国农村杂志社.亮剑2017渔政专项执法行动通报十大典型案例[DB/OL].[2017 - 12 - 26].http://www.farmer.com.cn/xwpd…/jjsn/201712/t20171226_1346405.htm.

2. 陈嗣国.干江:"三无"船舶拆解持续发力[EB/OL].[2018 - 04 - 20].http://yhnews.zjol.com.cn/yuhuan/system/2018/04/20/030842533.shtml.

（二）要点分析

中国海域生物资源丰富、种类繁多，已知海洋生物有 20 278 种，占世界海洋生物总种数的 10% 以上；具有捕捞价值的海洋鱼类 2 500 余种、头足类 84 种、虾类 90 种，渔场 70 多个，渔场面积 281 万平方千米，近海可捕量占世界的 5% 左右，是世界渔业大国之一。我国海洋水产资源在新中国成立后得到充分利用，但是随着无节制的海鲜消费的强大拉动力破坏了海洋资源的再生能力，沿海城市工业排污入海，海洋污染日益恶化导致渔业资源进一步衰竭，港口、通信等沿海工业大量侵占渔民赖以生存的海域等一系列的现状，中国近海渔业资源面临着比较严峻的衰退的危险。

针对我国沿岸近海渔业资源不同程度地受到损害或破坏而呈技术衰退的趋势，农业部研究出台了"十三五"海洋渔船"双控"管理、海洋渔业资源总量管理和伏季休渔三项重大改革制度。渔船双控和海洋渔业资源总量管理涉及渔业生产、资源管理的方方面面，但关键环节就两个，即投入和产出，突出体现为两大硬指标：一个是渔船控制目标，到 2020 年全国压减海洋捕捞机动渔船 2 万艘、功率 150 万千瓦，除淘汰旧船再建造和更新改造外，不新造、进口在我国管辖水域生产的渔船；另一个是渔获物产出的控制目标，到 2020 年国内海洋捕捞总产量减少到 1 000 万吨以内，与 2015 年相比减少 309 万吨以上。而 2017 年农业部制定了新伏季休渔制度。主要变化有：所有海区的休渔开始时间统一为 5 月 1 日 12 时；休渔类型统一和扩大，首次将南海的单层刺网纳入休渔范围，即在我国北纬 12 度以北的四大海区除钓具外的所有作业类型均要休渔；首次要求为捕捞渔船配套服务的捕捞辅助船同步休渔。同时，休渔时间延长，总体上各海区休渔结束时间保持相对稳定，休渔开始时间向前移半个月到 1 个月，总休渔时间普遍延长 1 个月，最少休渔 3 个月。除了这三项，农业部还采取了建立保护区、加大幼鱼保护力度、坚持增殖放流、建设海洋牧场等一系列措施促进渔业可持续发展。

在本案例中，加强渔船"双控"、实施海洋渔业资源总量管理制度和伏季休渔制度，执法监管是保障。各级渔业渔政部门围绕渔船、渔具和渔法加强执法监管，严厉打击涉渔"三无"船舶，深入开展违规渔具清理整治，坚决取缔农业部和各省（区、市）公布的禁用渔具以及对资源破坏严重"绝户网"，严厉打击非法捕鱼行为，尤其是禁渔期违法捕鱼行为，重拳出击、打非治违，从严监管，取得了积极成效。但也应该看到，改革措施虽然保证了渔业的可持续发展，可是考虑到沿海上百万捕捞渔民的生产生活问题，控制总量和休渔期可能导致部分渔民减少捕捞生产，对渔民收入和就业安排造成较大压力。对此，可从以下三个方面保障渔民的利益：

第一，为了提高公众参与意识，渔业主管部门应该加强宣传。可与涉海的非营利组织合作，借助非营利组织的力量加强渔民对于海洋资源保护基础知识的了解。必须增强渔民主人翁的意识,鼓励渔民积极行动起来,主动参与到海洋资源保护管理中。我国于 1995 年正式实施海洋伏季休渔政策,20 多年来,伏季休渔制度根据资源变化、作业状况也在不断地调整和完善当中,每次规定调整的初期,都需要地方各级政府和相关部门尤其是渔业主管部门,在渔民宣传教育方面做出大量工作,防止渔民因为对相关规定不熟悉而发生违规行为。必须加强对渔民关于伏季休渔政策的宣传教育以使其更自觉地配合实施该项政策。

第二,为保护渔业资源,政府鼓励渔民转产转业,但大多数渔民年龄偏大、就业技能单一,脱离渔业生产后就业困难、生计艰辛,受自身素质限制很难掌握新谋生技能,对此政府应针对这些渔民建立最低生活保障制度,且对失海渔民根据区域进行相应的补贴。

第三,近几年,渔村旅游已经成为我国滨海旅游的一个亮点,为我国沿海渔民转产转业提供了一条新的途径。由于渔村旅游主要以渔村风光和活动为吸引点,所以入门门槛较低,可作为渔民提高收入的一种方式,且滨海旅游旺季大多数在夏季,也处于伏季休渔时期,所以渔民此时可以大力地发展渔村旅游业。但是发展渔村旅游业要完善渔村基础设施,要培育特色旅游项目避免无效竞争,要加强监督管理维护市场秩序,对此政府应制定相关的政策以及提供资金大力支持渔村基础设施的建设,为渔民制定特色旅游项目,同时也应对渔民进行相关知识培训,使他们具有良好素质。

参考文献:

1. 农业部.农业部关于进一步加强国内渔船管控 实施海洋渔业资源总量管理的通知[Z].北京:农业部,2017.

2. 佟明彪.农业部:今年正式实施海洋渔业资源总量管理制度[EB/OL].[2017-01-20].http://www.ce.cn/cysc/sp/info/201701/20/t20170120_19755803.shtml.

3. 农业部.农业部解读实施海洋渔业资源总量管理《通知》[EB/OL].[2017-01-20].http://www.scio.gov.cn/xwfbh/gbwxwfbh/xwfbh/nyb/Document/1540973/1540973.htm.

案例 2.2 滨海旅游不断升温 环境保护迫在眉睫

(一) 内容梗概

邮轮、游艇,阳光、沙滩,蓝天、海浪,海鲜、美食……我国滨海旅游正日益受到中外游客的青睐。随着我国旅游业从观光旅游向休闲度假旅游的转变,滨海旅游已经开发出以休闲渔业、海洋文化和海洋休闲度假等为主题的多种旅游产品。

滨海旅游异军突起

每年暑期旅游市场中,滨海旅游无疑是最大热门。放眼全球,地中海地区、加勒比海地区、大洋洲海域和东南亚海域一直是人们出游的热点;回望国内,大连、秦皇岛、威海、青岛、厦门、珠海等城市滨海旅游更是游人如织。人们走向大海、亲近大海的"滨海旅游热"不断升温。

从携程旅游网了解到,7月以来滨海旅游线路预订量翻番,报价也有10%至20%的上涨。从山东半岛到海南岛,滨海城市目的地部分热门旅游产品呈现资源紧张现象,酒店价格涨幅近20%。

滨海旅游业发展迅速,主要得益于国家出台的一系列促进滨海旅游业发展的政策意见:刚刚出台的《国务院关于进一步促进旅游投资和消费的若干意见》中"鼓励社会资本大力开发温泉、滑雪、滨海、海岛、山地、养生等休闲度假旅游产品";《国务院关于加快发展旅游业的意见》中"积极支持利用边远海岛等开发旅游项目";《中国旅游业"十二五"发展规划纲要》中"努力培育海洋海岛等高端旅游市场……积极发展海洋海岛等专项旅游产品";《全国海洋经济发展"十二五"规划》中"因岛制宜,科学发展,以生态养殖、休闲渔业、生态旅游等产业为主的海岛经济"。

江苏省如东县委书记詹立风在2015滨海旅游发展论坛上介绍说,随着国家"一带一路"、长江经济带和江苏沿海开发战略的深入实施和国家对旅游业扶持力度的不断加大,如东不断加快新兴海港城市、生态宜居城市和现代旅游城市的建设。目前,如东已形成了以"海鲜、海泉、海港、海韵"为主题的滨海生态旅游,具有浓郁的南黄海风情,吸引了上海和苏南地区众多游客前来观光休闲。数据显示,2014年如东旅游人次突破300万,实现旅游收入30亿元。

培育滨海旅游新业态

滨海旅游快速升温,使沿海各地政府从北到南,都在不同程度地开发海洋旅游资源。然而,我国对滨海旅游产品的开发仍处于初级阶段,存在着产品结构单一、产品同质化严重、可替代性较强等问题,无法形成对游客的长久吸引力。对照印尼的巴厘岛、泰国的普吉岛、韩国的济州岛等国际知名滨海旅游城市,国内滨海旅游还有很大的发展空间。

记者在走访一些滨海城市时发现,开发滨海旅游确实对发展地方经济、改善经济结构、促进渔农民增收等方面有所贡献,也让许多老百姓走上了致富之路。但许多滨海地区大都以观光游、海滨浴场、渔家乐、海鲜美食等内容和形式为重要开发项目,开发层级较低,游客逗留时间短,旅游经济效益较低。

为更好促进滨海旅游的发展,沿海城市要培育一些旅游新产品、新业态,让更多游客感受到大海的魅力。北京交通大学旅游管理系教授王衍用表示:"休闲旅游本身就是一种生活方式。打造滨海旅游亮点,首先要明确旅游者对旅游的需求,发展具有本地特色的文化、物产、生活、餐饮等旅游产品,满足旅游者对旅游地'原生态生活'的向往。"

"滨海旅游是一种发展潜力大、市场前景好、深受中外游客喜爱的旅游产品,希望通过对滨海旅游资源的进一步开发，打造滨海旅游拳头产品，为中外游客创造更加愉悦的旅游体验。"国家旅游局国际合作司司长张利忠说，目前，我国滨海旅游产品除了邮轮旅游外，游艇、帆船、海钓等一系列海上旅游项目也正在沿海省市快速发展，并在当地政府的引导与支持下逐渐成熟，形成规模。邮轮、游艇、帆船、海钓……这些过去看来遥不可及的"贵族"旅游项目，如今逐渐进入普通游客的视线。

与环境保护相辅相成

旅游业的发展也给滨海生态环境造成很多隐患：存在过度开发利用资源的现象，随着旅游设施的增多，用水消耗日益增大。同时，游客带来的大量垃圾也加大了海岛垃圾处理压力。而且，随着驾车旅游的人数增加，也加重了汽车尾气对环境的影响。

对此，国家旅游局相关负责人表示，滨海旅游应与环境保护相辅相成。一方面，开发滨海旅游业，应在保护的基础上改造基础设施、美化环境；另一方面，旅游业的发展带动了当地经济发展，可借机引导、激发公众保护海岛的意识。旅游专家刘思敏也表示，各地应使滨海旅游与经济发展、社会进步、环境保护同步，特别是要与海洋旅游需求增长的速度同步，杜绝无偿、无序、无度等开发现象，使滨海旅游开发合理有序进行。

"滨海旅游开发，要强调规划先行，拥有完善的规划，将有利于滨海旅游业的快速、高效发展。"中国旅游研究院院长戴斌认为，我国不少滨海城市在开发项目实际操作中模仿现象严重，"仅仅单纯依靠上几个大项目，搞几个吸引眼球的大活动，就把滨海旅游发展起来，这种想法是行不通的"。他举例说，马尔代夫旅游业的成功，根本上得益于其有完善的发展规划。马尔代夫在海岛开发过程中特别重视海岛规划，充分考虑单一岛屿的整体性及与其他海岛的关联性，保证一岛一风格，整体如诗如画。另外，规划也有力控制住了马尔代夫的工业污染，保证海水清澈见底。

专家表示，如果不注意保护滨海旅游资源，滨海旅游业将成为无本之木。一旦毁坏，即使将来复制重建，也无法取代原有资源的价值。"在发展滨海旅游的过程中，首先，要注意保护原有生态环境，给旅游者创造一个美好的旅游景观生态环境；其次，应积极推广当地旅游文化，建立旅游与当地百姓、社区共荣共享的气氛，推广具有当地风情特色的旅游产品。"中国社科院旅游研究中心教授李明德说。

资料来源：

1. 金潮.话说滨海休闲新业态[EB/OL].[2017 - 12 - 01]. https://www.sohu.com/a/207800348_100031444.

2. 郑彬.滨海旅游不断升温[N/OL].经济日报，2015 - 08 - 17. http://sh.people.com.cn/n/2015/0817/c176739 - 26012373.html.

（二）要点分析

海洋旅游资源属于海洋空间资源利用的一部分,衍生出来的海洋产业即滨海旅游业。滨海旅游作为我国海洋经济的重要组成部分,近年来在国家拉动内需、加大投入的政策驱动下,我国滨海旅游业总体保持平稳发展,国内旅游增长较快,国际旅游逐步恢复。滨海旅游业增加值不断走高,其对于我国海洋经济的贡献度也不在不断提升。此外,几年来邮轮游艇等新型业态快速涌现,助推我国滨海旅游业继续保持健康发展态势,产业规模持续增大。根据国家海洋局发布的《中国海洋经济发展报告 2017》最新数据显示,2017 年,我国海洋经济运行总体平稳,海洋经济转型升级步伐加快,全年全国海洋生产总值 77 611 亿元,比上年增长 6.9%。其中,滨海旅游业增加值同比增长了 16.5%,占海洋生产总值的比重达到 18.9%,对海洋经济贡献最大,达到 42%。在滨海旅游业蓬勃发展的带动下,2017 年沿海主要城市接待游客同比上升 12.1%,38 个国家级海洋公园重点监测的节假日接待游客同比增长 28.0%,海洋经济保障民生的能力更强。滨海旅游业依然是海洋经济的重要增长点。

随着滨海旅游业的快速发展,一系列生态环境问题随之而来。2017 年中国海洋生态环境状况公报显示:辽宁沿海经济带双台子河口生态系统呈现亚健康状态,河口生物体内镉残留水平较高,浮游植物密度偏高,鱼卵仔密度总体偏低,海水呈富营养化状态。监测的锦州湾生态系统呈不健康状态,海水呈富营养化状态,无机氮含量劣于第四类海水水质标准。锦州湾浮游动物密度偏低、生物量偏高。同时,也对海洋垃圾进行了监测,发现海洋垃圾密度较高的区域主要是旅游休闲娱乐区。这些海洋垃圾当中以塑料类的垃圾数量居多,如果被海洋生物摄食后,将会损害海洋生物的消化道产生饱腹感而影响进食,同时塑料垃圾当中的有害物质也会对海水水质以及海洋生物造成一定的不利影响。如果不采取遏制措施,海洋环境变化趋势令人担忧。

海洋资源在开发利用的过程当中,容易产生市场失灵的一系列表现,譬如难以遏制的垄断现象、广泛存在的外部效应问题、难以提供公共产品以及公共地悲剧等。在本案例中,从内部看,过盛的需求使滨海旅游的各利益相关者及其行为活动集中在狭长的海岸带地区,在创造经济价值的同时,也引发了很多生态问题。其主要表现在以下四个方面:第一,生态旅游资源破坏,海洋环境污染严重;第二游客超载问题严重;第三,海边酒店、海上活动基地等的建设对于滨海地区土地利用、覆被情况以及海洋动植物栖息环境都有所改变,开发与保护的关系处理不当,导致了滨海地区资源和环境的退化;第四,旅游发展中过度使用和采集滨海自然环境与资源,严重干扰了滨海地区生态平衡。从外部看,由于滨海地区快速的人口增长和变化的消费需求,其功能不断多样化,除旅游业外、海洋生物、海洋装备制造、海洋能源矿产、现代海洋渔业等也不断向海滨地区聚集。多种产业的空间集聚,导致海岸带环境与资源利用矛盾日益突出。生态问题加剧:一方面,港口、临海工业区等大量建设,致使海岸、沙滩被分割及侵蚀,海滨动植物资源锐减,旅游空间急剧压缩,视觉污染突出,旅游地环境质量下降;另一方面,工业生产和生活排放了大量的废弃物,使沙滩退化、海水污染、资源减少,生态环境破坏严重,旅游环境受到威胁。所以,滨海旅游业的快速发展所导致的对生态的破坏和对环境的污染,可以看作是海洋资源在开发利用活动中体现的负外部性,当出现负外部性时,市场对该产品的资源配置就缺乏效率,即市场失灵。

那么对于滨海旅游发展过程当中所产生的负外部性该如何克服呢?若不采取生态补偿机制这一环境经济手段,仅靠现有的法律机制,是无法阻止海洋生态的不断破坏和海洋生态危机的逐步加剧的。建立生态保护补偿机制,有利于建立沿海地区海洋开发与生态保护的分工协作,促进沿海地区产业结构的调整和社会稳定,共同推进区域可持续发展。滨海旅游生态补偿目前还处于探索研究阶段,没有比较成熟的模式,但可以从以下三个方面进行完善:

首先,完善滨海旅游生态补偿的法制体系。研究欧美国家的旅游生态补偿经验发现,它们之所以能够顺利地实施补偿,是因为法律法规的保障。从国家层面到地方层面,再到具体的保护地,都有相关的法律法规,除此之外,还有针对个别利益群体的约束性法律法规,因此,我国建立全面、完善的生态补偿制度,制定统一的生态补偿法来规范并推动生态补偿工作变得十分必要,《中华人民共和国生态补偿法》的制定迫在眉睫。完善法律法规可以把滨海旅游生态补偿的主体、客体、方式、途径及标准的制定和实施以法律法规的形式确定下来,从而保证了生态补偿的实施及效果。滨海新区和滨海旅游区可以根据实际情况来制定和细化有关法规,加强对滨海旅游区生态环境建设、生态旅游项目开发、生态补偿制度的投入和使用等方面的协调和落实。

其次,基于游客意愿的补偿资金途径多元化探索。从政府资助的"输血式"补偿到发挥市场机制的"造血式"补偿,增加补偿资金的途径,进行多元化的探索,对于生态补偿来说是有益的。滨海旅游业在发展的时候,可把滨海旅游者纳入补偿主体当中,适当地向游客征收海洋生态保护相关费用,用来保护海洋生态环境。但需要强调的是,由于国内现阶段游客生态环境保护意识淡薄,向滨海旅游者征收海洋生态保护相关费用存在一定的难度,可采取基于游客意愿的方式征取。对于滨海旅游者支付生态补偿资金的方式的探索分为五种:第一种是通过发行生态福利彩票,动用全民的力量,筹集生态补偿资金,同时可以让更多人了解、关注、支持生态补偿政策;第二种是直接增加景区的票价;第三种是游客可对从事海洋环境保护的组织进行捐款;第四种是购买旅游地环保相关产品;第五种是付费使用景区内环保项目。五种方式都是将收取的资金作为恢复海洋生态环境的专项资金,其中基于游客意愿的生态补偿金的收取是一种有益的探索。

第三,增强滨海旅游者参与和保护海洋环境意识。滨海旅游者应作为生态补偿主体的核心因素,因此,提高民众的环保意识,让民众真切意识到保护资源环境与自身利益的关系,这样才能提高旅游地的保护工作的效率,从而获得较好的旅游自然补偿效果。而政府在培养公众环境保护意识中扮演着重要的角色,政府应通过各种各样的宣传来增强民众自觉保护环境的意识。譬如政府可以利用各种机会、采取各种方式,开展经常性的海洋环境保护宣传工作,提高全民的海洋环保意识和法制观念及对环保工作的参与意识,增强公众的海洋环保意识,在全社会形成"爱护海洋为荣,污染海洋为耻"的良好风尚;还可以结合海洋年、海洋日、世界环境日等,组织海洋知识竞赛等大规模的宣传活动,加强涉海法规、规章的宣传,营造全面爱海、管海的良好氛围,让滨海旅游者珍惜我们的每一寸蓝色国土,提高人们的环境保护意识。

需要强调的是,政府环境宣传工作不是简单地下达命令或是罗列复杂的规章制度,而是应该结合新形势多途径地宣传环保。上文所提出的基于游客意愿的补偿资金途径多元化探索的实施,就需要政府的大力支持,将宣传和倡导游客纳入生态补偿的主体当中。

参考文献:

1. 国家发展和改革委员会,国家海洋局.中国海洋经济发展报告2017[M].北京:海洋出版社,2017.

2. 国家海洋局.2017年中国海洋生态环境状况公报[Z].北京:国家海洋局,2018.

3. 徐福英.滨海旅游可持续发展的基本框架与典型类型研究——以山东滨海为例[D].青岛:青岛大学,2015.

四、问题思考

1. 理解海洋资源的基本含义和特征。

2. 简述中国海洋资源管理现状及存在的问题。

3. 就本章的理论内容,尝试给出与本章不同的案例以说明理论问题。

第三章
海洋文化案例篇

一、目标设置

当前,海洋在国家经济社会发展格局、对外开放和维护国家主权中的地位凸显,在国家生态文明建设中的角色显著,在国际文化竞争等方面的战略地位明显上升,海洋文化越来越成为提升全民族海洋意识和增强国家软实力不可分割的重要组成部分。党的十九大报告同时提出了我国要建设文化强国和海洋强国的国家战略,这为海洋文化建设提供了重大历史发展机遇。尤其是在习近平主席提出"一带一路"倡议后,从构建21世纪海上丝绸之路各国文化互信的角度,中国传统海洋文化正逐渐展现其文化自信与自觉。本章的两个案例在于说明如下结论。

(1) 海洋文化传承与创新的关系是辩证统一的,传承是创新的基础,创新是传承的出路。当前唯有创新发展,才能使海洋文化的传承和保护得到顺利实现。在海洋文化的发展过程中,创新是必不可少的。在开发海洋文化的过程中既要传承又要有所创新,避免走先开发后保护的道路。

(2) 要确立海洋文化自信,必须立足自我来评价本民族的传统海洋文化史。自信是相对于"他者"而言的,确立自信不能以"他者"的标准为标准。只有客观地评价,才能树立正确对待中国传统海洋文化的态度。当代中国的海洋文化应该是独立自主的、自信的、开放性的,同时也是开拓性的,需要培养发扬探索、冒险等精神。

(3) 要推进海洋文化产业化和海洋经济文化化。海洋经济与海洋文化是海洋开发实践中的一体两面,两者需要因海洋开发的"势"而动,才能获得持续的前进动力与活力。"势"是"执力",它强调行为主体要根据环境变化及整体局势发展作出正确判断。一方面,整合海洋经济发展资源,即在先进海洋文化引导、拉动下,进行海洋开发资源配置的帕累托改进。该改进强调海洋经济结构合理、匹配优化,协调好各方经济利益关系,形成可持续的、以先进海洋文化为精髓的海洋经济发展格局。另一方面,通过产业化筛选,弘扬先进海洋文化。不是所有的海洋文化都是现代化的、健康的,所以,通过产业化途径对海洋文化进行去伪存真、扬弃整合,才能使优秀的海洋文化脱颖而出。

二、理论综述

(一)海洋文化相关概念

1. 文化

（1）文化的起源

文化伴随着人类产生，并在人类社会的发展中不断丰富其内涵。它不仅秉承传统文化的精华，而且融合现代文化的元素。对于文化的起源，刘玉敏指出，汉刘向在《说苑·指武》中写的"圣人之治天下也，先文德而后武力。凡武之兴为不服也。文化不改，然后加诛"是当前学术界关于文化定义的最早出处。这里的文化指的是文治为法，以礼乐典章制度为依据，从而教化臣民。①

（2）文化的概念

一直以来，学者对于文化的定义可谓百家争鸣，见仁见智。笼统来说文化是一种社会现象，是人们在长期生产生活中所创造、积累形成的精神产品。文化又是一种历史现象，是社会历史的积淀物，是一个国家或民族的历史、地理、风土人情、传统习俗、生活方式、文学艺术、行为规范、思维方式、价值观念等的总称。李传刚、朱平给出了广义文化与狭义文化的定义：广义的文化泛指人类有意识地作用于自然界和人类社会的一切活动及其结果，意即打上人类活动印记的社会物质财富和精神财富的总和，包括精神生活、物质生活和社会生活等范畴；狭义的文化专注于精神创造活动及其结果，指社会意识形态，是思想观念、传统习惯、行为方式、价值取向、综合能力等的复杂统一体。②

（3）文化产业的概念

文化产业，这一术语产生于 20 世纪初。最初出现在霍克海默和阿道尔诺合著的《启蒙辩证法》一书之中。它的英语名称为 Culture Industry，可以译为文化工业，也可以译为文化产业。文化产业作为一种特殊的文化形态和特殊的经济形态，影响了人民对文化产业的本质把握，不同国家从不同角度看文化产业有不同的理解。联合国教科文组织关于文化产业的定义如下：文化产业就是按照工业标准，生产、再生产、储存以及分配文化产品和服务的一系列活动。从文化产品的工业标准化生产、流通、分配、消费，再次消费的角度进行界定。文化产业是以生产和提供精神产品为主要活动，以满足人们的文化需要作为目标，是指文化意义本身的创作与销售，狭义上包括文学艺术创作、音乐创作、摄影、舞蹈、工业设计与建筑设计。

① 刘玉敏."文化"一词的释义及由来[J].学术纵横,2012(10).
② 李传刚,朱平.刍议文化的定义与功能[J].科技信息(学术版),2008(29).

（二）海洋文化

1. 海洋文化的概念

海洋文化是一个年轻的研究课题,诸多学者都赋予了它不同的内涵,其中得到比较广泛认同的是曲金良教授的定义:海洋文化,就是有关海洋的文化;就是人类缘于海洋而生成的精神的、行为的、社会的和物质的文明化生活内涵。海洋文化的本质,就是人类与海洋的互动关系及其产物。如海洋历史、海洋军事、海洋民俗、海洋渔业、海洋宗教、海洋生物、海洋美食、海洋考古、海洋信仰等与海洋有关的人文景观等都属于海洋文化的范畴。[①]

2. 海洋文化的类型

海洋文化包含海滨自然景观文化、近代海洋战争历史文化、海洋主题公园文化、涉海工业文化、海洋民俗节庆文化五重内涵。[②] 席宇斌基于具体内容视角,将中国海洋文化划分为 6 类:海洋农业文化、海洋商贸文化、海洋军事文化、海洋宗教文化、海洋民族民俗文化和海洋旅游文化。[③]

3. 海洋文化的特点

（1）拓展性

海洋文化的拓展性体现在大海赋予大连人锐意创新,开拓进取的精神力量。勤劳勇敢的人民不仅在广袤的大海中拓展经济范围、生产生活资料、商贸市场,同时也拓展着人文精神的影响力和空间环境[④]。

（2）开放性

正所谓海纳百川,海洋文化中体现了兼收并蓄的开放性。伟大的海洋航路在较大程度上成就了国与国之间的贸易往来。开放性的海洋加快了不同地域之间的物质文化交换、经济贸易交往。

（3）包容性

取其精华,去其糟粕,吸纳文化的精髓进而升华为自己的营养,体现了海洋文化的包容性。无论东西方文化还是主流文化与小众文化,海洋文化能吸收并融合先进的经济文化、建筑文化以及艺术文化等诸多方面。

（4）多样性

海洋文化催生了不同地域之间贸易的繁荣、社会的进步,在丰富当地经济文化的同时,也体现了移民文化。不同种族、不同文化之间的相互了解与融合碰撞,为海洋文化不断注入新的内涵与营养,从而使海洋文化体现了多民族、多地域、多

---

① 王贤,李甫春.广西海洋旅游资源开发探索[J].经济与社会发展,2009,7(11).
② 张金忠,宋欣茹.大连市海洋旅游文化发展研究[J].海洋开发与管理,2012(11).
③ 席宇斌.中国海洋文化分类探析[J].海洋开发与管理,2013,30(4).
④ 李建宏,李雪铭.大连海洋文化对城市人居环境的影响研究[J].海洋开发与管理,2010,27(5).

层次的多样性。

4. 海洋意识

海洋意识也叫海洋观,是人们对海洋世界总的看法和根本观点,指人类在与海洋构成的生态环境中,对本身的生存和发展采取的方法及途径的认识总和。海洋意识是人们对海洋的心理感知和价值认识,包括人类与海洋的关系、海洋资源的开发利用以及海洋环境保护等方面。海洋意识在内容上包括海洋国土意识、海洋资源意识、海洋环境意识、海洋权益意识和国家安全意识等。

海洋意识是一种深层次的海洋文化,是海洋文化的灵魂,海洋意识的深层次发展代表海洋文化系统的发展程度。海洋意识既是决定一个国家和民族向海洋发展的内在动力,也是构成国家和民族海洋政策、海洋战略的内在支撑。建设海洋强国,必须首先从确立正确的海洋意识开始。

海洋意识具有以下特点:重商意识,即重视物品在流通和交换过程中带来的利益的理念;冒险和进取精神;开放性和多元性。

(三)文化管理

对文化管理概念的界定,学者们主要从以下两个方面进行解读的:一是用文化来进行管理;二是对文化进行管理[①]。具体来说则为:一是将文化作为手段的文化管理,这个层面上的文化是一种区别于科学管理和经验管理的一种新型管理方式,是关注理念、精神的,倡导自律、自觉的,以人为中心的管理模式,这种模式实现了人类管理由刚性到柔性、由外化到内化、由被动到主动的转变;二是以文化为对象的管理,这种文化管理以人及其组织形式为主体,通过对文化范畴与事务的规范指导,我们可以将这种文化管理定义为文化管理主体依据管理学的基本原理和文化发展的基本规律,对文化及文化事务实施计划、组织、领导、控制和协调的行为过程[②]。

我国学者刘吉发等在《文化管理学导论》一书中所研究的文化管理与管理科学所称的文化管理差别很大。第一,从本质层面来比较,管理科学中对文化管理的内涵是从管理理念的更新、管理思想的发展角度来界定的。也就是说,文化管理是管理手段的一种,管理理念的一部分,管理过程的一个阶段。而刘吉发等在《文化管理学导论》一书中所研究的文化管理,是一种管理对象,也是一种管理行为发生的过程研究。第二,从管理与文化的关系来比较,管理科学的研究是把文化当作管理的手段之一,探索如何用文化来进行管理;而刘吉发等在《文化管理学导论》一书中所研究的文化管理,是把文化当作是管理的对象之一,探索如何对文化来进行管理。然而,尽管管理科学意义上的文化管理和刘吉发等学者所理解的

① 邱思纯.新中国初期毛泽东文化管理思想研究[D].武汉:华中科技大学,2016.
② 刘吉发,金栋昌,陈怀平.文化管理学导论[M].北京:中国人民大学出版社,2013.

文化管理存在巨大的差别,但两者并不矛盾,因为当作手段的文化管理可以成为当作目标的文化管理的方式之一,以提高当作目标的文化管理的效能。

综上所述,文化管理是指以文化为对象,通过对文化范畴与事务的规范指导,对文化及其事务实施计划、组织、领导、控制和协调的行为过程,即把文化界定为管理对象,探究如何对文化进行管理[①]。文化管理的界定,应该包括管理主体、管理对象、管理手段、管理目标、管理理念等管理要素。

(四) 海洋文化产业

中华民族利用海洋文化资源开发活动的历史由来已久。华夏部落联邦时,天然海贝钱币初现端倪。在仰韶文化、龙山文化、大汶口文化和夏代纪年范围内的二里头文化遗址以及商周墓葬中,均发现了加工而成的贝壳钱币。在春秋战国时期,各种贝壳又被普遍制成项链、臂饰、腰饰等商品进行交易。唐玄宗时期,唐朝宫廷送给日本圣武天皇的螺钿紫檀五弦琵琶,被誉为世界海洋螺钿艺术的稀世珍品,现收藏于日本奈良东大寺的正仓院。总之,在华夏民族历史长河中,我国沿海地区的居民,从来没有停止过利用海洋资源开展文化商业活动,并延续至今[②]。

中华文化圈被誉为世界上最早出现的大型文化圈,包括了整个东亚环中国海地区。按照胡焕庸先生在 20 世纪 30 年代发表的《中国人口之分布》中的结论,占当时全国总面积 36% 的东南部地区,有 4.4 亿的人口,约占当时总人口的 96%。所以从上述两方面来说,中国东部沿海地区人口密集,海洋文化影响的人口数量是非常巨大的。换言之,当时沿海居民的海洋文化精神生活是比较丰富的,再加上内陆外来人口和海上贸易流动人口等因素,经过长时期的各种文化交汇和沉淀,中国沿海地区的文化资源具备了明显的地域性、独特性和海洋特征。可以说,我国海洋文化产业在沿海有良好的发展基础,其很大程度上可以佐证中国海洋文化的历史,更重要的是,它是中国人口数量最多地域的文化商业活动的业态。

1. 战略意义

第一,从文化社会学的角度看,海洋文化产业既是中国特色文化产业体系的重要组成部分,也是海洋强国软实力建设的重要支撑力,其发展正是对中央提出的推动文化产业成为国民经济支柱型产业和大力发展海洋经济的具体落实。

第二,从地理经济学的角度看,海洋文化产业可以推动沿海地区加快开发利用海洋的空间维度,加大海洋服务业产值,为传统海洋产业顺利转型升级探索发展模式,进一步提升我国海洋经济对国民经济的支撑作用。

第三,从民族文化学与民俗学的角度看,海洋文化产业可以在建设 21 世纪海

---

① 邱思纯. 新中国初期毛泽东文化管理思想研究[D]. 武汉:华中科技大学,2016.
② 刘家沂. 发展海洋文化产业的战略意义及对策[EB/OL]. [2019-09-22]. http://www.oceanol. com/fazhi/201707/26/c66665.html.

上丝绸之路框架下,加快海上丝绸之路城市间人民的文化同源性交流,加强了解,传播 21 世纪新海洋观,提升沿海地区文化的国际竞争力。

第四,从人民日益增长的精神文化需求看,海洋文化产业可以进一步发挥百家争鸣、百花齐放的作用,为中华文化注入新鲜血液和创新动力。海洋文化是中华文化宝库中不可或缺的重要组成部分,广阔的创作空间和各种鲜活的题材,可以极大丰富民族文化,为形成产业规模化、链条化积蓄新的力量。

2. 目前存在的主要问题

一是顶层设计层面。建设海洋强国和文化强国在党的十八大报告中同时提出,表明我国今后将在一段时期内重点支持海洋经济和文化产业的发展,但在这个过程中,对发展海洋文化产业的战略意义重视不足。在推动文化产业发展的相关政策中,顶层设计尚有不足。如 2014 年 2 月国务院印发《关于推进文化创意和设计服务与相关产业融合发展的若干意见》,在该意见中就未见海洋文化资源如何融合其中发展的内容。

二是财政支持方面。2014 年 8 月文化部、财政部联合印发《关于推动特色文化产业发展的指导意见》之后,又印发了《藏羌彝文化产业走廊总体规划》,并启动了《丝绸之路文化产业战略规划》的编制。而海洋文化产业作为具有典型海洋特征的特色文化产业,尚未被纳入中央财政特色文化产业专项资金的扶持范围。

三是理论层面。海洋文化产业领域的学术研究尚处于起步阶段,学术基础相当薄弱,学术研究人才严重缺乏,综合性研究几近空白。

四是国家标准方面。《海洋及相关产业分类》中,因没有海洋文化产业这个门类,故其还不属于海洋产业调控范畴。

五是海洋文化产品方面。重陆轻海的传统思想导致我们的海洋文化精品佳作屈指可数,一些涉海经典作品以描写景物、抒发情感居多,与劳动人民的生产生活距离较远,贴近性、共鸣感不强。

3. 对策建议

一要发展海洋文化产业,特别是发展高端海洋文化产业,首先应加强顶层设计,发挥政府对海洋文化产业的主导和培育作用,强化政府的支持引导职能,制定以海洋文化创意产业为沿海城市经济特色增长方式的战略,给涉海文化产业的发展营造更为宽松的市场环境。

二要制定战略规划,要突出海洋文化产业的区域特征,不可千篇一律重复建设。要注意发掘本区域海洋文化的特色,对现有简单、粗放、雷同的海洋文化产业项目进行资源整合。高端海洋文化产业的开发和发展要以市场需求为依据,不可盲目求大求新。

三要打造完整产业链条,通过深入挖掘历史文化、民俗文化、渔业文化等海洋文化遗产,打造创新型海洋文化项目,利用新媒体平台加以宣传和包装,不断形成海洋文化产品的强势品牌。

四要健全制度管理体系,特别是加快海洋文化产业法律和制度体系建设,在海洋文化开发的同时注重海洋文化保护,保障海洋文化产业资源可持续发展。

五要结合国家推进"一带一路"倡议的有关政策,抓住建设21世纪海上丝绸之路这一有利时机,开展中小学海洋意识教育,培养大学生海洋认知创新能力,鼓励高端人才加快涉海文化传播的国际交流合作,为海洋文化产业发展培养海洋经济、科技与文化交叉融合的专业人才和国际人才。

三、案例分析

案例3.1 妈祖文化与21世纪海上丝绸之路

(一)内容梗概

1. 妈祖文化及其内涵

妈祖的原名叫林默,生于宋朝建隆元年,是我国福建省湄洲岛人。妈祖具有助人为乐的品质,常在当地帮助他人,扶危济困,因此,得到了当地人民的爱戴。妈祖28岁时,在海难中为了帮助他人,最终牺牲。海难过后,当地人为了纪念她,便开始为其修建祠堂,逐渐衍生为当今的妈祖信仰。我国的历代帝王都尊崇妈祖,并且在我国各朝各代都有册封妈祖的传统。妈祖文化是在1987年被提出的,上海师范大学林金文教授在莆田市举行妈祖千年祭学术研讨会时最早提出这一概念。妈祖文化发展至今已经广泛地流传开来,其在世界各地都有很多的信奉者。在文化的传承中,妈祖文化不断地实现与中华传统思想相互融合、与中华优秀文化相辉映,逐渐形成具有中华特色的海洋文化。虽然在世界各地不同地区,妈祖文化以不同的形式表现出来,但是妈祖的文化精神内涵是同根同源的。大量学者针对妈祖的文化进行了归纳与总结,具体可以总结为伸张正义、广施仁爱、不畏艰险、舍身救难、造福他人。

妈祖文化体现着对正义的维护,也就是我们所说的伸张正义。对于信奉妈祖的信众来说,伸张正义主要是指信奉者本身不会违背正义的原则,并且对于其他有违背正义情况的人也要起到纠正作用,最终达到维护正义的效果。

妈祖文化体现出慈悲与大爱这两个主题,与广施仁爱以及舍生救难相互呼应,能够体现出利他精神。妈祖文化能够体现出的利他精神主要是不图回报的,与此同时,这一精神也是不分等级的,体现出了众生平等的理念。

在妈祖文化中蕴含着开拓进取的精神,也就是不畏艰险。妈祖文化能够通过妈祖神格魅力对信仰者造成感染与影响,是海上工作者坚定的信仰。信仰妈祖精神能够使这一部分工作人员建立战胜困难的信心,激励他们在工作中不断创新,为了追求美好的生活不断地克服困难。

舍身救难以及造福他人正是妈祖精神的集中体现。妈祖文化能够引导信仰者在危急关头舍身救人,为他人造福,促进当今世界各国的事业向着一体化发展,造福于世界各国人民。

2. 妈祖文化在国内的发展

21世纪海上丝绸之路的建设离不开妈祖文化的传播与开发,这与妈祖信仰有着密不可分的关系。当前我国妈祖文化的发展,主要体现在以下几个方面:

(1) 从组织机构来看妈祖文化的发展。1986年1月,湄洲岛妈祖庙董事会成立,自此,妈祖文化开始有组织、有规律、有步骤地活动运作发展。1987年10月,各种妈祖研究会相继成立,妈祖文化史料的收集整理工作的进行有了新进展。此后,闽南妈祖文化研究会、妈祖文化研究中心、中华妈祖文化交流协会相继于20世纪90年代至21世纪初期成立,这些妈祖文化协会加强了海峡两岸的宫庙和信众之间的联系,体现了"妈祖同一人,信众共一家"。2007年2月15日,中华妈祖文化研究院在莆田市举行奠基仪式,标志着妈祖文化研究有了更为广阔的舞台。

(2) 从现代文艺创作成果来看妈祖文化的繁荣。在妈祖文化的研究中,怀揣着虔诚敬仰之心的大批专家学者与文艺工作者,以沉静的学风和严谨的工作作风,提炼妈祖文化的精髓,挖掘妈祖文化的内涵,使妈祖文化呈现百花齐放的繁荣景象。在妈祖文化史料整理方面,《妈祖文献资料》《妈祖研究资料目录索引》《妈祖文献史料汇编》等著作典籍是对妈祖文化能够长存于世的大力保护;在文学影视创作方面,电视剧《湄洲岛奇缘》被列入国家广电总局的电视剧题材规划,电视剧《妈祖》荣获"五个一工程"优秀作品奖;在音乐创作方面,《天后颂》《湄洲缘》《妈祖传奇》都积极响应时代主旋律并在大型文艺演出中被展演。

(3) 从设施建设看妈祖文化的发展趋势。改革开放至今,妈祖庙在全国各地信徒的支持与捐助下,规模日益壮大,形成了西与南轴线气势雄伟的大型建筑,为信众与朝圣者提供了良好的参拜环境。在山东长岛、广东南沙、澳门、金门等地,都有在建或者已经建成的妈祖文化标志性建筑,这些设施的建设使妈祖文化有了实体寄托,从而更加久远地保留在中华儿女的心中,使得妈祖文化生生不息、源远流长。

3. 妈祖文化在海外的传播

妈祖文化首先传到东南亚国家,之后进一步扩散到东亚地区,如今在世界各地均有广泛的传播与发展。对于妈祖文化的传播最具有代表性的国家有日本、越南、新加坡以及马来西亚等。上述各个国家都为妈祖文化的广泛传播做出了贡献。

日本的妈祖文化发展至今,已经具有超过600年的历史,妈祖文化传入日本主要是由于在我国的明清时期,对琉球进行册封使得在我国东南沿海地区,人民群众奔赴日本开展各种文化交往活动而进行传播的。具有代表性的事件为,在1405年,琉球开始建立天妃宫,并且将天妃宫作为琉球国王国祭的庙宇。从此之后,明王朝便经常派使者前往琉球进行册封,在海洋上航行的过程中经常会遇到各种险境,但当时人们认为使者能够化险为夷都是由于妈祖的庇护。这些事迹使得妈祖信仰能够在琉球地区广泛地传播开来,并且在当地获取一定数量的忠实信众。在东南沿海地区,经常会有民众渡海去日本进行贸易交流以及到日本地区进行劳务活动,很多信众为了能够得到妈祖的庇护,在日本当地建立妈祖庙。妈祖信仰在日本能够十分有效地与日本当地的本土信仰相互融合,向着共同的方向发展,例如茨城的天妃信仰曾经遭受过日本国粹运动的打击,当时因能够有效地与"弟橘媛"信仰相互融合,这样就使得天妃信仰在"弟橘媛"的支持下,向着更好的方向发展。在现如今的日本,妈祖文化能够得到当地信众的包容与支持,并且能够在当地实现有效的传播,在日本形成自己的特色。

妈祖文化最开始在新加坡地区传播时,基本上是与新加坡开埠保持同步发展的。当今条件下的新加坡,华人占人口的大多数,妈祖信仰能够在宗乡会馆的运作下,逐渐地融入社会的各个层面中。按照不完全统计,当今在新加坡一共有超过50座的妈祖宫庙,其中最具有代表性的有天福宫、粤海清庙以及琼州会馆天后宫等,这些妈祖宫庙为妈祖文化的传播提供了载体。天福宫是在整个新加坡范围内最出名的妈祖宫庙,天福宫建造于1821年,并且主要由华人船员完成建设工作。在1839年,华侨开始集资从福建省泉州市向新加坡运送妈祖宫庙建筑材料进行天福宫的扩建工作。对于新加坡地区的华人来说,妈祖庙不仅是他们的信仰,还表达出他们对故土的思念以及对中华优秀文化的传承。现如今,天福宫已经被新加坡国家古迹保留局设定为国家第一批重点保护古迹。由于新加坡地区的华人十分崇尚妈祖信仰,这就使得妈祖信仰能够促进新加坡华侨华人不断团结奋斗,推动公益慈善事业的建设与发展。

资料来源:

1. 蒋维锬,郑丽航.妈祖文献史料汇编:第一辑·碑记卷[M].北京:中国档案出版社,2007.

2. 陈天寿.论闽商文化在"一带一路"建设中的先导作用[J].闽商文化研究,2016(2).

3. 单玉丽.弘扬妈祖文化,促进区域经济发展——以莆田为例[J].现代台湾研究,2007(6).

4. 黄瑞国.妈祖学概论[M].北京:人民出版社,2013.

5. 蔡泰山.妈祖与海洋文化发展的关系[J].中国海洋大学学报(社会科学版),2005(2).

6. 王丽梅.妈祖文化的核心价值及其现代社会功用[J].重庆文理学院学报(社会科学版),2010,29(1).

（二）要点分析

海洋文化能够有效地连接 21 世纪海上丝绸之路，不断地推进海洋文化的交流与合作，深入发展海洋文化产业，这也是海上丝绸之路战略中十分重要的一部分。妈祖文化隶属于优秀的海洋文化体系中。妈祖文化在海上丝绸之路发挥着重要的文化软实力，是支撑 21 世纪海上丝绸之路繁荣发展的文化支柱，在海洋强国和 21 世纪海上丝绸之路建设的宏大背景下，应当深入挖掘并提升妈祖文化的价值，积极地发挥妈祖文化对 21 世纪海上丝绸之路的影响作用。从以上案例，可以得出如下结论：

第一，妈祖文化对 21 世纪海上丝绸之路建设有重要影响。

其一，妈祖文化加强了与"海丝"沿线国家和地区的文化交流。妈祖文化历史悠久，以博大精深的形象树立在信众心中。妈祖文化经历过千百年的传承与发展，已经逐渐发展为丰富多彩的历史文化遗产，可以称作中华文化的瑰宝。妈祖文化所呈现出的民俗、妈祖公庙的建筑文化特点以及妈祖的祭典仪式都在史料中有所记载；并且妈祖文化能够涉及多领域宽范围的行业中，具有十分重要的研究意义。

其二，妈祖文化推动文化产业的发展。妈祖文化是十分宝贵的非物质文化遗产，这种无形的资产可以应用到各个领域中，有效地促进经济的发展，推动区域内经济的进步。按照当前的情况来说，已经着重开始发展妈祖文化产业，并且发展进程不断推进。

其三，妈祖文化的纽带作用促进了亚太地区经贸合作交流。妈祖文化能够成为海内与海外华侨华人共同认同的文化，是海内海外华侨华人十分重要的宗教文化纽带，并且能够有效地凝聚所有华人华侨的力量。华侨华人在新丝绸之路沿线国家与地区均有分布，他们信仰妈祖文化，他们热爱家乡，并且他们具有一定的经济实力。

第二，要进一步采取措施，提升妈祖文化在 21 世纪海上丝绸之路建设中的影响。

其一，加强妈祖文化的认同意识。强化妈祖文化的认同意识，是弘扬妈祖文化最坚实的基础。对妈祖文化的认同是一个渐进的社会心理过程。引导人们正确认识妈祖文化的内涵及现实意义，需要对妈祖文化进行了解、认可、保护，并通过实践产生归属感，所以，要将妈祖文化转化为知识，普及和完善妈祖文化的认知体系，将转化的知识镶嵌到知识体系内，并且能达到让人们感知、认同、理解的目的。

其二，增强妈祖文化的传播效果。借助传播媒介来提高妈祖文化的传播效果，是弘扬发展妈祖文化的重要方面。在传播载体上，可以将妈祖文化与实体经济相结合，例如将妈祖文化与休闲旅游相融合，以妈祖庙、妈祖文化影视基地、妈祖文化朝圣观光区等旅游景点为依托,让人们在休闲过程中感受到妈祖文化的魅力。另一方面,在传播方式上,要充分利用电视、网络、报刊等一系列现代大众传媒的先进传播手段来提高妈祖文化的曝光度,同时用影视、动漫、音乐、舞蹈、书画等文化表现形式给妈祖文化插上艺术的翅膀。

其三,构建妈祖文化产业体系。一是要打造妈祖文化产业基地,申报妈祖文化生态保护区建设,创造机遇,建造一批有利于妈祖文化遗产保护的设施,以便有效实施改善和实施妈祖文化遗产保护,并依托妈祖庙的合作,通过祭拜等仪式,促进世界各地妈祖庙之间的联系,巩固加强妈祖庙的地位。二是培育妈祖文化产业主动承担台湾妈祖文化创意产业,充分发挥福建地域文化优势,努力培育更加完整的国际妈祖文化产业市场,特别是发展大型文化产业,以妈祖文化为主题,吸引和留住游客,带动相关文化产业的发展。三是根据21世纪海上丝绸之路核心区的特殊地位和妈祖文化的发源地,在海上丝绸之路沿线打造妈祖文化产业纽带并发挥扩散作用,充分调动海外资本力量。

其四,优化妈祖文化的交流机制。政府与民间层面要形成互动的机制,双方紧紧围绕妈祖文化主题,做到明确定位、整合资源、积聚力量来将妈祖祖籍地、出生地、升天地等信息串成一条线,并且把官庙活动与学术探讨、文化产业的发展、观光旅游充分结合起来,共同推动妈祖文化的交流。

参考文献:

1. 蒋维锬,郑丽航. 妈祖文献史料汇编:第一辑·碑记卷[M]. 北京:中国档案出版社,2007.

2. 张津. 乾道四明图经:卷四[M]. 北京:中华书局,1990.

3. 蒋维锬. 妈祖文献资料[M]. 福州:福建人民出版社,1990.

4. 陈天寿. 论闽商文化在"一带一路"建设中的先导作用[J]. 闽商文化研究,2016(2).

5. 单玉丽. 弘扬妈祖文化,促进区域经济发展——以莆田为例[J]. 现代台湾研究,2007(6).

6. 黄瑞国. 妈祖学概论[M]. 北京:人民出版社,2013.

7. 蔡泰山. 妈祖与海洋文化发展的关系[J]. 中国海洋大学学报(社会科学版),2005(2).

8. 王丽梅. 妈祖文化的核心价值及其现代社会功用[J]. 重庆文理学院学报(社会科学版),2010,29(1).

案例 3.2　海洋文化产业

(一)内容梗概

案例一:福建海洋文化产业发展历程

福建海洋文化源于先秦时期。生活于福建沿海地区的闽越人是著名的海洋族群,闽越先民初步形成了特征鲜明的海洋文化。从闽侯的昙石山、平潭壳丘头、东山岛大帽山等文化遗址出土的贝壳、兽骨、陶片、石器等,可推知大约在3 000～7 000年前,有一部分闽越先民在这些地区傍海而居,闽越人在当时已有了海上交通工具和航海技术。两汉、战国时期,福州发展成重要的海外交通和贸易口岸。汉晋时期,福建航海技术和造船技术在海外贸易中进一步发展。晋时,福州已有了很多优秀的造船师和航海师。唐代,福州港成为仅次于广州和扬州的三大贸易港口之一,福建各地的海外贸易繁荣兴盛。海外贸易的经济所得已成为国家和地方经济的重要支撑,福州与海外的文化交流在当时也很发达。唐代,泉州的海洋交通条件在全国属于先进行列,海上丝绸之路繁荣发展,大量海外人士往来或者定居泉州。隋唐年间,福建社会经济和文化全面发展,造船业、制瓷业、纺织业等行业在海外贸易中日渐兴盛。

福建海洋文化鼎盛于宋元时期。宋朝时的泉州和福州海外交通发达,涌现出大批闽商进行远洋贸易。当时泉州港和世界上50多个国家和地区有着贸易往来。大量的瓷器从泉州刺桐港运往世界各地,刺桐港成了中国对外贸易的重要港口,是公认的东方第一大港,泉州成为海上陶瓷之路的重要发源地。福州的造船和航海技术进步显著,福州成为全国造船业的中心。元代,中外交通贸易频繁,福州海外贸易和文化交流进一步发展,福州城物资丰富、经济繁荣发展,同时,与泉州贸易的国家从50多个增加到100多个,海上贸易促进了经济与文化的发展,泉州的海外商人、僧人、旅行家带来了伊斯兰教、婆罗门教、摩尼教、印度教等多种外来宗教文化。

福建海洋文化盛极而衰于明清时期。自明中叶起,政府开始实行海禁政策,压抑海上贸易,制约了造船航海业的发展,然而,具有冒险精神的福建沿海人民仍然冲破阻力进行海上私人贸易,民间海商用多种方式进行海洋走私,具有独特地理条件的漳州月港逐渐成为最大的海洋走私贸易港口。这种敢于冒险的海洋文化民俗迫使明朝政府进行让步,于1567年开放漳州月港作为中国唯一的海上贸易合法港口,自此开放部分海禁,月港成为与泉州港、福州港、厦门港并称的福建古代四大贸易港口之一。1682年,清政府才逐渐废除海禁。1729年,实行全面开禁,福建海上贸易和造船航海业才缓慢恢复。1757年,清朝实行政府垄断的闭关政策,将多口贸易转为广州单口贸易。明清两代实行的海禁政策严重制约了造船航海业的发展,虽有明初时期郑和七下西洋和清初时期郑成功收复台湾的伟大壮举,但福建航海业和造船业逐渐萎靡,海外文化交流在曲折中艰难前行,随着古代福建造船和航海业及海外文化交流的萎靡,福建古代海洋文化也走向衰落。

福建从古代就有了高超的航海能力和先进的造船技术,到近代逐渐发展成船政文化。福建船政于1866年创办于福州马尾,是当时远东规模最大、影响最深的造船基地,也是近代中国第一所科技海军学校和专业高等学府,培养了一批优秀的造船和航海以及其他相关技术人才,被公认为中国近代海军的摇篮和中国近代航空业的摇篮。他们在近代中国的经济、军事、科技、外交、文化等各个领域都有着突出贡献,促进了中国造船、飞机制造、铁路交通、电灯、电信等近代工业的诞生与发展,加速了中国近代化进程。独具特色的船政文化是福建海洋文化的一个重要组成部分。

福建繁荣兴盛的海上贸易造就了福建海商,福建海商在海上活跃,虽然封建政府屡次施行海禁,但不久后都被迫宣告开放。福建海商的海上商贸活动,不仅促进了沿海地区商品经济的发展,而且加强了中外文化的交流和联系。福建海商的海外贸易历程是曲折坎坷的,这也锻炼了他们坚强的意志和自强不息的精神,这种独具特色的海商精神也是福建海洋文化的一个重要组成部分。

频繁的海事活动使人们更多地接触到大海,逐渐认识到大海的神秘莫测。波涛汹涌的大海让人们产生了恐惧心理,海神信仰给他们带来了安全感,增加了战胜海洋的勇气。西汉之前,闽越人信仰蛇图腾。唐末,闽越人信奉从北方传入福建的龙王信仰、观音信仰等。两宋时期福建海事事业快速发展,在这个时期福建沿海产生了一系列的海神信仰,泉州人民最为信奉海神通远王,莆田人民最为信仰海神妈祖。通远王信仰仅限于泉州地区,而发祥于福建莆田湄洲岛的妈祖信仰,历经南宋、元、明、清时代,通过闽人的海上贸易,经由海外移民传播至各地,渐渐形成了妈祖文化。妈祖文化体现了福建海洋文化的一种特质,明代郑和下西洋和清代复台定台都体现海洋文化的特征。郑和每次下西洋之前和顺利归来之后,都要在长乐举行隆重的祭祀妈祖活动。明清时期,福建一部分民众迫于生计去台湾生活,妈祖信仰成为他们的精神依赖,在出海航行前都要先祭妈祖、在船上立妈祖神位以祈求一路平安。此后,妈祖文化在台湾流传,妈祖成了台湾人民信仰的万能女神。

福建历史悠久的海洋文化是中国海洋文明的重要组成部分。福建海洋文化产业以海洋旅游业为支柱,海洋休闲体育业、海洋节庆会展业、海洋文化艺术业、海洋民俗文化业为辅。近年来,福建滨海旅游业发展迅速,滨海旅游产品日趋丰富,如邮轮游艇、海岛观光、滨海沙滩休闲、滨海度假酒店等,滨海旅游已成为城乡居民旅游的新选择,成为旅游经济新的增长点。福建滨海旅游业已经具有较大规模和良好的基础。厦门鼓浪屿风景旅游、湄洲岛国家旅游度假区、东山岛滨海休闲旅游、平潭岛国际旅游、惠安崇武滨海旅游、宁德嵛山海岛生态旅游等滨海旅游精品项目,与泉州海丝文化、莆田妈祖文化、福州三坊七巷、漳州滨海火山、宁德世界地质公园等旅游品牌都具有一定的影响力。妈祖文化、船政文化等相关海洋文化旅游都得到不同程度的开发和利用,如马尾船政文化城、湄洲妈祖文化影视城等的建设。其中,马尾船政文化城已列入福建文化产业十大重点项目,将成为福建省内首个专业文化旅游创意产业基地,形成国内闻名的旅游文化创意产业基地。

在海洋休闲体育业方面。福建海洋休闲渔业发展较快,休闲渔业是渔业资源与旅游资源结合起来形成的涉渔休闲娱乐业,包括了休闲垂钓型、水族欣赏型、涉渔生产体验型、休闲渔业节庆型等。

在海洋节庆会展业方面。福建还定期举办海洋文化节,如中国湄洲妈祖文化旅游节、泉州海丝文化旅游节、郑成功文化节、闽南文化节、海峡两岸关帝文化节、海峡两岸保生慈济文化旅游节、平潭国际沙雕节、厦门国际音乐节等,打造了一批海洋文化品牌。

在海洋文化艺术方面。涌现了一批以海洋文化为题材的经典文艺作品,如电视系列片《闽商》、舞剧《丝海箫音》和话剧《沧海争流》等。关于海洋文化的电视剧、电影也陆续播出,电视剧《林则徐风雪长征》《大航海》《海不扬波》《船政风云》《妈祖》,电影《南洋往事》《中山舰舰长萨师俊》等都体现了福建海洋文化特色。海洋工艺品以贝雕为主,贝雕的主要产地在平潭、福鼎、霞浦、东山。

在海洋民俗文化方面。福建的海洋民间信仰,除妈祖信仰外,比较有代表性和文化特点的还有保生大帝信仰、玄天大帝信仰和水仙信仰等。民间信仰中的祭日体现了福建沿海地区特色的节日习俗与饮食习俗,如漳浦县杜浔镇正阳村在每年二月份举行社祭玄天大帝典礼,五彩纷呈的祭案上摆满了用海鲜拼凑雕塑而成的各种图形和人物故事,海洋民俗场面极其壮观。此外,福建泉州惠安女奇特的服饰和勤劳的精神闻名海内外,惠安女服饰文化及其奇异的婚俗也是福建民俗文化中的一大特色,然而这些丰富的涉海民俗文化还未得到有效的开发。

福建海洋文化产业起步晚,在发展中仍然存在诸多问题,如海洋文化产业研究力度不够且专业人才不足,海洋文化资源开发利用不够,海洋文化资源保护困难,海洋文化旅游品牌知名度不高,海洋旅游产业与其他产业相比所占的比重过大,各行业发展不平衡。

提升福建海洋文化产业竞争力的发展路径主要有构建福建海洋文化产业带、形成两大海洋文化产业发展圈、建设四大海洋文化产业园区、发展十大海洋文化产业。

资料来源:
1. 翁木英.提升福建海洋文化产业竞争力研究[D].福州:福建师范大学,2015.
2. 孔苏颜.福建海洋文化产业发展的SWOT分析及对策[J].厦门特区党校学报,2012(2).
3. 陈思.从历史角度比较闽台海洋文化的发展[J].福建论坛(人文社会科学版),2012(3).

案例二:美国海洋文化创意产业发展经验

美国政府在制定文化政策方面有所不同。它没有设立文化部,但为文化产业提供了强有力的法律和政策支持。美国文化产业法律政策制定的主体层次较高,一般由议会或由总统提议设立的委员会提出,这是美国最高的立法层次。具体而

言,美国海洋文化创意产业主要有以下发展经验①:

第一,重视知识产权保护。美国非常注重知识产权保护,文化产业的强势发展和壮大得益于知识产权制度。一是制定知识产权战略。20世纪70年代,由于政府没有重视知识产权保护,美国技术外流的情况持续恶化,经济遭受了前所未有的竞争压力,国际竞争优势不断丧失。为了改变这种状况,美国在1979年将知识产权保护提升为国家战略。此后,知识产权的地位得到进一步巩固和加强,美国逐渐在全球经济竞争中拥有不可动摇的支配地位。二是加强知识产权保护立法。知识产权保护立法是美国文化创意产业的基础。较为完善的法律制度为美国文化创意产业的发展活力做出贡献。美国知识产权保护法律中最重要的《版权法》诞生于1790年。此后,《版权法》不断修改和完善。从宪法层面上看,对出版自由权的保护可以追溯到1871年的美国宪法,以后又增补了对其他文化创意产品的版权保护条款。2003年,美国高等法院裁定并增加了1998年国会通过的有关图书、音乐、电影和卡通人物等文化产品的相关法律条款,并将著作权的保护期限延长了20年。目前美国已成为世界上版权保护制度最完善的国家之一。此外,为推动软件产业的发展,美国国会颁布了《计算机软件保护法》(1980年)。作为对《版权法》的补充,美国国会还颁布了《反盗版和假冒修正法案》(1982年),以加强对侵犯录音和电影业版权行为的处罚力度。为加强对数字知识产权的保护,《反盗版法》(1997年)和《跨世纪数字版权法》(1998年)相继颁布实施。三是不断推进版权保护的国际法制进程,以促进其文化产品的国际化。例如《伯尔尼公约实施法》(1988年)为其成员国提供版权保护,然后美国又通过双边和多边国际贸易机制,进一步促进文化产品的国际化。1988年,美国利用《综合贸易与竞争法》中的特别301条款,加强了美国的国际版权保护;1994年,在美国政府的努力下,TRIPS协议达成,美国文化产业有了更广泛的国际保护机制。可以看出,在所有经济活动中,强调创新和加强知识产权保护,就能最大限度地开发和利用知识产权所产生的效益。

第二,发挥市场竞争作用。美国注重强化以市场为导向的产业发展,形成良好的市场竞争氛围。美国政府不直接参与管制海洋文化产业的发展,只是通过建立完善的法律政策体系,引导和保护企业在较为优良的市场环境里竞争。企业真正成为市场运作主体,最大限度地利用产业资源,自由选择、自主生产、自主经营,促使市场机制得到充分发挥。美国文化产业始终遵循"利润最大化"的信条,严格按照市场规律,通过产品开发,建立全球销售网络,运用推广和捆绑等手段和方法,实现利润最大化。企业的运行、发展和壮大,除了与一个国家的法律和政策高度相关外,也需要调整好市场,充分运用好产品的开发、生产和销售三位一体的生

---

① 李海峰.借鉴美国经验发展中国海洋文化创意产业的思考[J].中国海洋经济,2017(2).

产经营模式。

第三，良好的资金扶持政策。美国每年都向文化产业注入大量资金，使得美国文化创意产业具有无可比拟的竞争优势。美国政府鼓励多元化的投资机制和多种管理方式，拥有比较完备灵活的文化产业资金扶持政策和投融资政策。一是政府和企业的投资政策。美国政府采取了"杠杆"政策，以"配套资金"方式鼓励各州和地方政府以及企业赞助和支持文化艺术产业。依此政策，各州和地方政府必须拨出相应的地方财政资金与联邦政府的资金配套。这种支持不是政府自上而下来实现的，而是自下而上地实施，政府只提供宽松的外部环境和严格的法律保护。二是设立文化基金会。通过文化基金会，企业、社会团体和个人都被吸收到对美国文化产业的资金支持中。美国文化艺术团体收到的来自公司、基金会和个人的捐款远远高于各级政府的资助。通常比较有实力的文化产业集团背后都有强大的财团支持，这也是美国的特色。三是扶持非营利文化产业发展。政府对非营利的文化组织从两方面予以支持，即财政资金支持和免税政策，即服务收入不纳税。同时，从事社区服务时所购买的商品也不需缴税。此外，政府也要求这些非营利组织的利润不得用于个人利益，必须用于社区的再投入。四是增加相关文化产品的出口。美国是世界上吸引外资最多的国家。通过出口文化产品获取高额利润的同时，美国也将其"文化价值观"传播到世界各地。五是鼓励外资投资文化产业。在国际贸易政策中，美国政府为国外资金的融入设计了较低的准入门槛，而且只有直接投资才能获得较高的资本回报率。当美国文化创意公司赢利时，它们会鼓励外国投资者进一步扩大投资，形成良性循环。

第四，发挥高新技术的主导作用。充分利用高科技是美国文化创意产业快速发展的重要手段之一。高新技术可以促进文化产品消费观念的创新，有效促进文化创意产业的发展。美国高新技术的研发和应用能力居世界领先地位，它能将最新科技成果迅速应用于文化产业，利用高科技成果引领文化产品的升级换代。这是美国文化产业占据世界霸主地位的重要因素之一。可以想象，如果没有高新技术成果的支持，美国的文化产品和文化服务将不会像今天这样丰富多彩，引人入胜；如果没有现代传媒技术、现代摄影技术、3D动漫技术的导向，美国文化创意产业将不会有今天的辉煌。同时，美国的信息产业高度发达，大众传媒是大众文化发展的物质前提和骨架支撑。20世纪80年代以后，全球卫星网络计算机形成了纵横交错的传播网络，文化产业的产品迅速传播。跨类信息已经覆盖整个地区和个人之间的联系，这是文化产业产品流通的必要前提。正是由于先进的大众传媒，才把美国文化传播得如此广泛和深入。总之，科技成果使美国文化产品和服务质量得以提高，同时又帮助美国文化在世界范围内传播。

第五，灵活的创新人才培养体系。文化创意产业的核心价值是人的创造性，创造性人才的培养是创意产业的首要任务。美国十分重视创新人才的培养，良好的人才培养机使美国拥有丰富的文化创意产业人才,这是美国在文化创意产业领域处于领先地位的另一个重要原因。首先,专业设置对接产业发展。美国许多大学开设了适合文化创意产业的各类专业人才。尤其近年来,随着动漫产业和游戏产业的不断壮大,动漫创意人才的需求日益增长,促进了相关专业的开设。其次,培训模式适合专业特点。针对文化创意产业不同行业的实际需要,美国合理设置不同专业的培养层次,实施灵活的教育体制。再次,教师团队强调实践经验。美国大学非常重视教师的专业技能和实践经验,聘用的教师必须具备一定的实际工作经验。最后,实践教学面向实际应用。美国高校重视培养学生的实际应用能力,关注教育与产业的密切联系。

资料来源:
李海峰.借鉴美国经验发展中国海洋文化创意产业的思考[J].中国海洋经济,2017(2).

(二)要点分析

21世纪是人类开始全面利用海洋的新时代,各海洋大国都将海洋产业列入国家战略层面。而作为海洋相关产业的重要组成部分,海洋文化产业因其投入资源少、科技含量高、环境污染少的特点正成为提振海洋大国经济增长的重要力量。建设与中国海洋强国战略相适应的海洋文化,使海洋文化产业发挥更加有力的推进器作用。从以上案例,可以得出如下结论:

第一,海洋文化产业包括滨海旅游业、涉海休闲体育业、涉海节庆会展业和涉海文艺业。我国海洋文化产业的发展前景广阔。制定产业发展规划和提升民众海洋意识是提升我国海洋文化产业国际竞争力的主要途径[①]。需要针对地域特色和实际情况,统筹考虑,统一规划整个产业的发展,并着力提升国民海洋意识,同时,要注重与之相关的法律法规政策,在一定程度上发挥政府的监督引导作用,加大人才培养力度,提高从业人员的个人素质和业务水平。这样才能使得海洋文化产业健康、有序、良性的发展。

第二,海洋文化创意产业是将海洋自然资源和人力资源作为开发客体,利用个人的创造力,以高技术能力为基础,生产高附加值的产品,创造财富和就业机会的产业[②]。发展海洋文化创意产业,一要发挥政府引导推动作用,进一步转变思想观念;二要坚持可持续发展理念,开发与保护并重;三要培育特色创意品牌,提升海洋文化创意产业竞争力;四要完善资金扶持政策,加大知识产权保护力度;五要重视人才培养,营造文化氛围;六要突出打造区域特色。

第三,发展海洋文化创意产业,需要与时俱进。一方面,要以创新思维发展海

---

① 尚方剑.我国海洋文化产业国际竞争力研究[D].哈尔滨:哈尔滨工程大学,2012.
② 梁永贤.浅析海洋文化创意产业的概念与发展思路[J].中国海洋经济,2017(2).

洋文化产业,建立健全现代文化市场体系,着力建立海洋文化产业发展的长效动力机制①。另一方面,需要更新观念,要以"市场体系"的系统观念替代传统的简单市场概念,规划全国海洋文化产业有效突破的方向,打造海洋文化产业协同创新平台。

参考文献:

1. 翁木英.提升福建海洋文化产业竞争力研究[D].福州:福建师范大学,2015.
2. 孔苏颜.福建海洋文化产业发展的SWOT分析及对策[J].厦门特区党校学报,2012(2).
3. 陈思.从历史角度比较闽台海洋文化的发展[J].福建论坛(人文社会科学版),2012(3).
4. 李海峰.借鉴美国经验发展中国海洋文化创意产业的思考[J].中国海洋经济,2017(2).
5. 尚方剑.我国海洋文化产业国际竞争力研究[D].哈尔滨:哈尔滨工程大学,2012.
6. 梁永贤.浅析海洋文化创意产业的概念与发展思路[J].中国海洋经济,2017(2).
7. 李思屈.以创新思维发展海洋文化产业[N].中国海洋报,2014-02-18(003).

四、问题思考

1. 简述文化与文化产业的概念。
2. 简述海洋文化的概念及特征。
3. 简述文化管理的概念。
4. 就本章的理论内容,尝试给出与本章不同的案例以说明理论问题。

---

① 李思屈.以创新思维发展海洋文化产业[N].中国海洋报,2014-02-18(003).

第四章
海洋法治案例篇

一、目标设置

党的十八大以来,海洋强国战略、全面依法治国战略和生态文明战略正式得到确立,标志着中国开始大踏步迈入以海洋、法治、生态文明等要素作为显著特征的蓝色文明时代。这为全面推进依法治国、彰显城市法治建设特色、率先建成法治城市、打造宜居幸福的现代化国际城市,提供了强烈的问题导向和明确的改革方向。本章的两个案例说明如下结论:

一是全面推进海洋立法和规划。编制完善《××市海洋生态文明建设规划》《××市海岛保护规划》《××市海岸带保护与开发规划》等相关规划。制定修改完善海岸带保护、海域使用、海岛管理、海洋环境保护等条例和政府规章,研究出台《××市沿海边防治安管理条例》《××市海洋生态损害补偿费和损失补偿费管理办法》等相关规范,全面构建具有优质海洋治理特征的地方性法规规章体系。

二是强化海洋执法与综合管理体制创新。进一步探索海洋渔业等涉海领域的综合执法机制,不断提升海域动态监管能力,实现海洋管理法治化。切实实施并配合国家"十三五"规划战略部署,积极开展蓝色海湾整治行动计划,高水平建设好国家级海洋生态保护区。在此基础上,落实全域海洋保护优先和适度开发的基本原则。

三是强化海洋海事司法与仲裁"两个中心"建设。学习借鉴英国、中国香港等地经验,巩固亚太地区海事司法中心地位,围绕打造国际知名仲裁机构远大目标,加强区域性争端解决中心建设。积极推进海事审判精品战略,支持最高人民法院国际海事司法研究基地、国家法官学院海事分院建设,加强海洋环保法庭建设。

四是加快海洋生态文明建设步伐,创新海洋管理手段,打造基于生态系统的海洋综合管理体系。围绕海洋生态文明建设,各地应创新海洋管理手段,致力于建立海洋综合管理多部门会商协调机制,强化海洋环境监测与评价,加快建设海洋环境在线监测网络,强化海域立体化监视监测,推动海岸带综合管理与国际标准对接。

五是大力提升海洋法治队伍专业化建设水平。打造一支海洋立法与规划、行政执法与管理、司法审判与仲裁队伍、法治咨询与服务专业化律师队伍。建设中国最重要的海事司法审判人才储备基地,最重要的海警专业执法队伍培训和人才保障基地,最重要的海洋法治专家智库中心和后备人才孵化基地。

二、理论综述

(一)法制与法治

1. 法制与法治概念

法制(Rule by Law),法律和制度。法制是法律和制度的总称。统治阶级以法律化、制度化的方式管理国家事务,并且严格依法办事的原则,也是统治阶级按照自己的意志通过国家权力建立的用以维护本阶级专政的法律和制度。其基本含义是:有法可依、有法必依、执法必严、违法必究。任何国家都有法,但不一定有法制。法制在不同国家的内容和形式不同。在君主制国家,君主之言即为法;在资本主义国家,虽然排除了奴隶制、封建制国家法制的专制性质,但资产阶级受阶级本性的局限,当有的法律规定不符合本阶级的利益时,就加以破坏,因此,不可能有真正的法制。只有彻底消灭剥削制度,实现人民民主的社会主义国家,才能真正实现社会主义法制。

法治(Rule of Law),是指在某一社会中,法律具有凌驾一切的地位。所谓"凌驾一切",指的是任何人都必须遵守,甚至是管治机构中的制定者和执行者本身亦需要,而法律本身亦被赋予一个非常崇高的地位,不能被轻慢。政府(特别是行政机关)的行为必须是法律许可的,而这些法律本身是经过某一特定程序产生的。也就是说,法律是社会最高的规则,没有任何人或机构可以凌驾于法律之上。

2. 法制与法治的联系

法制和法治是既有区别又有联系的两个概念,不容混淆。两者的主要区别在于:

(1)法制是法律制度的简称,属于制度的范畴,是一种实际存在的东西;而法治是法律统治的简称,是一种治国原则和方法,是相对于"人治"而言的,是对法制这种实际存在东西的完善和改造。

(2)法制的产生和发展与所有国家直接相联系,在任何国家都存在法制;而法治的产生和发展却不与所有国家直接相联系,只在民主制国家才存在法治。

(3)法制的基本要求是各项工作都法律化、制度化,并做到有法可依、有法必依、执法必严、违法必究;而法治的基本要求是严格依法办事,法律在各种社会调整措施中具有至上性、权威性和强制性,不是当权者的任性。

(4)实行法制的主要标志,是一个国家从立法、执法、司法、守法到法律监督等方面,都有比较完备的法律和制度;而实行法治的主要标志,是一个国家的任何机关、团体和个人,包括国家最高领导人在内,都严格遵守法律和依法办事。

两者的联系在于：法制是法治的基础和前提条件，要实行法治，必须具有完备的法制；法治是法制的立足点和归宿，法制的发展前途必然是最终实现法治。

（二）海洋法制与海洋法治

"海洋法制"与"海洋法治"是常见的两个词，都是法律文化中的重要内容，都是人类文明发展到一定阶段的产物。海洋法制是一系列涉海的社会制度，属于海洋法律文化中的器物层面；而海洋法治是一种海洋社会意识，属于海洋法律文化中的观念层面。与乡规民约、民俗风情、伦理道德等非正式的社会规范相比，海洋法制是一种正式的、相对稳定的、制度化的社会规范。海洋法治强调海洋治理规则的普适性、稳定性和权威性，海洋法治体系主要涵盖了海洋法治主体、海洋法治功能和海洋法治手段等方面的内容。

（三）海洋法治体系构成

一个良好的海洋法治体系可以有效提高海洋治理能力；而海洋治理能力的不断提高又为充分发挥国家海洋治理体系的效能提供了坚实的基础。海洋法治体系是指海洋法制运转机制和运转环节的全系统，海洋法治体系包括海洋法律规范体系、海洋法治实施体系、海洋法治监督体系、海洋法治保障体系等，由这些体系组合而成一个呈纵向的海洋法律体系运转系统。

一是完备的海洋法律规范体系。在具体表述上，党的十八届四中全会提出要坚持走中国特色社会主义法治道路，建设中国特色社会主义法治体系；党的十八大明确提出，要提高海洋资源开发能力，发展海洋经济，保护海洋生态环境，坚决维护国家海洋权益，建设海洋强国。然而，当前海商法、海事法、海洋法的割裂局面不利于海洋立法问题的解决。在此基础上，十九大报告提出，坚持陆海统筹，加快建设海洋强国，为积极参与国际海洋事务与全球海洋治理建立和完善海洋法律体系成为时代要求和客观需要。海洋法应该是"海法＋洋法"的组合。所谓海法，就是通常所说的海商法、海事法，而洋法则涉及公海海上安全、海体渔业、生物资源等资源利用、大洋洋底区域开发等问题。所以，要将海法和洋法有机统一起来，形成真正的海洋法学科，从大视角来看待整个海洋立法。我国应尽早构建近海、远海、深海的多层次立法，海空、海上、海下的多空间立法和海洋资源开发、海洋污染及海洋纠纷解决的多维度立法，并尽力参与国际社会的海洋法律规则构建。①

二是高效的海洋法治实施体系。我国的海洋法治体系，从适用的地理范围来看，主要适用于中国管辖海域（内水、领海及毗连区、专属经济区和大陆架）及海

---

① 张媛.建设海洋强国需要强有力法律支撑，专家建议构建多层次多空间多维度海洋法体系[N/OL].(2015-12-07)[2019-04-22]. http://www.legaldaily.com.cn/rdlf/content/2015-12/07/content_6389147.htm.

岛,从涉及的权利和义务来看,主要包括主权权利、管辖权和相关义务。从规范和调整的活动来看,包括海洋权益维护、海域使用及海岛管理、海洋资源开发管理、海洋环境保护、海上交通安全和海洋科学研究等。海洋法律制度和陆地相比,不同的空间有不同的制度。首先是关于海洋权益的法律制度,领海的声明规定了内水与领土具有相同的法律地位,对于领海内的航行和飞越也有相关的规定(如《专属经济区和大陆架法》);其次是在海洋资源管理方面,重点是海域的使用和海岛的管理(如《海域使用管理法》《渔业法》);再次是一些关于海洋新兴产业的法律(如《循环经济促进法》);再其次是关于海洋环境保护的法律制度,以海洋环境保护法为核心,建立了一整套海洋环境保护的法律法规体系(如《海洋环境保护法》);最后是关于海上交通安全的法律制度。海洋的开发离不开海上交通这个平台,为使海洋航行更安全,建立了一整套的海上交通安全管理法规,包括港口、航道、航标、船员、船舶等,即海事法律体系(如《海上交通安全法》)。这些涉海法律法规坚持了海洋资源所有制原则和保护及利用原则,包括海洋经济开发、科研、使用者的权利与义务,也包括海洋环境保护的要求,以及统一管理、分级分部门管理的海洋协调体制机制。

三是严密的海洋法治监督体系。海洋法治监督体系的重心是加强对公权力的监督。行政权力具有管理事务领域宽、自由裁量权大等特点,法治监督的重点之一就是规范和约束行政权力。党的十八届四中全会《中共中央关于全面推进依法治国若干重大问题的决定》(简称《决定》)对于行政权力监督列举了监督种类,即"加强党内监督、人大监督、民主监督、行政监督、司法监督、审计监督、社会监督、舆论监督制度建设,努力形成科学有效的权力运行制约和监督体系,增强监督合力和实效"。我国是航运大国、渔业大国、造船大国和海洋大国,需要通过法治方式维护国家长远利益、战略利益、核心利益,因此对海洋法治的监督体系也提出了新要求。

四是有力的海洋法治保障体系。海洋法治体系在保障海洋经济绿色发展、维护海洋权益、保障交通安全与环境清洁,保护船员整体利益,维护国家海洋权益主权方面发挥着重要作用。但是,这些规定都比较粗,缺乏可执行性。哪些情况下哪些部门应该采取哪些措施,采取措施的具体程序是什么,后续措施又有哪些,还需法律进一步明确。日本1948年就出台了《日本海上保安厅法》,已修改100多次。在2012年的修订是专门为日本海上保安厅的活动而修改的。美国1926年的《美国法典》把美国200年以来的法律全部汇编,其中第十四卷就是将关于海岸警卫队的法律法规都罗列其中。与发达国家相比,我国海洋法治保障体系支撑依然非常薄弱。

三、案例分析

案例4.1 将海洋法治建设进行到底

(一) 内容梗概

改革开放 40 多年来,海洋管理经历了不断探索、调整和完善的过程。从首批加入《联合国海洋法公约》,到实施"法治海洋"建设;从出台《海域使用管理法》彻底扭转"祖宗海"观念,到提出"依法治海、生态管海"的发展取向,30 多部涉海法律法规条例相继实施⋯⋯海洋管理,逐步实现了历史性转变,建立起了基本完善的海洋法律体系。

填补空白:竖起篱笆垒起墙

改革开放之前,我国仅有 1958 年发布的一份领海声明。而此时,绝大多数沿海国家都以国家立法的形式,建立起了自己的领海制度。

1982 年,《中华人民共和国海洋环境保护法》经由全国人大常委会审议通过,1983 年正式实施。这标志着我国海洋环境保护开始步入法治化轨道。

1984 年,国家海洋行政主管部门提出建立中国的领海及毗连区法律制度,以有效维护海洋权益。至 1992 年,《中华人民共和国领海与毗连区法》历经 8 个年头,法案数易其稿,终获全国人大通过。这部法律的制定,完善了我国海洋基本法律制度体系,为维护我国海洋权益、解决岛屿争端和海域划界问题提供了法律依据,具有重大的现实意义和深远的历史意义。1998 年,同样是为维护国家海洋权益,我国又颁布实施了《中华人民共和国专属经济区和大陆架法》。

竖起篱笆垒起墙。进入 21 世纪,《中华人民共和国海域使用管理法》《中华人民共和国海岛保护法》《中华人民共和国深海海底区域资源勘探开发法》《防治海洋工程项目污染损害海洋环境管理条例》等法律条例陆续出台,填补了我国在相关领域管理政策上的空白。

改革开放 40 多年,十余部涉海法律、20 余条涉海行政法规出台。这些具有划时代意义和开创性精神的法律法规,给我国海洋综合管理带来了深刻变革。

构建体系:海洋治理确立"四梁八柱"

随着改革开放的深入,我国法制建设步入发展快车道,海洋领域立法也快速推进。海洋权益、海洋生态环境、海洋资源保护、海洋开发与利用、海上交通安全与海洋科研等方面陆续结束无法可依的局面。

国家海洋行政主管部门在沿海省市的大力支持下,组织起草并配合立法机关陆续推出了《领海及毗连区法》《专属经济区和大陆架法》《海洋环境保护法》《海上交通安全法》《渔业法》《海域使用管理法》《海岛保护法》《深海海底区域资源勘探开发法》《海底电缆管道铺设管理规定》《海洋石油勘探开发环境保护管理条例》

《中华人民共和国海洋倾废管理条例》等几十个法律法规以及相关条例。

沿海省市也配套出台了近百部相关的地方性法规、规章。这些法律法规的出台不仅丰富和发展了具有中国特色的海洋管理法律体系,而且对联合国所倡导的海洋综合管理模式做出了有益探索,更是为依法治海提供了执法依据。

2018年3月,国家海洋行政主管部门组织起草的《海洋石油勘探开发环境保护管理条例(修订)》列入国务院2018年立法工作计划,并准备提请全国人大常委会审议。2017年11月,《海洋环境保护法》也完成了第3次修订。

经过数年呼吁,《海洋基本法》也已列入全国人大常委会预备立法项目。此外,国家海洋行政主管部门还在围绕海岸带利用和管理、海洋经济发展、海洋防灾减灾、海洋科学调查、海水利用、南极立法等领域推进相关立法工作,并探索研究渤海环境区域保护立法。

彰显法治:呈现崭新局面

海洋行政主管部门主动适应海洋事业发展的需要,围绕建设海洋强国的目标,统筹推进"五位一体"总体布局和"四个全面"战略布局,加快推进法治海洋建设。

2015年7月,为贯彻落实中共中央依法治国决定,国家海洋行政主管部门确立了法治海洋建设的总目标和路线图,提出完善海洋法律法规体系、规范权力运行等方面的57项任务。

2016—2017年,国家海洋行政主管部门先后印发《无居民海岛开发利用审批办法》《国家海洋局关于全面建立实施海洋生态红线制度的意见》《国家海洋局关于加强滨海湿地管理与保护工作的指导意见》等文件。中央深改办审议通过了《海岸线保护与利用管理办法》《围填海管控办法》《海域、无居民海岛有偿使用的意见》3个重要文件,旨在落实海洋生态文明建设要求,严控围填海活动对海洋生态环境的不利影响。

截至2017年11月,国家海洋行政主管部门5年间累计取消行政审批事项10项、下放2项,保留行政审批事项17项,海洋经济活力进一步迸发。

近年来,天津、山东、江苏先后印发加快推进法治海洋建设的意见;山东、福建围绕海洋生态损害赔偿补偿、海岸带保护与利用等研究制定地方性法规;辽宁、天津建立了重大行政执法决定法制审查制度;上海、浙江等建立完善了行政处罚裁量基准制度;山东、福建分别开展了海域使用督察和执法队伍规范化建设……

伴随着一系列海洋法规的出台,我国逐步构建起依法治海的新格局。

资料来源:

1. 路涛.将法治海洋建设进行到底[N/OL].中国海洋报,(2018-05-07)[2019-05-16].http://www.oceanol.com/zhuanti/201805/07/c76797.html.

2. 王翰灵.加快制定国家海洋战略和海洋基本法[N/OL].中国海洋报,(2016-06-22)

[2019 - 04 - 23]. http://www.oceanol.com/redian/shiping/2016 - 06 - 22/60461. html.

3. 盛清才,盛楠.海洋法治文化建设的内容及路径选择[C].湛江:中国海洋学会 2007 年学术年会,2007.

4. 卢晨.国家海洋局印发《全面推进依法行政加快建设法治海洋主要任务分工方案》[N/OL].中国海洋报,(2015 - 12 - 09)[2019 - 06 - 23]. http://www. xinhuanet. com//politics/2015 - 12/09/c_128513836. htm.

(二)要点分析

我国是海洋大国,海岸线漫长,管辖海域广袤,海洋资源丰富。维护国家海权、发展海洋事业是关系民族生存发展、关系国家安危的重大战略课题。党的十九大报告提出,坚持陆海统筹,加快建设海洋强国。这为我国海洋事业发展指明了方向。加快建设海洋强国,需要完善海洋法律体系和海洋法治体系,维护海权、发展海权。从以上案例,可以得出如下结论:

(1)面对新机遇,我国海洋强国的建设应以发展海洋经济、利用海洋资源为主要目的,以海上通道安全为保障,以参与国际海洋治理为任务,以和平的方式实现以海强国、以国强海,经略海洋、维护海权。这就要依据国家主权和国际海洋法确定的海洋权利范围,加强对海洋的综合开发和利用,促进海洋经济发展,推进海洋生态文明建设,做到以国强海;坚持创新思维,提升海洋经济、海洋军事、海洋科技、海洋文化等硬实力和软实力,统筹各领域协调发展,做到以海强国;通过法律规范的实施,控制海洋环境污染,保护贸易和航道安全,完善管辖海域执法机制,维护国家领土主权和海洋利益,做到经略海洋;坚持国家利益至上,周密组织边境管控和海上维权行动,提升海上行动能力,积极参与全球海洋治理,做到有效维护海权。

(2)维护海权、建设海洋强国离不开完善的海洋法律体系。改革开放以来,我国海洋法律体系建设取得显著成绩,通过了多项专门海洋立法。当前,要以坚持陆海统筹、加快建设海洋强国为遵循,继续完善海洋法律体系,进一步为维护海权、建设海洋强国提供有力法律支撑。首先,继续推进海洋法律体系建设,用法律明确规定我国海权的基本内涵、保障手段、实现途径等内容。应在制定海洋基本法的基础上,修订或出台其他配套单行法律法规,增强不同海洋立法之间的协调衔接,强化法律的可操作性,让法律制度更贴近我国海权发展的时代要求和客观需要,为实现国家海洋权益提供法律依据。其次,深化关于海洋、海权基本立法的理论研究,为提高海洋立法的科学性、完善海洋法律体系做好知识准备、提供理论支持。要坚持维护海洋权益和提升综合国力相匹配,按照我国海洋权益保护的实际和国际海洋法的基本规则完善海洋法律体系,做到依法管海、依法用海、依法护海。最后,积极参与国际海洋事务,深度参与全球海洋治理,获得更多海洋发展建设的国际制度性权利。

案例 4.2 完善海洋法治 维护国家利益

（一）内容梗概

案例一：提升海洋法治水平，推动深海事业大发展

改革开放 40 多年来，海洋管理经历了不断探索、调整和完善的过程。从首批加入《联合国海洋法公约》，到实施"法治海洋"建设；从出台《海域使用管理法》彻底扭转"祖宗海"观念，到提出"依法治海、生态管海"的发展取向，30 多部涉海法律法规条例相继实施……，逐步实现了历史性转变，建立起了基本完善的海洋法律体系。

2016 年 2 月 26 日，《中华人民共和国深海海底区域资源勘探开发法》经第十二届全国人大常委会第十九次会议审议通过，并于当年 5 月 1 日正式实施。

2017 年 5 月 1 日，我国《深海法》正式实施一周年。《中国海洋报》记者就《深海法》的贯彻实施情况及对我国海洋事业发展的意义，采访了国家海洋局副局长孙书贤。

记者：贯彻落实《深海法》对我国海洋事业发展有何重大意义？

孙书贤：《深海法》是第一部规范我国公民、法人或者其他组织在国家管辖范围以外海域从事深海海底区域资源勘探、开发活动的法律。《深海法》的出台是我积极履行国际义务、重视维护全人类利益的集中体现。《深海法》是推动我国深海大洋事业发展的里程碑，对于鼓励社会力量积极参与深海海底区域活动、提高我国深海科学技术研究水平、推动我国深海海底区域资源勘探开发事业、提升参与国际深海事务能力、推动海洋强国建设战略都具有重要意义。《深海法》的出台，对完善我国海洋法律体系、提升海洋法治水平、提高公众海洋法律意识具有重大意义。

记者：一年来，国家海洋局为推动《深海法》的贯彻落实做了哪些方面的工作？取得了哪些成果？

孙书贤：《深海法》出台后，国家海洋局根据《深海法》的规定，按照党中央、国务院指示精神，充分发挥各方优势力量，调动各部门、各领域积极性，精心部署《深海法》宣贯和配套制度建设，大力推动深海资源勘探开发工作，在战略规划编制、重大工程论证等方面取得重大进展。

一是周密部署，积极推动《深海法》宣贯工作。一系列的宣传工作加深了社会各方对深海大洋工作的认识，进一步调动了多方优势力量开展深海大洋工作的积极性。

二是按照《深海法》要求，从顶层设计上进一步加强深海大洋工作。其中，《深海海底区域资源勘探与开发"十三五"规划》已经于 2017 年 4 月 16 日由国家六部委局联合印发。"蛟龙探海"作为《国民经济和社会发展第十三个五年规划纲要》

中 165 个重大工程之一,目前国家海洋局已组织完成"蛟龙探海"工程建设总体方案和深海技术装备、矿产资源、生物资源、环境、支撑平台等分报告的编制工作,正按要求编制"十三五"可行性研究报告。

三是精心组织,加快《深海法》配套制度的制定。根据国家《立法法》规定要求,国家海洋局推动以《深海法》为基石的深海法律制度体系建设,编制深海海底资源勘探开发许可、资料样品汇交及使用、环境调查和环境影响评价等 3 个配套制度文本及相关材料。其中,《深海海底资源勘探开发许可管理办法》已于 2017 年 4 月 27 日以国家海洋局规范性文件形式印发,《载人潜水器潜航学员选拔要求(医学部分)》和《载人潜水器潜航学员培训大纲》等海洋行业标准也已由国家海洋局批准发布,自 2017 年 6 月 1 日起实施。

四是落实《深海法》,大力推进深海资源调查和勘探开发工作,取得丰硕成果。《多金属结核勘探合同》延期申请在 2016 年顺利获得国际海底管理局理事会核准。资源调查工作不断拓展,组织了 5 个大洋航次任务,重点保障了"蛟龙号"载人潜水器试验性应用工作和勘探合同区的外业调查工作。持续开展装备升级和研发,深海装备技术逐步走向应用,深海调查能力进一步增强,"蛟龙号"载人潜水器、"潜龙"系列无人无缆潜水器和"海龙"系列无人缆控潜水器等深海高新技术装备为我国开展资源调查、履行勘探合同义务提供了有力保障。中国大洋协会办公室牵头申报的"深海多金属结核采矿试验工程"国家重点研发项目获科技部正式立项。大洋综合调查船和载人潜水器支持母船建造工作全面展开,大洋综合能力建设迈入新阶段。

五是组织了《深海法》实施情况大检查。临近《深海法》实施一周年,国家海洋局联合全国人大环资委启动了《深海法》实施情况检查,通过实地走访从事深海海底区域资源调查、勘探和深海装备研发等活动的相关单位,了解各单位贯彻实施《深海法》的情况和遇到的问题,关注各单位在深海环境保护、资料样本汇交以及科学技术能力提升方面的情况,同时认真听取各单位对深海公共平台建设运行情况和深海法律政策制订的意见建议等。

2017 年 4 月已完成了对中国科学院海洋研究所、中国地质调查局青岛海洋地质研究所、国家海洋局第一海洋研究所、国家深海基地管理中心、广州海洋地质调查局、上海交通大学、中国船舶重工集团公司第七〇二研究所等单位的检查调研活动。

从检查的情况来看,各单位均高度重视深海大洋工作,积极组织开展深海资源调查和环境评价等相关活动,把深海大洋任务作为重点工作之一积极推动;各单位全面贯彻落实《深海法》有关规定,在资料、样品汇交等方面积极配合中国大洋协会工作。各单位在开展资源调查活动中,重视深海环境保护。同时,各单位也针对实际工作提出了一系列好的意见和建议,包括进一步完善相关制度、制定深海法律政策、推动资料和样品共享平台建设、保护知识产权等。相关意见和建议对于进一步深化《深海法》配套制度建设、推动深海大洋工作发展具有重要意义。

下一步，全国人大环资委和国家海洋局将适时对中国科学院沈阳自动化研究所(沈阳)、中国科学院深海工程与科学研究所(三亚)、国家海洋局第二海洋研究所等单位开展《深海法》贯彻实施情况检查调研，相关检查调研活动将持续至6月份。

记者：从当前国际海洋形势来看，我国深海大洋工作面临着哪些机遇与挑战？围绕《深海法》，国家海洋局下一步将如何开展深海大洋工作？

孙书贤：目前国际海域活动出现的新形势、新变化，为深海大洋工作带来新挑战。从国际上看，世界各国纷纷聚焦深海战略空间拓展、资源圈占和科学技术发展；国际海底管理局已启动深海采矿规章的制定工作，深海采矿初现端倪；联合国已就国家管辖范围以外海域海洋生物多样性养护和可持续利用问题启动了制定新国际协定的程序，深海大洋环境保护标准愈加严格。

从国内情况来看，"海洋强国建设"和"21世纪海上丝绸之路"倡议对深海大洋工作提出了更高要求。《中华人民共和国国家安全法》以及《国民经济和社会发展"十三五"规划纲要》为深海大洋工作带来了重大发展机遇。深海大洋工作已不仅涉及维护我国海洋权益，还关系到维护我国深海安全和拓展中华民族发展空间。

下一步，国家海洋局将全面贯彻以习近平同志为核心的党中央提出的治国理政新理念新思想新战略，以《深海法》为根本遵循，精心部署，全面组织实施《深海海底区域资源勘探与开发"十三五"规划》等顶层设计。国家海洋局还将进一步加强配套制度建设，争取早日形成以《深海法》为基石的、较为完备的深海法律制度体系，搭建起实施《深海法》的"四梁八柱"；进一步深化大洋管理体制机制改革，规范深海大洋事业发展秩序，增强国家对深海大洋工作的统筹协调、监督管理，充分发挥大洋各业务平台的作用，推进公共服务保障能力，全面调动国内优势单位力量，强强联合，提升我国深海进入、探测和开发能力。

同时，国家海洋局还将积极推进"蛟龙探海"重大工程建设，尽快完成"蛟龙探海"重大工程论证和立项程序，争取早日实施，全面布局深海大洋各领域工作，统筹力量，推进国际海底区域资源调查评价工作，提升深海科技创新能力，加大深海装备研发力度，加快深海支撑平台建设，切实维护我国海洋权益。

今后，国家海洋局还将进一步加大《深海法》宣贯力度，提高公众海洋法律意识，提升我国公民、法人和其他组织参与深海活动的积极性，促进我国海洋事业整体健康发展。

案例二：国家海洋局 2018 年将完善海洋督察长效机制，适时开展海洋生态环保专项督察

从全国海洋工作会上获悉，2018 年国家海洋局将开展围填海专项督察"回头看"，对 3～4 个省（区、市）开展例行督察。同时，适时开展海洋生态环境保护和养殖用海专项督察；加大对地方政府相关审批事项的审核督察力度。

国家海洋局局长王宏介绍，今年将实施最严格的围填海管控。取消区域建设用海、养殖用海规划制度，已批准的，停止执行。强化围填海年度计划指标硬约束，原则上不再审批一般性填海项目，年度计划指标主要用于保障党中央国务院批准同意的重大建设项目、公共基础设施、公益事业和国防建设等 4 类用海，且不再分省下达。实施围填海"空间"限批和"用途"限批，加强围填海的事中事后监管。严格执行建设项目用海控制标准。严格海域使用论证评审。

强化海域管理和海岸线保护。制定海域使用权转让等管理办法。施行《海域使用金征收标准调整方案》。沿海省（区、市）要制订自然岸线保护年度计划，将自然岸线保有率纳入地方政府考核指标，不达标的省（区、市）一律不得新申请用海。在浙江、广东开展无居民海岛使用权市场化出让试点，建立开发利用后评估制度。开展海岛生态和发展水平评价、海岛物种登记、领海基点岛礁修复试点，加强海岛岸线保护。推动南海珊瑚礁研究中心和晋卿岛珊瑚礁生态修复中心建设，进一步提高西沙、南沙岛礁生态建设能力。

在渤海等重点海域率先建立排污总量控制制度。建立"湾长制"配套制度和标准。开展陆源入海污染源补充调查，出台整治工作监督管理意见，以地市为单元编制方案并开展整治。实施近岸海域水质考核制度，实行海洋石油勘探开发海上排污许可制度，研究建立海洋环境污染强制责任保险制度。编制实施海洋垃圾（微塑料）防治国家行动计划。

加大生态保护修复力度。发布实施《海洋生态红线监督管理办法》。围绕生态保护和权益维护，新划定一批海洋保护区，持续开展海洋保护区专项检查。出台滨海湿地保护管理办法并开展监测评价。制定海洋生态保护补偿办法及技术标准，建立海洋生态环境损害赔偿制度。

2018 年国家海洋局还将全面深化依法治海实践，完善海洋督察长效机制。完善《海洋基本法》草案，加快推进南极立法。修订《海洋倾废管理条例》《铺设海底电缆管道管理规定实施办法》。制定和完善《深海海底区域资源勘探开发法》和《海洋环境保护法》配套制度。推进海洋科学调查管理、海洋石油天然气管道保护等立法进程，探索海岸带管理、海洋灾害防御、渤海区域保护等立法工作。开展《海域使用管理法》《海岛保护法》修订研究。

同时，加强海洋行政执法。围绕海岸线保护、围填海管控、"湾长制"实施、排污总量控制等重点，强化行政执法。组织开展"海盾 2018""碧海 2018"北戴河海洋环境保护、无居民海岛保护、深海大洋行政执法、渔业执法等专项行动,实现重大用海项目执法检查全覆盖。组织开展全海域油气勘探开发定期巡航检查。此外,研究编制海洋部门权力清单和责任清单,深入落实"双随机—公开"制度。继续开展海洋领域重大执法决定法制审核制度、海洋行政执法与刑事司法衔接机制研究。完善海洋行政复议、应诉、听证工作制度。

资料来源:

1. 蔡岩红. 国家海洋局:完善督察长效机制,适时开展海洋环保督察[EB/OL]. (2018 - 01 - 21)[2019 - 09 - 23]. http://politics. people. com. cn/n1/2018/0121/c1001 - 29777266. html.

2. 孙书贤. 提升海洋法治水平,推动深海事业大发展[EB/OL]. 北京:中国大洋矿产资源研究开发协会,(2017 - 05 - 02)[2019 - 09 - 23]. http://www. comra. org/2017 - 05/02/content_40104696. htm.

3. 张文广. 完善海洋法治,维护国家利益[EB/OL]. (2016 - 08 - 03)[2019 - 09 - 23]. http://www. chinanews. com/gn/2016/08 - 03/7960203. shtml.

（二）要点分析

党的十八届四中全会提出了落实"依法治国"方针的具体方略和重要举措,并在脚踏实地实施之中。相比美国、日本等国家的海洋战略,我们还有很大的差距,主要的差距来自作为海洋战略基础和保障的法治建设。从以上案例,可以得出如下结论:

第一,海洋法律体系不健全,重要法律缺失,也缺乏这方面的立法研究和思维。美国注重促进海洋科研的立法,制定了多部有关海洋不同领域研究管理的法律,相比之下,我国对海洋固废物管理的法律规范缺失。案例二中,我国对海洋固废物管理的法律规范缺失,海洋环境保护法与海域使用管理在衔接上存在问题,使得对海洋垃圾的管理出现了法律规范的空缺,需要通过修改《海洋环境保护法》《海域使用管理法》予以补充完善。

第二,《深海法》的立法表明我国在推进海洋资源的开发与利用,推进深海海底区域资源的可持续开发活动。我国应该把确保海洋安全与海洋资源开发作为立法的重要选择:(1)注重海洋科研立法,包括推进海洋调查、研发海洋科技、促进人才培养领域;(2)注重建立一套关于统一协调海上活动的指挥体系,明确海洋管理的各部门各司其职,保证分工明确、政令畅通、信息互通,整合海上执法力量;(3)制定关于海洋科学研究和人才培养的专门法律,有利于依法保障人才和科技对事实国家海洋战略的支撑;(4)制定关于海洋污染及其损害赔偿的专门法律,以确保海洋战略实施的海洋生态和环境安全;(5)继续完善并补充极地大洋活动的法律规范和支撑,对于海洋遗传资源、微生物、生物资源的保护法律不断加以规范,并从海洋战略的高度予以补充完善。

四、问题思考

1. 简述海洋法治的主要内容及我国海洋法治体系建设目前存在哪些问题。

2. 简述如何完善我国海洋法治体系。

3. 就本章的理论内容,尝试给出与本章不同的案例以说明理论问题。

第五章
海洋危机案例篇

一、目标设置

海洋危机是由于自然人类活动引起的,发生在海洋领域内并给海洋权益、海洋产业、海洋环境以及相关人员的生命财产安全带来严重威胁的公共危机,一般指在某一海洋领域里发生的会对社会和人们造成潜在影响的具有不确定性的事件。对即将发生或已经发生的海洋突发公共事件进行有效的应急预警、应急响应和处理,是海洋危机管理的主要内容。本章的两个案例在于说明如下结论:

(1)没有孤立的海洋危机,即使看起来是自然类型的海洋危机,也是和人类的行为活动有关。这一方面说明海洋危机越来越多、范围越来越广;另一方面也说明人类在对海洋探索和寻求资源的过程中,对海洋造成了较大的影响,这些影响,可能更多的是负面的。

(2)无论是自然还是人为的海洋危机,其影响都不是单一类型和单一国家的,且影响非常深远,尤其是对危机进行管理或治理时,会涉及各方面的利益或者是各国甚至是全球的利益均衡。因此,这就需要在全球化的视角下进行全球性的约束、预防、预警、管理和治理海洋危机,需要全社会的共同努力,从长远和可持续发展的角度来有效地利用海洋资源。

二、理论综述

海洋危机是由于自然人类活动引起的,发生在海洋领域内并对海洋权益、海洋产业、海洋环境以及相关人员的生命财产安全带来严重威胁的公共危机,一般指在某一海洋领域里发生的会对社会和人们造成潜在影响的具有不确定性的事件。

(一)海洋危机的特点

1. 危机发生概率高

随着社会经济与科技的发展,越来越密集的人口和频繁的海洋经济与社会活动,一方面加剧了海洋危机发生的可能性,另一方面又扩大了海洋危机潜在损失。

2. 危机影响范围广

由于海洋连接与联系紧密,加之洋流等的自然特点,海洋危机的影响范围往往不局限,一个海域发生危机,往往会扩散到周边海域,有的甚至后期效应还会涉及全球。

3. 危机持续时间长

海洋是地球上地势最低的区域,危机一旦进入海洋很难再转移出去,只能由海洋本身来消解。同时,海洋危机的衍生性高,一旦发生,很容易衍生出来范围更广、程度更深的危机。

4. 危机防治难度大

由于海洋的特殊性,不但容易受自然因素的影响,还容易被社会因素影响,是一个复杂的系统,相对而言,海洋危机的防治难度也较大。

(二) 海洋危机的分类

根据不同的分类标准,海洋危机有不同的类型。

1. 按起因分类

引发海洋危机的起因不同,可以分为:人为的海洋危机和非人为(自然)的海洋危机。

人为的海洋危机是由于人的社会活动所产生的海洋危机,与人类的经济、社会、生产活动相关,由其直接或间接导致。其中又包括两种:一种是海洋社会危机,指的是从事海洋活动的个人和团体由于其过失行为、不当行为及故意行为等对社会生产及人们生活造成损失,如海洋石油泄漏等所造成的海洋污染等危机;另一种是海洋政治危机,又称之海洋国家危机,是指国家主张海洋权益方面的冲突而产生的危机,如我国南海权益、钓鱼岛主权等。

2. 按影响范围分类

根据海洋危机影响范围和程度,可以将危机分为 6 个层次,即全球和区域海洋危机、国际海洋危机、国家海洋危机、地区海洋危机、组织海洋危机和个人海洋危机。这 6 个层次自高至低、自大至小,反映出海洋危机影响范围的不同。

3. 按复杂程度分类

根据海洋危机复杂程度的不同,可以将海洋危机分为两类:单一型海洋危机和复合型海洋危机。

4. 按发展速度分类

根据海洋危机发展的各阶段,尤其是发生前和发生后的速度,将海洋危机区分为 4 种类型:

(1)"快—快"型海洋危机,即海洋危机来得快,去得也快,如同龙卷风一般,而且危机解决以后不留后患,如一般的海难危机。

(2)"快—慢"型海洋危机,即危机突然爆发,但其影响和后果将在很长一段时间内存在且难以消除。最典型的就是海上溢油危机,一旦发生,对局部海域的影响是长期而严重的。

(3)"慢—快"型海洋危机,即海洋危机是逐渐发展起来的,但爆发后就很快结束了,如一个海盗集团逐渐发展壮大,但在一次重大的抢劫后被一网打尽,就属于这种类型。

(4)"慢—慢"型海洋危机,即海洋危机爆发前经历了较长时间的酝酿时间,而爆发后也需要一个较长时间才能逐渐消除。

5. 按所涉及人群的倾向分类

按照海洋危机涉及人群的倾向和态度是否一致,可以分为:利益一致型的海洋危机和利益冲突型的海洋危机。

6. 按海洋危机的内容不同分类

按照海洋危机内容不同,可以分为:

(1)海洋灾害危机。主要是由于自然因素而引发的海洋自然灾害,如风暴潮、海啸、台风和海冰灾害等。

(2)海洋事故危机。主要是发生在海上的交通和海洋工程及设施的危机,如海难事件和海底光缆破坏等。

(3)海洋安全危机。主要指威胁海域管理国家和地区安全的海洋权益争夺和侵犯危机,如海洋战争和海岛争夺等。

(4)海洋环境危机。主要指人类不适当地开发和利用海洋环境,对海洋环境造成影响。这里又可以分为海洋环境破坏危机和海洋环境污染危机,前者如围海造田和修筑堤坝等,后者如向海洋排放污水和赤潮灾害等。

(5)海洋生物危机。主要是影响到海洋生物资源存在和发展的危机,如海洋生物多样性减少和海洋渔业资源的枯竭等。

7. 按海洋危机的等级分类

(1)一般海洋危机。需要及时向上一级政府紧急应对机构报告,以备海洋危机级别提高的时候能得到资源的协助。

(2)较大海洋危机。需要省级政府海洋危机处理机构协调外地的资源来支援救助,在报告地区应急机构的同时,也报告省级紧急处理机构。

(3)重大海洋危机。需要更多的高层协调来调用外省或本地区更多政府或民间资源来救援,有时甚至可能需要中央政府出面调度资源救助。

(4)特大海洋危机。在相当大的范围内危害海洋安全,甚至对社会经济造成极其巨大的影响,需要更多的省政府和中央政府的救援支持协助。

(三)海洋危机管理

1. 海洋危机管理的定义

海洋危机管理是研究海洋危机发生规律和海洋危机控制技术的一门新型的

管理科学,它是指运用经济、法律、技术、行政和教育等手段,为应对即将发生或已经发生的海洋突发公共事件,包括海洋自然灾害、海洋事故灾难、海洋公共卫生事件、海洋社会安全事件等采取一系列救援措施,并建立应急预警、应急响应、应急处理机制,构建应急信息系统,组织应急指挥机构,确定应急方案与措施,配置应急资源以及实施应急行动等方面所进行的决策、计划、组织、指挥、协调、控制等一系列活动的总称。

(1) 主体是政府及其他相关部门。

(2) 以预防为主。

(3) 目标:以最小投入获得最大安全保障。

(4) 主要工作:防范、化解、回复正常秩序。

2. 海洋危机管理的分类

按照《国家突发公共事件总体应急预案》,根据海洋突发公共事件的发生过程、性质和机理,把海洋危机管理分为四种类型:

第一种类型是海洋自然灾害应急管理;

第二种类型是海洋事故灾难应急管理;

第三种类型是海洋与渔业公共卫生事件管理;

第四种类型是海洋社会安全应急管理。

3. 海洋危机管理的目标

海洋危机管理的目标就是为了确保在发生海洋突发事件时,能够及时、迅速、高效、有序地开展应急跟踪防灾减灾工作,维护沿海地区的社会稳定,促进海洋经济持续、健康发展,保障人民生命财产安全,保护海洋生态环境,维护国家安全和海洋权益。

4. 海洋危机管理的原则

(1) 以人为本,减少危害。切实履行政府的社会管理和公共服务职能,把保障公众健康和生命财产安全作为首要任务,最大限度地减少突发公共事件及其造成的人员伤亡和危害。

(2) 居安思危,预防为主。高度重视公共安全工作,常抓不懈,防患于未然,增强忧患意识,坚持预防与应急相结合、常态与非常态相结合,做好应对突发公共事件的各项准备工作。

(3) 统一领导,分级负责。在党中央、国务院的统一领导下,建立健全分类管理、分级负责、条块结合、属地管理为主的海洋危机管理体制,在各级党委、政府领导下实行行政领导责任制,充分发挥专业应急指挥机构的作用。

(4) 依法规范,加强管理。依据有关法律和行政法规,加强海洋危机管理,维护合法权益,使应对突发公共事件的工作规范化、制度化、法制化。

(5) 快速反应,协同应对。加强以属地管理为主的应急处置队伍建设,建立联动协调制度,充分动员和发挥乡镇、社区、企事业单位、社会团体和志愿者队伍的作用,依靠公众力量,形成统一指挥、反应灵敏、功能齐全、协调有序、运转高效的海洋危机管理机制。

（6）依靠科技,提高素质。加强公共安全科学研究和技术开发,采用先进的监测、预测、预警、预防和应急处置技术及设施,充分发挥专业队伍和专业人员的作用,提高应对突发公共事件的科技水平和指挥能力,避免事件造成的灾害进一步扩大;加强宣传和培训教育工作,提高公众自救、互救和应对各种各类突发公共事件的综合素质。

5. 海洋危机管理体系构成

（1）应急组织机构。典型的应急组织机构由指挥部门、实际操作部门、信息规划部门和后勤保障部门等组成。

（2）应急机制。现代应急组织体系一般有政府和全社会共同参与,它包括建设相互合作的组织系统;有统一指挥、分工协作的应急组织机构;有信息共享的预警系统和信息系统;有支持有力的保障系统;有健全的应急法律法规和预案等。

应急机制建设的主要任务包括两个方面:一是要按照统一指挥、分工协作、协调行动的要求明确应急管理的机构、应急机构的职能划分和各个机构之间组织架构;二是要合理设定一整套应急响应的流程和措施,形成运转高效、反应快速、规范有序的应急行动程序。

（3）应急保障体系。保障体系包括通信与信息保障、现场救援保障、应急队伍保障、交通运输保障、医疗卫生保障、治安保障、物资保障、经费保障、社会动员保障、紧急避难所保障、技术储备与保障,以及其他保障等12个方面。

6. 海洋危机管理的核心环节

（1）危机预防管理。第一,强化危机意识,加强危机教育和技能的训练。第二,建立组织体制,提供组织保障。第三,建立危机预警和信息支持机制,进行动态预测。第四,建立法律支撑机制,提供制度保障。

（2）危机的控制和回应。危机管理中的控制关键在于科学的决策,有效的沟通和多边合作机制。首先,危机处理中的管理决策是建立在危机处理中的管理决策,就是根据预警和领导者的判断,选择预案。其次,建立有效的沟通机制。最后,建立多边的合作机制,包括地区的和国际的合作。

（3）危机治理。注重危机的社会参与。

7. 海洋危机管理的一般过程

海洋危机管理的一般过程表现为:海洋危机发生前的评估、制定海洋危机应急预案、海洋危机管理效果评价三个阶段。这三个阶段不断循环,构成了一个海洋危机管理的周期循环过程。

（1）海洋危机评估。海洋危机评估指危机管理人员在平时的调查中充分收集信息,运用科学的方法对尚未发生的、潜在的或将要发生的各种海洋危机进行系统的划分,并总结出每种危机的特点、造成可能的损害程度等内容,并对海洋危机存在和发生的可能性以及危机可能造成的损失范围与严重程度进行测量与评估。海洋危机评估的任务,就是要辨别可能发生的海洋危机有哪些、发生的可能性有多大、风险有多大,为海洋危机的预警和预防提供依据。

(2)海洋危机应急预案的制定。一个完整的海洋危机应急预案框架应该包括如下六大要件:

①总则。就是规定应急预案的指导思想、编制目的、工作原则、编制依据、适用范围。

②组织指挥体系及职责。具体规定应急管理的组织机构与职责、组织体系框架。

③管理流程。根据应急管理的时间序列,划分为预警预防、应急响应和善后处理三个阶段。

④保障措施。规定应急预案得以有效实施和更新的基本保障措施,如通信信息、支援与设备、监督检查等。

⑤附件。包括专业术语、设备管理与更新、跨区域沟通与协作、奖励责任、制定与解释权、实施或生效时间等。

⑥附录。主要包括各种规范化格式文本、相关机构和人员通讯录等。

(3)海洋危机管理效果评价

危机管理效果评价是建立在危机管理效果统计的基础上,通过将统计取得的数据和危机发生前的状态以及危机高峰期的状态进行比较,确认危机管理的有效性。

①危机管理效果评判标准

评判标准一,危机源。如:在印度海啸灾难中不能探测到震源是印度尼西亚苏门答腊岛北部发生的里氏8.5级强烈地震,或者错误地认为海啸的产生是风暴潮引起的,就无法有效建立印度洋海啸预警系统,如果印度洋再发生强烈地震则很难预测到海啸的发生,海啸预警就起不到作用。

评判标准二,管理漏洞。在危机管理中能否找到管理中存在的漏洞,是评价危机管理成效的要点。

评判标准三,利益相关者。各不同利益的相关者在危机管理中起着不同的作用,他们可能意见一致,使危机得到良好管理,但也可能意见相左,对危机管理的影响也将大为不同。

②危机管理总结。危机管理结束后,应完成一份危机管理总结或报告,用以总结危机管理经验,为完善危机管理制度提供文本资料。危机管理总结主要包括危机事态描述、危机管理过程描述、危机管理效果评估和危机管理制度改善意见。

a. 危机事态描述。详细描述危机的产生时间、空间、危机源、管理漏洞、危机范围、危害强度、人财物损失、危机影响诸情况,遵循客观、公正、准确的原则,特别是危机管理漏洞情况要实事求是地说明。

b. 危机管理过程。详细描述危机管理的内容,包括危机管理的时间、范围、程序、成本和方法。同样遵循客观、公正、准确的原则。

c. 危机管理效果评估。依据危机管理评判标准对本次危机管理效果进行评估,要做到科学、合理、客观。

d. 危机管理制度改善意见。结合本次及之前危机管理过程,对危机管理制度提出合理的改善意见,以备之后更加科学地管理。

(四) 海洋危机管理系统

海洋危机管理系统最重要的就是要做到制度化和科学化,而科学有效的海洋危机管理需要明确的组织保障。对于危机管理系统的组成,不同学者有不同的观点。中国人民大学张成福教授认为,一个好的危机管理体系由 8 个系统组成:知识和信息系统、计划系统、预警系统、指挥系统、行动系统、评估系统、复原系统、学习创新系统。经济学家张曙光认为,危机管理系统包括组织决策和指挥系统、信息传输和处理系统、物资准备和调度系统、人员培训和技术储备系统。综合各种观点,结合海洋危机的特点,从职能清晰、科学合理、便于理解和实践操作的角度出发,我们将海洋危机管理系统划分为以下 5 个子系统:海洋危机管理信息与预警系统、海洋危机管理计划与评估系统、海洋危机管理指挥系统、海洋危机管理咨询系统、海洋危机管理行动系统。

1. 海洋危机管理信息与预警系统

海洋危机管理信息与预警系统具有 5 项基本职能:海洋危机信息收集与分析、海洋危机预警、海洋危机监测、海洋危机信息发布与媒体管理及海洋信息沟通。若有对抗性海洋危机事件,海洋危机管理信息与预警系统还具有信息沟通的功能。

(1) 海洋危机信息收集与分析。掌握全面、准确的信息对于海洋危机管理是至关重要的。海洋危机管理信息与预警系统首先应该具有一个多元化、全方位的信息收集网络,能够将真实的信息以完整的形式收集、汇总起来,并加以分析、处理,去粗取精、去伪存真,并通过快捷、高效的信息网络将海洋危机事件的信息和事态发展情况传送到海洋危机指挥系统(海上搜救中心)和相关部门。

(2) 海洋危机预警。在信息收集与分析的基础上,对收集到的信息进行鉴别和分类,全面清晰地预测各种海洋危机情况,捕捉海洋危机征兆,对未来可能发生的海洋危机类型及其危害程度做出预测,并在必要时向决策者建议发出海洋危机警报,启动海洋危机应急处理程序。

(3) 海洋危机监测。在确认海洋危机发生后,对引起海洋危机的各种因素和对海洋危机的发展进行严密的监测，及时搜集海洋危机状态的有关信息，特别是要监控掌握能够表示海洋危机严重程度和进展状态的特征信息，对海洋危机的演化方向和变化趋势做出分析判断，以便使海洋危机处理指挥机构能够及时掌握海洋危机动向，并且调整对策，使海洋危机处理决策有据可依。

（4）海洋信息发布与媒体管理。当海洋危机发生时，在情况不明朗、信息不完整的情形下，极易导致人们主观猜测与种种传闻。信息发布与媒体管理要求恰当地选择媒体，尽量及时、准确、全面、客观地发布有关信息。即使在海洋危机发生初期不能确切、全面地掌握情况，也应及时、客观地发布有关信息。

（5）海洋信息沟通。海洋危机管理中与利益相关者及有关政府部门、社会团体及时有效地沟通信息，是取得相关人员和机构理解、谅解、配合和支持的前提。在对抗性海洋危机，如海上保安危机、海盗等海洋危机事件的处理中，信息沟通包括两个方面：建立冲突双方之间的谈判沟通渠道，维持沟通渠道通畅，减少误解；洞悉对方的动机、实力和决心，使双方能有针对性地拟定有效的海洋危机处理方案。

海洋危机管理信息与预警系统的组织设置包括三个方面：

（1）信息收集及传递网络。信息收集及传递网络由能够感知海洋危机征兆的信息收集节点和连接信息收集节点与信息处理及分析中心的信息传递网络组成。信息传递网络可以是树型结构，也可以是网状结构，一般来说，后者的信息传递效率更高些。

（2）信息处理及分析中心。在当今信息社会，缺乏的不是信息，而是信息处理能力。过量的、相互矛盾的、未经去粗取精的信息经常会起到负面作用，因此海洋危机信息处理与分析中心的设立是必不可少的。只有经过处理的信息，才能传递给海洋危机管理最高指挥机构。海洋危机信息处理与分析中心的设置可以是分层次的，即信息网络中的下级将分析处理后的信息向上级汇报；也可以是集中设置的，即将全部信息无损失地汇总并集中处理，然后再有选择地向不同机构传送。两种方式各有利弊，在实践中，应根据信息量的大小、海洋危机紧迫程度来合理选择海洋危机处理及分析中心的设置方式。

（3）信息发布及媒体中心。信息发布及媒体组织保障一般是设立发言人，建立媒体中心。为避免不明实情的人员随意对外发言，扭曲事实，造成无谓的困扰，海洋危机处理单位应当设立发言人制度。发言人由一位能掌握海洋危机进展及应对状况，且反应灵敏、逻辑严密、表达清晰的人员担任，定期或不定期地通过常设或临时的媒体中心向外发布权威的信息，与公众和媒体保持良好的互动关系，以正视听并争取理解和支持。

2. 海洋危机管理计划与评估系统

海洋危机管理计划与评估系统具有 5 项主要职能：海洋危机预防，制定海洋危机管理预案,协调与促进立法,海洋危机处理培训与演习,评估反馈与学习创新。

(1)海洋危机预防。海洋危机预防是海洋危机管理的重要环节。加强海洋危机预防工作,是海洋危机处理最简便、经济的方法,能够起到事半功倍的作用。海洋危机预防首先是增强海洋危机意识,然后是建立海洋危机自我诊断制度,如有隐患则采取必要的措施予以弥补,从根本上减少乃至消除海洋危机发生的诱因,这样才能防患于未然,将海洋危机消弭于无形。

(2)制定海洋危机管理预案。只有在未发生海洋危机时就制定海洋危机对应方案,才能临危不惧。海洋危机管理预案建立在对海洋危机的预见基础上,包括海洋危机管理组织预案、海洋危机处理措施预案和海洋危机处理程序预案。有了海洋危机管理预案,才能在海洋危机发生后迅速启动海洋危机预案,按照既定的程序和规划开展工作。这样既可以提高效率,缩短反应时间,也有利于少走弯路,避免急中出错,提高海洋危机应对的效果。海洋危机管理预案还要做好资源储备或准备,包括高素质的人力资源,能够保证及时投入的物力、财力资源。

(3)协调与促进立法。海洋危机的到来影响社会的正常运转,给人们的正常生活带来了挑战。海洋危机处理中政府不可避免地要行使紧急权力。在现代法治社会中,必须依靠法律来调整紧急状态下的种种社会关系,防止因海洋危机发生而导致整个国家和社会秩序的全面失控。因此,必须制定相应的法律法规,规定在海洋危机时期如何处理不同的国家权力之间、国家权力与公民权利之间以及公民权利之间的关系,支持和监督政府的行为,对政府的行为进行规范与授权。这样既保障海洋危机管理机构在紧急状态下充分有效地行使紧急权力,又保护公民的一些基本的宪法权利不因海洋危机的发生而遭到侵害。立法之事非一朝一夕之功,必须及早谋划。

(4)海洋危机处理培训与演习。开展海洋危机处理教育和培训,增强相关人员的海洋危机管理意识和技巧,培养群众的海洋危机意识,提高其应变能力,增强其心理承受力。进行海洋危机管理的定期模拟训练,检验海洋危机管理系统运行效率及海上危机管理预案,提高相关人员的海洋危机应对水平,将及时解决发现的问题,完善海洋危机管理预案。

(5)评估反馈与学习创新。评估反馈与学习创新这项职能是对海洋危机管理系统的有效性和海洋危机管理计划或预案执行情况及实施效果的评估。例如,海洋危机预防措施是否得力,海洋危机管理指挥机构是否具备领导能力,海洋危机管理计划是否完备,海洋危机管理的工作分工和流程是否合理,是否有充足的资源储备和完善的资源管理机制,海洋危机管理信息渠道是否畅通,媒体管理是否成功,相应的法律、法规是否需要完善等。在评估反思的基础上,详尽地列出海洋危机管理中存在的各种问题,通过研究论证提出整改措施,并责成有关部门逐项落实。通过学习、创新、改进、完善原有的海洋危机管理系统和过程,以便提高日后的应对能力。

海洋危机管理计划与评估系统的组织设置:①海洋危机管理计划机构。主要承担制定海洋危机预防措施,拟订海洋危机管理预案,协调与促进立法等职能。②海洋危机管理评估机构。海洋危机管理评估应是多元化的,不仅有政府海洋危机管理系统的内部评估,还应有广泛的社会监督与评估,包括有关咨询机构从专业角度进行的评估,大众媒体和社会中介组织从民意角度进行的评估。③海洋危机管理培训机构。其负责对相关人员进行海洋危机处理专业培训,以及增强群众的海洋危机意识。一般来说,海洋危机管理培训机构应该是常设的,并且针对海洋危机管理的不同子系统、不同的人员制订不同的培训计划,有针对性地进行岗位培训。此外,不定期或定期地开展各种规模的海洋危机处理演习,可以检验海洋危机管理系统的反应能力及效率,增强海洋危机处理人员身临其境的实战能力。

3. 海洋危机管理指挥系统

海洋危机管理指挥系统的职能包括:海洋危机处理决策、海洋危机处理指挥与协调。

(1)海洋危机处理决策。在海洋危机发生时,海洋危机处理的指挥系统是整个海洋危机处理机制的核心。海洋危机管理预案尽管力求考虑到各种可能情况的发生,但海上问题的实际复杂性常常大大超出预先的设想;而决策者在海洋危机事态中所拥有的决策时间是有限的,决策中枢必须要对海洋危机事态迅速做出适当反应。因此,这一机构核心要拥有坚强的决心、顽强的意志和非凡的决策与组织能力;它既要倾听不同专家的意见,从而获得更多的政策备选方案,又要权衡得失、当机立断,尽快控制海洋危机局面的蔓延与扩大。

(2)海洋危机处理指挥与协调。海洋危机处理工作通常是跨部门、跨地域的,不仅会影响到许多正常的工作和业务流程,还要及时进行信息的通报与资源的调拨分配。强大的海洋危机处理指挥与协调能力,可以保证各个海洋危机管理机构之间口径一致、步调协调、协作支持并迅速行动。

海洋危机管理指挥系统的组织设置:①常设的海洋危机管理指挥机构。中华人民共和国海上搜救中心和各省政府的海上搜救中心就是我国海洋危机管理常设的指挥机构。②海洋危机管理最高决策者。海洋危机管理指挥机构以海洋危机管理最高决策者为核心,最高决策者既可以是个人,也可以是一个群体。决策者需要了解有关海洋危机管理的历史经验教训、有关理论与方法,熟悉海洋危机管理预案,这样才不至于在海洋危机到来时匆忙上阵、武断决策。决策者同时还必须具有高瞻远瞩的才能,具备明确而果敢的决断力、敢于负责的品格和雷厉风行的作风。因为在突发性海洋危机面前决策者的优柔寡断和软弱无力,都可能贻误时机,使海洋危机扩大。海洋危机决策者应该具有系统处理问题的能力,因为危机是系统问题。

4. 海洋危机管理咨询系统

海洋危机管理咨询系统可分为技术咨询系统与管理决策咨询系统。

(1)技术咨询系统。它的主要职能是为海洋危机管理提供专业技术知识支持,不同的海洋危机管理涉及不同的专业技术知识。以海上溢油为例,无论是信息分析与预警、海洋危机处理预案的拟订,还是海洋危机指挥决策、具体的海洋危机处理行动等,都需要专家的介入。没有强有力的技术分析与支持工作,有效的海洋危机处理将无从谈起。某些技术支持系统,可以视为海洋危机管理行动系统的一部分。

(2)管理决策咨询系统。管理决策咨询系统的主要职能是为海洋危机管理提供决策支持,辅助其他几个系统的决策。具体地说,该系统可承担或参与整个海洋危机管理系统的体制、机构设置和运行机制设计的研究论证;承担或参与海洋危机预防措施、海洋危机管理预案、海洋危机发生后的决策与执行;承担海洋危机评估及海洋危机管理改进等方面的管理决策分析与设计。

平时一般不需要建立专门的海洋危机管理咨询系统,各咨询功能以不同方式由各种专业技术机构和管理咨询组织承担。一旦海洋危机爆发,需要选择一些专家或研究机构,构建专门的海洋危机管理咨询系统。这些咨询系统一般都不是常设的,而是以完成某项明确任务为目的设立的。

5. 海洋危机管理行动系统

在海洋危机演进的不同阶段,海洋危机管理行动系统有不同的职能重点。

(1)海洋危机控制与解决。在海洋危机萌芽或发展阶段,海洋危机管理行动系统的工作重点是找出海洋危机发生的原因,按照海洋危机管理指挥系统的决策,隔绝与"冷冻"海洋危机,防止海洋危机的扩大与恶化,以达到化解海洋危机的目的,这是中华人民共和国海事局的重要职能之一。危机爆发后,分头采取行动,力求最早、最快地控制海洋危机,并尽量减少海洋危机造成的损失。这是海洋危机管理中最复杂,也是表面化的行动,同时也是中华人民共和国海上救援局的重要职能。

(2)海洋危机善后与复原。在海洋危机消除后,海洋危机管理行动系统将充分调动各种社会资源,以恢复海洋危机前的状态为首要目标,解决海洋危机所产生的后续问题,如社会正常秩序的恢复、人员的安抚照顾、组织架构的重建、形象口碑的再造以及经济援助等。

海洋危机管理行动系统是处置海洋危机的直接机构,它的主要职责是有效执行海洋危机管理指挥系统的决策,保证在海洋危机发生以后,海洋危机处理决策能够得到各部门有效的配合,从而化解危机。一般来说,海洋危机管理行动系统是一个包括国家安全、公安、消防、医疗、卫生、交通、社会保障等部门的庞大体系。判断这个系统有效程度的关键,就是能否有效执行海洋危机管理指挥系统的决策,在最短的时间内调度社会资源来解决海洋危机。

专职的海洋危机管理行动系统是常设的,主要用于应对频发的、需要高度专业技能处理的海洋危机;对于非频发的、应对相对程序化的海洋危机,可以根据海洋危机管理预案,在海洋危机征兆明显时或海洋危机爆发后立即成立临时性的海洋危机管理行动系统;在海洋危机事件达到一定等级时,职能机构中的相关部门便转化为海洋危机管理机构。这种专门职能机构主要包括:公安、消防、医疗单位、工程技术人员和专家等,同时,在专门职能部门中还设立专门应对海洋危机的常设危机管理处,在海洋危机爆发时专门处置本专业的紧急事务。

三、案例分析

案例5.1 美国墨西哥湾原油泄漏事件

(一)内容梗概

2010年4月20日,英国石油公司在美国墨西哥湾租用的钻井平台"深水地平线"发生爆炸,导致大量石油泄漏,酿成一场经济和环境惨剧。美国政府证实,此次漏油事故超过了1989年阿拉斯加埃克森公司瓦尔迪兹油轮的泄漏事件,是美国历史上"最严重的一次"漏油事故。很多国家向美国运送了设备及人员,以帮助美国尽快处理污染问题。伊朗虽然与美国在核能项目上存在严重冲突,也向美国提供打减压井的技术。美国海岸警卫队2010年4月24日说,"深水地平线"钻井平台爆炸沉没约两天,海下受损油井开始漏油。这口油井位于海面下1 525米处。海下探测器探查显示,钻井隔水导管和钻探管开始漏油,估计漏油量为每天1 000桶左右。"我们认为这是一起严重的溢出事故。据估计每天平均有12 000到100 000桶原油从深水地平线钻井平台下方的一口井涌入墨西哥湾。"从2010年4月20日到7月15日之间,大约共泄漏了320万桶石油。导致至少2 500平方千米的海水被石油覆盖着。专家们担心此次漏油会导致一场环境灾难,影响多种生物。此次漏油还影响了当地的渔业和旅游业。2010年7月15日,英国石油公司宣布,新的控油装置已成功罩住水下漏油点,"再无原油流入墨西哥湾"。

发生事故的钻油平台是可移动半潜船式,专门用于深海探勘,于事故发生时已服役了9年,且一直保持优良的安全纪录。曾于2009年9月创下油井钻探最深的世界纪录。也由于该平台表现始终良好,故英国石油公司从2001年起,多次延长租约至2013年9月。在4月20日晚上九时四十五分发生井喷,甲烷引发大火及爆炸,钻油台很快就陷入火海中。事发当时,平台上有126位隶属于不同公司的工作人员。大多数工作人员用救生艇撤离或由直升机救起,但有11名工作人员失踪。美国海岸警卫队进行72小时搜救,但仍未发现此11人,故推定他们在爆炸中罹难。事发之后,多艘船舰参与扑灭大火,但没有成功。钻油台燃烧约36小时后,最终于4月22日早上沉没。事故现场人员发现在沉没当日的下午1时开始漏油,并继续蔓延。英国石油公司估计,在最坏的情况下每日泄漏162 000(25 800立方米/日)桶原油。

美国海岸警卫队和海洋能源管理局在2011年9月公布的调查报告认为用于加固油井的水泥出现问题是原油泄漏的主要原因。马孔多油井在漏油事故发生前已存在预算超支、监测设备异常等问题。英国石油公司和哈利伯顿公司在实施油井水泥工程时,减少注入油井的水泥量以节约开支,造成油井安全出现问题。

墨西哥湾漏油事故发生后,漏油事故附近大范围的水质受到污染,不少鱼类、鸟类、海洋生物以至植物都受到严重的影响,如患病及死亡等。路易斯安那州、密西西比州和亚拉巴马州的渔业进入灾难状态,过半数受访者不满意当时总统奥巴马处理事故的表现。有官员指,墨西哥湾沿岸有超过300只海鸟因为油污死亡。美国当时总统奥巴马表示墨西哥湾漏油的影响如同"9·11"恐怖袭击。美国政府在11月份的调查报告指出,有6 104只鸟类,609只海龟,100只海豚在内的哺乳动物死亡,这个数字可能包括了死于自然原因的动物,所有因深海漏油而死亡的数据断定尚待时日。

美国海岸警卫队和海洋能源管理局的调查报告建议开发一套测试钻井平台运行安全性的标准化程序;改进钻井平台的安全设计以防止可燃气体进入控制室;加强防爆阀门组等。报告还建议政府加强监管,要求运行方提供完备的油井控制报告,对深水钻井平台进行突袭式抽查。英国石油公司建造了一个期望能降到1 500米海底深的4层楼高巨型"金钟罩",罩住漏油的地方,让原油保留在金钟罩里,然后再抽回到海面上接应的油轮。但是深海水温太低,导致金钟罩内部累积了大量的冰晶,中途就无法正常运作,最后这项计划宣告失败。英国石油公司被美国政府要求成立一个200亿美元的基金来处理这个事故。同年7月,利比里亚籍的台湾地区除油船鲸鱼号(A Whale)抵达墨西哥湾,在测试成功后投入海水油污清除作业,但因除油效果不佳,退出除油作业。漏油数个月后,海水中高浓度甲烷被快速繁殖的深海嗜甲烷菌所吞灭,甲烷迅速地回归正常值。

2012年11月,英国石油公司与美国达成和解,接受12.56亿美元刑事罚款,另外提供23.94亿美元支付给野生动物基金会用于环境补救行动及3.5亿美元提供给美国国家科学院。此外在未来三年向美国证交会支付5.25亿美元。

2015年10月6日,美国司法部宣布英国石油公司将以208亿美元代价与美国政府和解,彻底解决此次漏油事故所有求偿。该款项包括所有几百个地方政府的求偿,美国清水法案罚款,天然资源损害赔偿在内所有政府相关求偿内容。而208亿美元的和解代价刷新了美国司法当局有史以来最大的单一个案和解金额。

这起事故也在 2016 年被改编成电影《怒火地平线》。

资料来源：

1. 新浪网. 墨西哥湾又一钻井平台发生爆炸[EB/OL]. (2010 - 09 - 03)[2017 - 05 - 03]. http://sc. stock. cnfol. com/100903/123,1764,8357163,00. shtml.

2. 中国新闻网. 英国 BP 石油公司将发布墨西哥湾漏油事件调查报告[EB/OL]. (2010 - 09 - 08)[2017 - 05 - 03]. http://news. ifeng. com/world/special/moxigewanlouyou/zuixinxiaoxi/detail_2010_09/08/2464617_0. shtml.

（二）要点分析

1. 事故缘由

一家石油公司要生存,那么它每年找到的石油必须超过其销售。BP 公司在之前的 17 年里都做到了这一点,墨西哥湾对此作出了巨大贡献。随着石油需求的不断增加,对新石油来源的竞争也日益加剧,石油勘探活动空前频繁,随之而来的风险也大大提升。为了开采更多的石油,石油公司往往挑战自己的技术和操作极限,在水下 2 英里(约合 3 219 米)或更深处钻探,而这些本应保证行业安全的监督机构却开始变得容易妥协,没能提供和石油行业的发展速度相匹配的有效监管。形象地说,有关监管机构就像被拔掉獠牙的猎犬——形似威严,实无作为。前美国矿业管理局(MMS)作为美国内政部的下属机构,其法规和标准比飞速发展的海上石油开采业落后若干年,整个机构混乱不堪。该管理局安排了约 60 名检查员监视 4 000 个海上钻油平台,其中一些检查员一个人就负责 20 多个油井。

墨西哥湾地区密切交织的文化以及监督被监督行业之间的乱套近乎的"亲密"关系,导致出现了这样一种尴尬境况:有时候石油公司的工程师自己用铅笔在检查表上填写内容,随后联邦检查员用钢笔把这些内容描一遍,就算做完。海上钻油公司还邀请检查员参加打猎等活动。此外,除了这些文化上的弊病以外,还存在着各种机制性弊端。前总统小布什和副总统切尼在入主白宫之前均是石油公司的高层管理人员。他们不仅支持对探明石油含量居世界第四位的国家伊拉克发起战争,同时也颁布了旨在促进国内石油生产的能源政策。在墨西哥湾,这些能源政策则意味着加快了海上油井作业(如 BP 在 4 月份失控的油井)的审批进程,降低了对环境评审充分性和泄漏事故应急方案有效性的要求。墨西哥湾所发生的一切和美国其他各地发生的类似情况遥相呼应:提高能效和节约能源的大部分努力都遭到严重阻碍,一定程度上是由于石油公司、天然气公司和煤炭公司的反对。同时,受国会之命保护公众利益的机构大部分缺乏资金,工作人员中也安插上了上述行业的人,并且这些机构经常遭到新闻媒体的恶言攻击。

2. 应对措施

当马孔多油井发生井喷事故时,BP 公司却对如何阻止漏油束手无策,也没有任何现成的堵漏设备。从总统到普通民众,全美自上而下只能绝望而愤怒地看着每天 200 多万加仑的原油涌入美丽而生态脆弱的海湾。除了油污本身,用于清除油污的化学分散剂的使用也遭到质疑。到 2010 年 7 月底,BP 已经向海水中和喷油井口喷洒、注入了 184 万加仑的化学分散剂。其中三分之二的化学分散剂用在海面,另外三分之一用在发生泄漏的井口区域——水下 5 000 英尺处(约合1 524 米),而分散剂本身是有毒的。更可悲的是,用在墨西哥湾的分散剂和 20 年前"埃克森·瓦尔迪兹"漏油灾难发生时所用的分散剂没什么两样,毫无进步,这是因为整个石油行业在漏油清理技术及材料的研究方面投入甚少。当事态不断恶化扩大,BP 承诺提供 200 亿美元的应急基金,用以赔偿漏油事故对墨西哥湾造成的破坏及当地居民的损失。2010 年 8 月,BP 公司首次向托管账户支付了 30 亿美元。然而,墨西哥湾地区大部分人似乎对此并不满意。餐馆、旅馆和其他业主都在抱怨同一件事情:他们向 BP 提出的索赔经审查后大打折扣,然后拿到的赔偿远远不足,根本无法弥补他们的损失。

石油行业是一个将手伸向每个角落的行业,它的庞大和覆盖面之广超乎人的想象,可谓铺天盖地。同时,石油巨头富可敌国,可以"呼风唤雨"。但我们也要看到:这是一个关于某一企业甚至整个行业极度自我膨胀造成的悲剧,是一个关于走"捷径"、忽视警示而错失机会的结果;它还是一个关于人类依赖于单一燃料而允许石油公司冷酷无情地运营,置最基本的安全保障于不顾的事故。

3. 案例反思

由于 BP 墨西哥湾漏油事故不仅造成了严重污染,还造成了 11 人死亡,尽管目前事故油井已经彻底封堵,但整个事件的影响还没有彻底结束。关于事故的原因及教训,各方面的分析意见比较多,既有公众、媒体和环保组织的谴责、指责之声,也有政府、组织和企业的袒护之辞。但观其主流,大都对政府的危机应对和石油公司的应急处置持肯定的态度。这值得我们深刻反思和借鉴学习。为此,我们可以结合这次典型事件的案例进行分析,从众多而不是特例、普遍而不是个案,找出一些共性的问题,研究机制、体制和文化问题,进而在企业应急处置和政府应对危机管理方面,向安全文化建设的更高层次发展。

(1)把事故当资源。BP 石油公司既是国际油气开发的先行者,也是世界石油工业的领头羊。BP 的发展模式被各跨国石油公司采用和效仿,BP 发展壮大的轨迹正在被众多的追随者寻觅和跟进。BP 公司在墨西哥湾漏油事故中所遇到的一些情况,我们也许正在或将会遇到,从这个意义上来看,BP 所犯的错误,任何人不敢保证不会在我们今后的发展中再犯。因为这与公司规模、业绩、形象和技术无关,这是一系列我们通常用来分析事故都会提到的低级错误、失误导致的,是我们的行为习惯、观念意识导致的,说到底,是反应机制、体制的安全文化所决定的。虽然事故的发生都有其特定的条件和偶然因素,但从事故机理和统计规律来看,都有其共性的特点和必然的因素。另外,墨菲定律也告诫我们,凡是有可能出错的事情,必将会出错。发生事故是偶然中的必然,为了减少损失,就要善于向事故学习,把事故当作资源,吸取教训,使事故不再发生。

(2)加强政府危机管理。政府作为监督责任主体,必须不断加大监督和对安全工作的指导力度,同时,研究突发事件的发生规律、变化机理,建立相应的信息网络、联动机制,提高政府应对危机的能力。在这次事件的应对中,美国奥巴马政府多次成为事件的焦点,曾遭遇媒体、环保组织的质疑以及公众的信任危机。就连美国负责调查墨西哥湾漏油事件的总统委员会在 2010 年 10 月 6 日都表示,漏油事件发生后,奥巴马政府对英国石油公司控制泄漏油井的能力过于乐观,并在最初的 10 天内封锁了相关信息。该委员会还批评白宫在事件早期封锁有关漏油量最坏估计的信息,并认为,这影响到政府征集资源应对危机的速度。由此可见,政府在应对事件危机方面还有许多工作要做,必须大力加强。

(3)提高企业应急能力。企业是安全生产责任主体,必须加强应急处置能力建设。按照国家一案三制应急管理体系建设的要求,企业的应急能力不仅体现在完善应急预案,加强组织、制度和救援保障能力建设,更重要的是实现关口前移,发挥第一时间、第一现场的初期处置和救援响应作用,把事态控制在萌芽或初发状态,从机制、体制及安全文化上解决信息报送不及时,前期应急处置不当的事件应对通病。石油石化是技术密集、资金密集和劳动力密集的高风险行业,必须始终把生产安全当作天字号工程、第一责任抓实抓好,在技术、资金、管理上不打无把握之仗。企业发展与规模首先要以科技为先导,以能力为保障,实现安全发展。在生产经营管理中,宁可把困难想得难一些,想得多一些,时刻从思想、组织和行动上做好准备,而绝不能对事故隐患、事件苗头有丝毫的放松和麻痹,更不能凭侥幸蛮干。重大突发事件应急管理的实践告诫我们,要时刻牢记安全无小事,对看似不易发生的小概率重大事件,必须实行零容忍的管理原则,一手抓预防、一手抓应急。要通过对企业生产经营活动及过程的全面风险分析和研究,加快应急物资、救援等能力建设,做足、做好应急准备,确保及时、有效处置各类突发事件。

(4)提升公众应急意识。文化是群体的行为习惯,公众的知情和参与有时会对事件的演变起着关键性的作用。由于现代化进程的加快、对资源开发利用的加深、网络通信的普遍运用、人员交往和贸易增多等因素的影响,经济、社会和自然界都已进入一个各类突发事件发生概率更大、破坏力更大、影响力更大的阶段。人类社会面临的公共安全形势,呈现出多灾频发、并发,灾害衍生蔓延等特点。基于这一形势的判断和分析,我们就必须把提高公众的应急意识放在重要位置,当作应急工作的一个重要方面,认真研究和抓好。面临或面对突发事件,公众的知情、判断能力和恐慌心理交织并存,政府、企业必须及早部署,提前应对。一方面,要通过有关应急法律、法规和知识的普及,提高公众的参与和责任意识。另一方面,在发生突发事件时,应及时报告和公开事件情况,避免出现公众的猜测和恐慌。同时,公众也要自觉提高应急知识和意识,树立信心和积极配合政府、企业处置突发事件,把事故影响和损失控制到最低,把恢复重建工作开展得更及时有效。

附:"埃克森·瓦尔迪兹"号油轮漏油事故

1989 年 3 月 24 日,美国埃克森公司的一艘巨型油轮在阿拉斯加州美、加交界的威廉王子湾附近触礁,原油泄出达 800 多万加仑,在海面上形成一条宽约 1 千米、长达 800 千米的漂油带。事故发生地点原来是一个风景如画的地方,盛产鱼类,海豚海豹成群。事故发生后,礁石上沾满一层黑乎乎的油污,不少鱼类死亡,附近海域的水产业受到很大损失,纯净的生态环境遭受巨大的破坏。这是一起人为事故,船长痛饮伏特加之后昏昏大睡,掌舵的三副未能及时转弯,致使油轮一头撞上暗礁——一处众所周知的暗礁。

案例 5.2　世界海洋危机

(一)内容梗概

作为当代世界最主要的能源,石油广泛用于交通运输、石化等行业,被称为"黑色黄金",但石油也会给其所到之处——海洋、河流或者地表的所有生物带来致命危险。2010 年 4 月 20 日,墨西哥湾"深水地平线"海洋石油钻井平台发生重大原油泄漏事件,面积逾 250 平方千米的油污漂向美国路易斯安那州和佛罗里达州沿岸,给当地经济和海洋环境造成严重破坏。据专家估计,目前每年平均约 600 万吨石油和石油产品流入大海。随着石油开采和石油产品生产的增加以及运输量的增长,海洋受污染的风险将显著提高。人类对世界海洋资源的开发日趋活跃,海洋也越来越激烈地对抗这一过程。2011 年 3 月 11 日,日本东北部海域发生大地震并引发海啸,造成福岛第一核电站发生核泄漏事故,海水受到放射性污染。同其他许多自然灾难一样,这起事故应当使在富饶但充满危险的海洋从事经济开发者有所警醒。

警醒一:海洋是民众生活和财富的源泉。海洋约占地球表面积的 71%,对于我们生活的星球意义重大。海洋是生物圈的重要组成部分,被称为"地球之肺",源源不断地为人类提供氧气保障。空气中约 70% 的氧气来自海洋浮游生物的光合作用。海洋为居民经济活动提供了广阔空间。各种船舶穿行于世界海洋之间,这里有丰富的生物资源,海底蕴藏着大量人类刚刚着手开采的矿物资源。海洋是最重要的鱼类和海产品基地,中国、挪威、美国、加拿大、智利、印度尼西亚、冰岛、日本等沿海国家不仅是渔业大国,而且是重要的鱼类和海产品出口国。值得一提的是,鱼类捕捞业以较小生产单位为主。例如,在占世界渔业份额 80% 的亚洲,70%~80% 的渔业经济属于小型经济。此外,海洋具有双重意义,既可以连接不同国家,也能够隔断彼此的联系。海岸边界上不乏防御工事、边防哨所、军事基地、机场和港口等典型的国家特征。例如,俄罗斯拥有3.88万千米海岸线,占边界总长度的72%。海洋是俄罗斯开展对外贸易活动的重要门户,俄罗斯约60%的进出口货物依靠海洋运输。俄罗斯的大陆架集中了大量油气资源。锡、钛、镍、钴及其他矿物质蕴藏量丰富。

警醒二:海洋辽阔而脆弱。海洋污染主要来自人类经济活动,其中包括人的因素以及科技发展水平落后,难以保证技术问题的安全解决。后者是2010年4月墨西哥湾"深水地平线"钻井平台漏油事件的关键原因。4·20事件成为美国历史上最严重的生态灾难,这是一个分水岭。此后,世界各国开始重新评估防止和消除石油及石油产品开采运输生态风险措施的可靠性。墨西哥湾(已有数百座石油钻井平台进行采油作业)、美国和世界其他地区开采大陆架油田的生态安全问题随之浮出水面。2010年末仅在美国深水钻探就保障了30%的石油开采量。到2010年为止,全球大陆架共发现3 000座油田,其中1 000座左右处于开采状态,海洋为人类提供了32%的石油和25%的天然气。1/3的汽车、飞机、拖拉机和坦克使用的汽油,以及1/4燃具使用的液化气来自海底石油。2005—2009年间,半数以上的新油气储备位于大陆架,其中依靠深水和超深水钻探技术发现的油田占40%。墨西哥湾石油泄漏事件并非世界采油史上的首次事故。美国每年发生数千起小型泄油事故,大规模原油泄漏则极为少见。但鉴于钻探深度呈增加趋势,发生事故的风险将上升。对灾难统计进行的分析表明,设计失误和在生产过程中技术系统发生故障占事故原因的50%,极端自然现象占30%,航行事故占15%,其他原因(恐怖活动、战争造成的生态后果等)占5%。英国劳埃德保险公司提供的资料说明了国际航行包括石油运输的危险程度。据其估计,往来于世界2 800多个港口的船只超过4.6万艘,长期在海上生活的海员达120万人,其中完全可能存在不轨之徒。以索要赎金为目的劫持油轮事件屡见不鲜。目前,恐怖活动的威胁日益加强,全球海洋出现若干高风险区域——达摩克利斯之剑高悬于最活跃的海上交通要道。

警醒三:需要进一步研究墨西哥湾石油泄漏事故造成的后果。已经弄清的是,在原油大量外泄过程中事发水域叶绿素浓度急剧下降,墨西哥湾海水以及墨西哥湾暖流的循环可能遭到破坏,这将对整个欧洲的气候产生严重影响。这场灾难引起国际社会的高度关注。美国宣布暂停在墨西哥湾进行石油钻探作业,取消阿拉斯加州和弗吉尼亚州大陆架油气田区块拍卖计划。与此同时,开始讨论暂停10年深海石油钻探的可能性,据美国能源部估算,此举将使美国石油开采量每年减少数千万吨。美国政府迅速对燃料能源综合体的采油部门进行彻底改革,旨在强化大陆架油田勘探工作的管理,提高现行安全标准,加强新项目安全评估可靠性的监督。美国总统奥巴马建议由石油公司完全承担墨西哥湾漏油事故造成的损失。针对这起事件,2010年6月,美国司法部对英国石油公司(钻井平台租赁方)、越洋公司(钻井平台所有人)和哈里伯顿公司(为油井提供固井服务)启动刑事和行政调查。司法部部长埃里克·霍尔德表示:"我们将处罚所有违法者。要知道,事故已经变成一场灾难。"埃克森美孚石油公司、康菲公司、雪佛龙公司和壳牌公司等大型油企迅速作出反应,宣布成立海上油井封堵公司,这个非营利机构的主要任务是防止深度超过3 000米的油井发生泄漏事故。英国石油公司后来也加入其中。俄罗斯政府对事件表示关切。2010年5月,俄罗斯总统梅德韦杰夫委托相关部门制定《防止石油污染俄罗斯海域法》。在多伦多二十国峰会上,梅德韦杰夫总统提议设立专门基金,旨在在发生重大漏油事故的情况下补偿消除石油泄漏后果的支出。采油企业应为此类基金提供资金。在俄罗斯的积极参与下,多伦多二十国峰会通过决议,呼吁交流海洋环境保护和防止石油勘探、开采和运输事故的经验。2010年11月韩国首尔二十国峰会再次提议交流世界海洋保护经验。2010年11月30日,在向联邦委员会发表的年度国情咨文中,梅德韦杰夫总统提出交流防止和消除海上石油泄漏后果先进经验的任务。

墨西哥湾原油泄漏事件使加快北极大陆架开发的问题取得进展。2011年1月15日,俄罗斯政府总理普京宣布,俄罗斯石油公司和英国石油公司就联合开发储量为50亿吨石油和10万亿立方米天然气的北极大陆架区块达成一致。普京表示,政府打算为项目的实施提供最有利的税收制度和行政制度。在合资企业中,俄罗斯公司占67%的股份,英国公司占33%的股份。此外,双方将互换股票,英国石油公司将持有9.5%的俄罗斯石油公司股份,俄罗斯石油公司将持有5%的英国石油公司股份。这宗交易价值大约78亿美元。虽然斯德哥尔摩的仲裁法庭以一纸决议终止了双方协议的实施,但相关谈判仍在继续。专家建议5～10年后开始开采北极大陆架石油,而整个俄罗斯北极地区新油气田开发纲要预计持续50年。对俄罗斯而言,开采北极地区石油从客观上来说非常必要。根据俄罗斯联邦自然资源和生态部资料,俄罗斯75%以上的矿区处于开发状态,矿区平均采空率接近50%。俄罗斯的石油采收率略超过30%,而世界该项指数则为40%～45%。墨西哥湾发生的生态灾难使人们从全新角度看待另一个污染海洋环境的现实威胁,即与船舶运输石油和石油产品有关的威胁以及液态能源的管道运输威胁。回顾一下近年因油轮事故引发的最严重石油泄漏事件:1967年3月,"托利·卡尼翁"号油轮在英国西南部的锡利群岛触礁,十余万吨原油污染了约270千米法国和英国海岸;1978年3月,美国"阿莫戈·卡迪兹"号油轮在法国布列塔尼沿岸搁浅,约300千米海岸线受到污染;1979年7月,"大西洋女皇"号和"爱琴海船长"号油轮在加勒比海相撞,29万吨原油外泄到海水中;1989年3月,埃克森公司所属油轮"瓦迪兹"号在阿拉斯加海域搁浅,数万吨重油流入大海,2 000千米海岸受到污染;1991年1月,占领科威特的伊拉克军队从油轮中向波斯湾水域倾泻了 150 万吨原油,并且点燃了 700 口油井;2002 年 11 月,"威望号"油轮在西班牙海域附近断裂并沉没,6.4 万吨重燃料油泄露。该事件后欧盟全面禁止单壳油轮进入欧盟港口。在 1970—2008 年的近 40 年间,世界海运规模增长了 2 倍多,从每年 26 亿吨增加到 82 亿吨。① 按吨海里计算,同期海运总规模从 10.6 万亿增加到 32.7 万亿。② 2008 年,石油及石油产品运输约占海运总量的 34%(总量为 27 亿吨,其中石油 18 亿吨,石油产品 9 亿吨)。③ 全球 45% 以上的石油和约 25% 的石油产品经由海路运输。④ 2009 年,油轮和液化气运输船占世界船舶总吨数的 38%。油轮载重量增长迅猛:1966 年载重量超过 16 万吨的油轮全世界仅有一艘,目前则约有 600 艘。一旦该吨级油轮发生事故,世界海洋将遭受巨大污染,30 万吨油轮出现事故可能产生的后果更是难以想象。事故风险与船队的船龄结构存在联系。目前 40% 油轮(占船舶总吨位的 13%)的船龄达 20 年或以上。

资料来源:
1. [俄]Ю. A. 叶尔绍夫. 世界海洋危机[J]. 社会科学战线,2012(8).
2. 任海军. 石油泄漏事件演变为美国史上最大环境灾难[EB/OL]. (2010 - 05 - 31)[2017 - 05 - 04]. http://news.xinhuanet.com/tech/2010 - 05/31/c_12162163.htm.

(二)要点分析

1. 全球治理时代的海洋危机

随着全球化的到来,全球性的人类困境问题使得传统民族国家政府行为的局限性日益突出。如何解决人类社会面临的共同问题,这是需要世界各国去认真思考和探索的。在此背景下,全球性治理的理论和实践由此兴起。在 20 世纪 90 年代初期,全球治理理论的创始人詹姆斯·罗西瑙最初提出了全球治理的概念,他认为全球治理指的是一种没有政府的治理途径,是在一些行动范围中的管理机制(Regulatory Mechanism),尽管它们未被授予正式的权威,但是它们却发挥着有效的功能。他提出的全球治理是没有统治的治理的概念,是一种非国家中心的治理状态。换言之,全球治理,指在没有强力中央权威干预的情况下,通过具有约束力的国际规制(regimes)解决全球性的冲突、生态、人权、移民、毒品、走私、传染病等问题,维持正常的国际政治经济秩序。它强调行为者的多元化和多样性,行为方式是以参与、谈判和协调为主体,解决的问题与全球秩序存在着紧密的联系。因此,从某种意义上来说全球治理也就是国际社会中的治理。之后,全球治理作为一种理论,被世界银行、联合国以及各国学者广泛重视和研究,很快就成为全球性的话语体系。作为一种实践,全球治理也在各国、各方面得到越来越多的体现,成为越来越多的政府和政府间国际组织,以及众多的具有建设性的非政府组织的普遍实践。因此不可否认,治理的实践虽然带有探索的性质,但是已经在世界范围内展开,全球治理的时代已经来临。

2. 全球治理时代海洋危机的特点

全球治理是随着全球化的广度和深度不断扩大而提出的,作为一种重塑全球秩序和人类生活的有利尝试,理所当然地应该包括海洋在内。并且,随着人类进入 20 世纪,尤其是 21 世纪以来,人类开发海洋的升温和提速,海洋危机中人为因素的比例逐渐扩大,海洋权益、海洋产业、海洋环境以及海洋安全等问题越来越突出,由此引发的海洋危机在全球治理时代呈现出新的特点。

(1)海洋危机涉及的利益主体是越来越多的全球海洋,是相互连通的一个整体。海洋的连通性使其成为全人类所共有的唯一海洋。与陆地不同,世界各大洋之间彼此联通强化了海洋问题无国界这一内容。在全球治理时代,保护海洋环境,防止海洋自然灾害,开发、分配和管理公海的资源都是国际问题,与各海洋国家的利益有直接关系。而对于海洋危机而言,一个海域发生危机,往往会扩散到周边,甚至有的后期效应还会波及全球。因此,海洋危机必须引起人类的高度重视。况且,世界上大多数国家都是沿海国家,在距离海岸 200 千米以内的沿海地区大约集中了世界 1/2 以上的人口。随着人类越来越多地把目光投向海洋,当一个地方出现海洋危机时,往往会引起周围其他地区的关注,以使自己免于危机带来的负面影响的波及。例如,1991 年第一次海湾战争期间,约 1 100 万桶原油泄漏,造成了对海湾沿岸众多国家的海洋生态的破坏,直至 2003 年仅沙特阿拉伯 800 千米余的海岸仍有约 800 万立方米的油污尚未消除,整个海湾的生态恢复目前仍未见明显效果。

(2)国际社会对于海洋危机引发的问题越来越重视。从印度洋海啸事件到索马里海盗劫持过往船只;从俄罗斯海军库尔斯克号核潜艇沉没在巴伦支海到南极冰山大面积消融;从地中海沿岸油轮泄漏到国家间关于沿海岛屿的争夺,可以说,海洋危机处处存在,而且造成的影响越来越大,引起的关注程度越来越高。在试图探讨如何把世界——一个全球化的世界当作一个集体的存在来共同治理,即当作社会来治理的今天,可以说,每一场海洋危机的解决都是国际社会齐心协力共同努力的结果。在 2004 年 12 月 26 日,当印度洋发生特大地震引起了巨大海啸的时候,面对突如其来的海洋灾难,国际社会开展了史无前例的紧急人道主义救援行动,从联合国到偏僻的乡村,从灾难现场到远隔万里的社会角落,表现了空前的团结和人道主义精神。无论是联合国高官还是退休政要,无论是政府机构还是民间组织,都纷纷投入到了救灾过程中。国际社会对这次海洋灾难的救助达到了史无前例的程度。在解决其他危机过程中,亦是如此。

(3)引发海洋危机的人为因素越来越多。全球治理理论的学者认为,当今世界是一个"分合"的世界,即当代世界政治变迁的动因包含着分散化和一体化并存的趋势,这种现象正对传统国际社会的公共权威及其赖以存在的基础进行着解构。但是,在解构的同时,并没有建构新的适应国际社会的公共权威体系。虽然全球治理理论对建立在主权国家的国内法基础上的法治理论提出了挑战,但是,在目前阶段,民族国家在全球治理中仍占据中心位置。有国家存在,就会存在利益的争夺。当人对利益的贪婪本性不能受到有效遏制的时候,便产生了涸泽而渔焚林而猎的悲剧。因此,海洋时代的到来也导致了人为的海洋危机增多。人为的海洋危机主要指人类在涉海活动中,出于主客观原因而导致的危机,如海上战争、海洋权益的争夺、海上石油的泄漏和海洋渔业资源的过度捕捞以及海洋环境污染等。这些问题导致的海洋危机是人类社会在 20 世纪之前很少见到的。人类进入 20 世纪,尤其是进入 21 世纪以来,由于人类活动导致的海洋危机呈急剧增长的态势,并且这一趋势还在继续恶化。

(4) 海洋危机解决的难度比较大。在全球治理时代,治理的主体不仅仅包含国家、国际组织,还包括跨国公司、国际商业机构以及民间社会团体。国家被嵌入一个由各种组织、协议、机构、制度安排交织构成的政治网络中,变成诸多权威形式中的一种。因此,面对海洋危机时,对于许多利益主体而言到底哪个在危机的解决过程中居于主导地位就很难分得清楚了。国际社会和各国的通力合作本身就需要高昂的协调成本和漫长的交易程序,同时一些利益得失的考量和搭便车行为都会成为这种合作的阻力,这也就出现了集体行动的困境问题。此外,海洋对于人类社会来说,仍然有着许多未解之谜,人类对海洋的认识还只是冰山一角。人类要有效预防和控制海洋危机必须对作为危机载体的海洋有充分的了解,但目前认识的局限和信息的缺乏,使人们对海洋危机的防治难度就会相应增大。

3. 解决全球治理时代海洋危机的思考与对策

在全球治理时代,应该采取以下措施,共同努力来解决海洋危机。

(1) 建立以联合国为中心,多种组织与主权国家和地区参与的海洋危机解决机构。早在 2000 年,全球治理理论的学者就提出了新复合多边主义的观点,他主张以联合国及其相关制度为中心,拓宽多种国际机制与跨国合作政策的网络,共同解决人类面对的挑战。虽然将联合国发展成为世界政府的模式显然是不切实际的,地球上不可能出现一个类似国内政府的世界政府,但是它迄今在国际事务中所扮演的核心角色将在今后长期保持下去。联合国作为解决国际间经济、社会、文化及人类福利性质之国际问题的人类最大的国际组织,必然关注海洋与人类这个大课题。对于海洋危机来说,其预防和解决是一项系统工程,需要多部门的协调与配合。由于海洋的互通性,海洋危机,特别是涉及众多利益主体的跨国性海洋危机的解决需要建立一个以联合国为主导的,由国际海事组织、气象组织等国际组织和主权国家、地区参与的国际海洋危机解决结构。在目前情况下,要充分整合联合国现有框架下的海洋管理和协调机构,提升其地位,真正赋予其责任,提高其权威性,使之履行其职能,以便有效地保护人类的共同财产。

(2) 加强以《联合国海洋法公约》等国际海洋法律法规为基础的有关海洋的

国际立法。有关学者指出,全球治理指在全球范围内的各个领域,各种公共、私人机构以及个人,通过制定与实施具有约束力的国际规制,以解决全球性的公共问题,实现增进全球共同的公共利益为目标。因此,海洋危机的发生,无论是以环境污染的形式出现,还是以海洋权益争夺的形式出现,或是以危害海洋安全的形式出现,往往会将政府、非政府组织、私人机构以及个人牵扯进去。因此,解决这些利益主体的纷争就必然需要国际规制和国际立法。面对 21 世纪是海洋世纪的呼声及海洋开发的急剧升温,健全以《联合国海洋法公约》等国际海洋法律法规为基础的有关海洋的国际立法已经刻不容缓。

(3) 加强海洋科学研究和国际合作。如前所述,人类对于海洋的认识还处于起步阶段。据了解,有 90% 以上的海洋生物还没有被正式命名,海洋中还有大量的未解之谜,这些给解决海洋危机带来了困难和障碍。并且,海洋中的生态环境、地理环境都比陆地复杂许多。因此,为了解决海洋危机带来的影响,各个国家有必要积极开展海洋科学研究,加强国际合作,积极进行海洋综合评估。全球化进程中,各国的政府系统势必从封闭走向开放,以配合这个全球性开放、非单一力量可以控制的新系统的运作,要在一定范围内,加强海洋科研成果的共享,以便为海洋治理提供指南。

(4) 强化海洋危机教育,培养海洋管理人才。在人口膨胀、资源短缺和污染问题日益突出的今天,海洋开发受到沿海各国的高度重视,海洋经济日益成为世界各国国民经济的重要组成部分,海洋经济对沿海国家和地区国民经济的贡献将越来越大。为了保护和充分利用人类未来生产和生活的来源,世界各国必须树立海洋危机意识,在教育中普及海洋科学知识。此外,各个涉海国家,还应该加大对海洋管理人才的培养,建立一支装备精良、行动高效的救援队伍,随时应对海洋危机的出现。

(5) 世界各国要承担起自己的责任,为解决海洋危机尽到自己的义务。虽然全球治理是给超出国家独立解决能力范围的社会和政治问题带来更有秩序和更可靠的解决办法的努力。但是,民族国家仍是国际关系的实践中其他主体所不能取代的。因此,在全球治理时代,各国还要承担起自己的责任。首先,各个国家要确立治海先治陆的思想。海洋危机的出现,固然有自然因素的原因,但是社会和人类自身的因素的影响也不可小视。海洋危机往往是因为陆地上的问题引起的。因此,各个国家要严格把危机的陆源控制住。其次,各国要采取立法、行政、司法、经济等手段,要站在维护人类共同利益的高度,采用恰当的方式方法和平解决海洋权益争端和冲突,科学发展海洋产业,认真保护海洋环境,共同维护海洋安全。总之,各国要合理地开发海洋,科学地利用海洋,使海洋能够长期、可持续地为人类服务。

四、问题思考

1. 理解海洋危机的分类及特征。
2. 简述海洋危机管理的主要类别及特点。
3. 理解海洋危机管理的复杂性。
4. 就本章的理论内容,尝试给出与本章不同的案例以说明理论问题。

第六章
海洋政策案例篇

一、目标设置

海洋政策也叫海洋公共政策,是国家政策体系的重要组成部分,是国家为实现一定时期或一定发展阶段的海洋事业发展目标,根据国家发展总体战略,以及国家对海洋开发利用的需要而制定的有关海洋事务的一系列谋略、法令、措施、办法、条例的总称。海洋政策作为人们管理海洋事务、从事海洋活动的行为准则,既是海洋管理的准则和基础、各级海洋管理机构实施具体管理行为的重要依据,又是国家对海洋事业发展进行宏观调控的重要工具和手段。本章的两个案例在于说明如下结论:

(1)海洋政策的出台与执行是为了解决一定的海洋社会问题,是对社会价值和利益进行权威性分配。其本质主要有三个方面:海洋政策集中反映或体现统治阶级的意志和愿望,是执政党、国家或政府进行社会管理和控制的工具和手段;海洋政策的目标服务于社会经济的发展;海洋政策作为分配或调整各种利益关系的工具或手段,是各种利益关系的调节器。海洋政策是国家政策体系的有机组成部分,其制定、执行都必然反映党和国家对发展海洋事业的愿望。

(2)海洋政策是一个复杂的、综合性的政策,它可能涉及不同利益群体、国家或地方行政的不同机关部门,甚至市场与社会其他部门。这就要求政策制定时认清海洋社会问题,政策方案规划时充分考虑各方利益及诉求,选择合适且能让各方基本满意的方案,并且将其合法化,在执行过程中,由政策制定的主体亲自或者指定、委托其他部门单独或联合进行,执行中注意方法方式的合法性、执行人员的素质能力、人民群众的接受度支持度,从而将政策认真落实。

二、理论综述

海洋政策是公共政策的分支领域,具有公共政策的一般特征。首先,海洋政策属于公共政策的范畴,其主体是国家机关,客体是涉及公共利益的海洋公共事务。其次,海洋政策的目标是维护国家海洋权益,规范海洋开发,保护海洋环境,化解相关涉海问题。最后,海洋政策为一系列涉海的政府措施、办法、条例和法规等，其最高层次是以法的形式颁布，成为社会普遍遵守的准则。海洋政策作为一种行为准则或行为规范，有着具体的作用对象或客体，它规定对象应做什么和不应做什么，规定哪些行为受鼓励，哪些行为被禁止。这些政策规定常带有强制性，它必须为政策对象所遵守。行为规范和准则使得海洋政策具有可操作性，从而实现特定的社会目标。

（一）海洋政策的含义

随着政策科学的发展和完善，尤其是海洋的重要性日益凸显，以及海洋环境问题日益严重，海洋政策作为政策科学的重要分支领域，开始崭露头角，受到社会越来越多的认可。目前，尽管有关海洋政策的论述尚不多见，但是可以预知海洋政策将是公共政策学界和海洋管理学界研究的重要领域。

早在20世纪80年代以前，美国学者杰拉尔德·J.曼贡就出版了《美国海洋政策》一书，其中文译本于1982年由海洋出版社出版。由此可见，"海洋政策"在政策科学诞生后不久即为大家所注意。迄今为止，与对"公共政策"的定义一样，国内外学术界尚未对"海洋政策"形成统一的学术定义。美国学者John King Gamble认为"海洋政策是一套由权威人士所明示陈述而与海洋环境有关的目标、指令与意图"。台湾学者胡念祖认为"海洋政策是处理国家使用海洋之有关事物的公共政策或国家政策"。我国大陆学者王淼将海洋政策界定为："是沿海国家用于筹划和指导本国海洋工作的全局性行动准则，涉及海洋经济、海洋政治、海洋外交、海洋军事、海洋权益、海洋科学技术等诸多方面"。鹿守本将海洋政策界定为"国家为实现一定历史时期或一定发展阶段的海洋目标，而根据国家发展整体战略和总体政策，以及国际海洋斗争和海洋开发利用的趋势制定的海洋工作和海洋事业活动的行动准则"。还有学者则如此定义海洋政策："海洋政策是党和政府在特定的历史阶段，为维护国家的海洋利益，实现海洋事业的发展而制定的行动准则和规范。它是一系列事关海洋事业发展的规定、条例、办法、通知、意见、措施的总称，体现了一定时期内党和政府在海洋资源开发、海洋环境保护海洋权益维护等方面的价值取向和行为倾向。"海洋政策定义的多元化，一方面是受到公共政策定义多元化的影响，另一方面也说明这的确是一个新兴的领域。

综合学者们对海洋政策的定义，所谓海洋政策，是指国家出于开发海洋或者保护海洋的目的出台的一系列涉海的措施、办法、条例以及法规总称，是有关海洋的公共政策。这一定义指出海洋政策包含以下内容：首先，海洋政策是一种公共政策。公共政策是由国家（或政府）出台的治理社会公共事务的措施、办法、条例、法规的总称，它的主体是国家机关，客体是涉及社会公共利益的公共事务。海洋政策的主体亦为国家机关，它的客体亦是涉及公共利益的海洋公共事务。因此，有关公共政策的基本界定，同样适合海洋政策。其次，海洋政策的客体是有关海洋开发与保护的公共事务。政策客体，亦可以称之为政策内容，行政学研究者一般将之概括为社会公共事务。海洋政策的客体,则是有关海洋的开发与保护的社会公共事务,它是海洋政策区别于其他公共政策的本质特性。其中,有关海洋开发的公共事务体现出社会对海洋的经济诉求,包括三个方面:一是海洋渔业开发的公共事务,是海洋第一产业,目前主要体现为国家培育和发展人工养殖;二是海洋资源开发的公共事务,目前成为海洋开发的主要领域,包括能源开发、矿产开发以及旅游资源开发;三是海洋交通开发的公共事务,尤其是随着国际贸易的发展、全球化的深入,海洋交通的重要性日益显现。有关海洋保护的公共事务主要体现在两个方面:一是有关海洋生态与环境保护的公共事务,它体现出对海洋生态的维持,海洋资源的节约使用以及海洋污染的防治。随着全球环境日益凸显,海洋生态与环境保护已经成为世界各国海洋政策的重点;二是有关海洋权益保护的公共事务,它体现出各国通过海洋国家法,维护自己的海洋权益。在海洋政策初始阶段,海洋开发政策占据主要位置。但是现在,海洋保护政策,尤其是海洋生态与环境保护政策,开始越来越受到重视。最后,海洋政策表现为一系列涉海的政府措施、办法、条例和法规等,其最高层次是以法的形式颁布,成为社会普遍遵守的准则。

(二) 海洋政策的特征

海洋政策作为公共政策的组成部分具有公共政策的特征,同时还具有其独有的特征。

1. 海洋政策更具有公共性

海洋政策是有关权益维护、保护海洋资源与环境的公共政策。海洋政策的相关目标决定了海洋政策更具有公共性。首先,在海洋权益维护方面,海洋权益涉及一国的主权,是一国国家利益的最高表现之一。因此,海洋权益维护的功能和目标,使得海洋政策具有明显的公共性,他们的行使涉及一国所有国民的福祉和利益,以及未来国民的利益。其次,在海洋资源与环境保护方面,海洋生态与环境具有更广的影响。相对于陆域,海洋一旦被污染,污染物将很容易从一个地区漂散到另一个地区,从一个国家漂散到另一个国家。而海洋生态系统的破坏,也不仅仅影响一个地区或国家,而是多个国家甚至全人类。例如某种洄游鱼类在某一海域的被过度捕捞,就可能使得其他海域依赖这种鱼类的其他海洋物种濒临灭绝,从而引发生态灾难。因此,海洋政策保护海洋资源与环境的功能与目标,使得其具有维护整个地区甚至全人类利益的属性,从而更具有公共性。

2. 海洋政策更具有生态性

不管是从海洋政策的价值取向而言,还是从海洋政策的具体内容上而言,海洋政策相对于公共政策,更注重生态环境的保护。生态伦理观构成了海洋政策的一个重要价值基础,它强调海洋政策的一个主要价值取向就是海洋生态环境的保护。而现实中,海洋政策应该侧重于环境保护而非经济开发的理念也越来越得到认可,海洋环境保护政策在海洋政策中所占的比重越来越大。

3. 海洋政策更具国际性

所谓更具国际性,是指相对于一般公共政策,海洋政策的制定、执行等需要考虑到国际法对于海洋的一些规定。这是因为海洋具有更多公共物品的属性,国际法对其做了一些有利于全人类利益的规定,例如自由航行的权利。其他国家具有无害通过他国领海的权利,一国不得无礼限制自由航运的权利。而且,如上所述,海洋生态作为一个整体,一国的过度破坏会危及整个海洋生态,进而危害他国的利益。因此,海洋政策的制定需要考虑到国际法(主要是海洋法)的一些规定。

4. 海洋政策更具有统筹性

大多数国家中,海洋行政管理职能分属于不同的管理机构。各个相关管理机构基于自己的职能定位、权力设置进行海洋开发与保护。由于不同管理机构的定位不同,造成海洋开发与保护的冲突在所难免。因此,海洋行政管理的协调非常重要。海洋政策,尤其是海洋基本政策,需要对不同管理机构进行协调、统筹,从而实现海洋行政管理的有序进行。因此,海洋政策具有协调性,也更具统筹性。

(三)海洋政策的功能

海洋政策的功能就是指海洋政策所能发挥的作用和海洋政策所具有的意义。海洋政策具有不同的功能,这些功能体现了发展海洋政策的价值所在。

1. 指导功能

海洋政策的指导功能,亦称导向功能,是指引人们的海洋开发行为或海洋事业的发展朝着政策制定者所期望的方向发展。海洋政策的指导功能所包含的一项重要内容就是规定目标、确定方向。规定目标就是把海洋活动中表现出的复杂性、多面性、相互冲突性,纳入明晰的、单面的、统一的、目标明确的轨道,使得海洋活动有序进行和发展。海洋政策指导功能的另一项重要内容就是教育指导、统一认识、协调行动、因势利导。海洋政策,不仅要告诉人们什么是该做的,什么是不该做的,而且还要使人明白,为什么要这样做而不要那样做,怎样才能做得更好。海洋政策的指导功能,为人们有序推进海洋事业发展指明了方向。

2. 协调功能

海洋行政管理活动是一个复杂的系统过程,其中有许多海洋利益关系需要协调,以保证海洋活动的和谐进行。这种协调,首先表现在国家海洋活动在整个国家政治、经济、文化等活动中应该处于何种位置。相对于陆域活动,人类的海洋活动相对较晚,人们经常采用陆域活动的思维和策略去进行海洋活动,将海洋活动看成人类陆域活动的一种简单延伸。海洋政策需要对陆域活动与海洋活动的差异造成的冲突进行协调,以保证海洋活动在整个国家活动中占据合理的位置。其次,海洋政策协调功能还体现在海洋开发与海洋保护的协调上。人类进军海洋,一个重要原因在于海洋能够提供更为丰富的资源和能源。因此,进行有序的海洋资源开发是海洋活动的重要内容。但是另一方面,海洋生态环境对整个人类的存在起着更为基础性的作用,其保护也至关重要。但是在海洋资源开发中,却经常造成海洋生态环境的破坏。例如人类开发无居民海岛,但是由于无居民海岛的生态更为脆弱,一旦破坏,将难以修复。因此,海洋政策的协调功能就是需要合理有效地平衡海洋开发与海洋保护。最后,海洋政策的协调功能还体现在不同领域海洋管理的协调上。目前,我国海洋行政管理的一个显著特征就是行业管理冲突,海洋交通、海洋渔业、海洋油气等大量的海洋行业活动和管理,造成了一定的冲突。因此,海洋政策需要对这些不同的海洋行业进行协调。

3. 规范功能

海洋政策的规范功能是指海洋政策在社会实际生活中为保证海洋开发与保护正常运转所起的规范作用。这一功能主要表现为海洋政策针对目标群体的行为所起的作用。海洋政策的规范功能的根本任务在于发现并纠正海洋开发与保护中的非常规的、"越轨"的行为,保障并加强海洋的正常秩序,促进海洋事业的发展。在海洋活动中,通过海洋政策进行规范,相对于法律手段和伦理道德手段更具有优势。海上执法和司法取证的成本较高,法律手段对海洋活动的规范作用较弱,人类目前的道德规范主要是针对人们的陆域活动形成的,海洋活动的道德规范还不成熟,因此,海洋政策成为海洋活动最为重要的规范工具,它也的确在海洋活动中发挥着重要的规范作用。

4. 激励功能

海洋政策的激励功能,亦可称为推动功能,是指海洋政策对海洋事业发展的激励和促进作用。这一功能主要为海洋政策针对海洋事业发展方向和速度所起的作用。一个社会发展的动力来源于社会资源的合理配置和人的积极性的发挥。在一定程度上,社会资源的调配和重新配置就是为社会发展方向进行定位。海洋政策的激励功能就在于通过海洋资源的合理配置,实现海洋经济的发展与生态环境的保护。由于海洋政策激励功能能够调动人们在海洋开发与保护中的积极性,从而推动海洋开发利用活动的有效开展。

(四) 海洋政策的分类

海洋政策按照不同的标准,可以划分为以下四种:

1. 按照海洋政策的层次标准,可以将其分为海洋元政策、海洋基本政策与海洋具体政策

元政策是指用以指导和规范政府政策行为的一套理念和方法的总称,其基本功能在于如何正确地制定公共政策和有效地执行公共政策。元政策可以被称为政策的政策。元政策更多地体现为一种价值观的选择。海洋元政策是海洋政策最深层次的政策选择,它体现为政策制定主体在制定海洋政策时的价值选择。目前,海洋元政策的价值选择,可以分为两种:一是海洋开发为主的功利主义海洋价值;二是海洋保护为主的生态主义海洋价值。

基本政策是用以指导具体政策的主导型政策,其与具体政策的区别在于制定机关级别较高、适用范围较广、时间维度较长、具有稳定性,是其他相关政策的出台依据。海洋基本政策一般是中央机关制定的有关海洋开发与保护的总括性政策。它以海洋法律、海洋行政法规、中央海洋规划的形式出台。

具体政策主要是针对特定而具体的问题做出的政策规定,它是层次最低、范围最广的一类政策。海洋具体政策是除海洋元政策和海洋基本政策以外的所有政策,表现为某一领域的海洋政策,某一较小区域的海洋政策,某一较短时间阶段内的海洋政策。

2. 按照海洋政策的客体或者内容,可以将其分为海洋开发政策与海洋保护政策

海洋开发政策与海洋保护政策的分类,最为本质地体现出海洋政策的特征。所谓海洋开发政策,是政府出于经济考量,而制定的有关海洋利用的海洋政策,具体包括海洋渔业开发政策、海洋资源开发政策与海洋交通开发政策。所谓海洋保护政策,是指政府出于生态或者维护权益的考量,而制定的有关海洋维持的海洋政策,具体包括海洋环境保护政策与海洋权益保护政策。

3. 按照海洋政策的主体,可以将其分为中央海洋政策与地方海洋政策

中央海洋政策是指由中央机关制定的海洋政策,包括全国人大或其常委会出台的海洋法律、中共中央出台的海洋规划、国务院出台的海洋行政法规、国务院所属部委出台的海洋行政规章。地方海洋政策是指由沿海地方人大或政府出台的有关海洋的地方法规与地方规章。地方海洋政策从层次上,分为省级海洋政策、市级海洋政策与县级海洋政策。

4. 按照海洋政策的领域,可以将其分为海洋产业政策与海洋综合政策

随着海洋的重要性日益显现,海洋产业蓬勃发展。海洋产业从以前的海洋渔业、海洋交通与海洋盐业三大传统产业,迅速扩展为十余个产业。目前,已形成规模的新兴海洋产业主要有海洋石油、海水养殖、滨海旅游、海洋化工、海滨砂矿、海洋电子、海水利用、海洋服务等海洋产业。海洋产业的发展繁荣,使得海洋产业政策的出台与研究提上日程。目前,有学者将海洋产业政策分为四种类型,即海洋产业技术政策、海洋产业结构政策、海洋产业布局政策和可持续发展的海洋产业政策。这种细化对于提升海洋政策的研究,不无益处。海洋综合政策则是指不局限于某单一海洋产业,横跨多个产业或者领域的海洋政策。它力图整合不同海洋产业发展的矛盾,或者整合海洋开发与海洋保护的矛盾,是海洋综合管理的一种手段和表现。

(五) 海洋政策制定的主体

海洋政策的制定主体根据不同的分类标准,有不同的内容。按照层级标准,可以分为中央主体与地方主体;按照职能范围标准,可以分为综合主体与专门主体。将这两个分类标准相结合,可以将海洋政策的制定主体分为四类:

第一类是中央机关。中央机关是海洋政策的最高制定主体,其所指定的海洋政策具有最高的权威性。我国制定海洋政策的最高中央机关具体包括:(1)全国人大及其常委会。人大不仅具有制定海洋法律的权力,同样也有制定海洋政策的权力。实际上,从某种意义上而言,海洋法律是海洋政策的最高层次。(2)中共中央。中国共产党作为我国的执政党,其实现执政的方式之一就是确定我国的大政方针。在海洋政策上同样如此。中共中央所制定的海洋政策,对国务院制定的海洋政策具有指导作用。(3)国务院。国务院作为最高行政机关,具有制定海洋政策的权利。在制定海洋政策的中央机关中,国务院承担了大部分海洋政策的制定。需要特别指出的是,国务院不仅制定普通的海洋政策,还出台一些海洋行政法规。从法律的角度而言,海洋行政法规属于法律的范畴,同时也属于海洋政策的范畴。

第二类是国务院涉海职能部门。国务院涉海职能部门是我国高层专门制定海洋政策的主体。尤其是国家海洋局,其基本职责就是进行海洋管理与出台海洋政策,因此,国务院涉海职能部门主要是指国家海洋局。但是由于我国在海洋管理中,一般采用海洋行业管理的管理模式,因此国务院涉海职能部门并不局限于国家海洋局。如果从职能定位的角度而言,我国有权制定海洋政策的中央职能部门高达十几个。我国主要的国务院涉海职能部门包括:(1)国家海洋局。国家海洋局是自然资源部下设的独立局(国家局),是我国制定海洋政策的主要涉海部门制定主体。其所确立的基本职能包括海洋立法、海洋规划和海洋管理。这些都是海洋政策的主要内容。随着海洋综合管理的实施,国家海洋局在海洋政策制定中的作用将更加突出。(2)农业农村部。农业农村部在海洋政策中主要负责海洋渔业政策的制定。农业农村部渔业厅负责对渔港水域非军事船舶和渔港水域外的渔业船只对海洋污染的预防及管理监督工作,管理渔业水域内的生态环境项目和渔业污染事故等。因此,它也负责在此方面的海洋政策制定。(3)交通运输部。作为国家海事行政管理主管部门,交通运输部负责港口水域内非军事船舶和港口水域外的渔业船只及非军事船舶对海洋环境污染的防治监督管理。负责在中国管辖海域内航行、停泊、作业的外国国籍船舶的海洋污染事务的监督处理。因此交通运输部可以制定属于海上运输的海洋政策。(4)生态环境部。作为我国环境保护的综合部门,海洋环境的保护自然也在其职能范围之内。因此,生态环境部具有制定海洋环境保护的海洋政策。

第三类是沿海地方政府。沿海地方政府是指沿海的各级地方人大、党委与行政机关。在我国,最高的沿海地方政府是指沿海的 11 个省区市及 2 个特别行政区,即辽宁省、河北省、山东省、江苏省、浙江省、福建省、广东省、广西壮族自治区、海南省、天津市、上海市以及香港、澳门特别行政区。它们作为沿海地方最高行政区划,承担着地方海洋管理的主要职责,也是地方海洋政策的主要出台者。省级人大具有制定地方法规的权责,因此,省级人大不仅可以制定一般的地方海洋政策,同样可以颁布地方海洋法规。省级党委作为中共中央在地方的最高党组织,承担着落实中央海洋政策以及出台地方海洋政策的职责。省级政府是地方海洋政策的主要制定者和执行者,也是中央海洋政策在地方的执行者。因此,从某种意义上而言,沿海地方政府主要是指省级地方政府。省级行政区划下的沿海市、县也具有出台地方海洋政策的职能,特别是一些沿海发达城市,其制定、颁布的海洋政策也对地方海洋管理具有重要作用。我国沿海地方政府,除了 11 个省级政府以及 2 个特别行政区外,比较重要的政策主体还包括 6 个副省级地方政府,它们包括青岛、大连、厦门、深圳、宁波 5 个副省级城市和天津滨海新区 1 个副省级市辖区。它们具有较大的经济管理权限,在海洋政策的制定和执行方面,都有着举足轻重的作用。沿海地方政府层次多元,并且许多互不隶属,使得它们之间的海洋政策经济发生冲突,尤其是在海洋保护方面,协调乏力。各个地方主体出于促进本地经济发展的目的,无序开发海洋,侧重海洋开发政策的出台,而忽视海洋保护政策的制定。这些都是我国在海洋政策方面需要改进的地方。

第四类是地方海洋管理部门。地方海洋管理部门,主要是指国家海洋局的地方分局以及地方政府中的海洋职能部门。其主要包括以下几个主体:(1)海洋局地方分局。国家海洋局在我国的地方沿海设置了三个分局,分别是北海分局,位于青岛,负责渤海及黄海的管理;东海分局,位于上海,负责东海的管理;南海分局,位于广州,负责南海的管理。三个分局直属于国家海洋局,是执行国家海洋局海洋政策的主要地方主体。需要指出的是,三个分局在性质上是国家海洋局的派出机构,并非地方政府的职能部门,但是由于它们主要关注海洋局政策在所辖地区的执行,所以我们将之归入地方海洋职能部门之中。(2)省级海洋与渔业厅。我国的地方海洋管理体制主要的是海洋部门与农业部的渔业部门相结合的体制模式,除了极少数省份实行国土资源模式和分局与地方结合模式外,大部分省级主体成立了海洋与渔业厅,实行海洋与渔业综合管理的模式。海洋与渔业厅既接受国家海洋局的指导,同时也接受省级政府的领导,是地方综合制定主体制定的海洋政策的主要执行者。同样,它们根据所辖的海洋管理事务,也出台相关的海洋政策。(3)市级海洋与渔业局。它们是省级海洋与渔业厅的下属职能部门,承担者市一级的海洋与渔业政策的制定与执行。其中,青岛市、厦门市等副省级市的海洋与渔业局是非常重要的地方海洋政策制定和执行者。

(六)海洋政策制定的原则

科学的海洋政策制定,是保证海洋政策有效处理海洋问题的前提,海洋政策的制定需要遵循一定的科学原则。在科学原则指导之下,按照海洋政策制定的过程有序进行。

1. 信息完备原则

信息是政策制定的基础和依据。政策制定无非就是一个与政策有关的信息输入—信息处理(政府方案规划)—信息的输出(政策方案出台)等过程。有关海洋权益的信息、海洋资源的信息、海洋能源的信息、海洋环境的信息等都和海洋政策的制定有着直接的关联。这些信息越全面、准确,海洋政策的制定就越科学。海洋政策的科学性是与信息的全面性、真实性成正比的。

海洋政策制定所需要的信息很多来自特有组织或群体。其政策制定的信息,大部分在陆地上,很多信息来自公民生活的领域,人们对相关信息有着生活体验和一定的辨析能力。但是由于涉海的组织和群体是有限的,大部分民众没有相关海洋活动的经验,因此对海洋政策制定所需要的信息缺乏识别能力。因此,对于海洋政策制定而言,其信息需要更为完备,发布信息的机构也需要更为谨慎,以防对政策制定或者公民产生不良导向。

2. 民主参与原则

海洋政策制定的民主参与原则,首先体现在海洋政策是否能够真实反映人们的要求和愿望,是否能够最终使群众获得利益和实惠。最终出台的海洋政策,并非特殊利益集团的利益而是为全体国民,或者弱势群体所认可。其次,民主参与原则,还要求海洋政策制定的过程中,能保证人民在各个环节,享有知情权、表达权,制定者也需要对民众的吃亏真正予以回应。现代社会政策制定的一个重要特点就是"谋"与"断"的相对分离,科学的知识与方法已经成为政策制定时不可或缺的要素。学有专长者,或者有亲身体验者,往往能够在政策制定方案规划中担任积极的角色,以其客观、学术的眼光、科学的手段与方法,对政策问题详细探讨,并提出合理建议。他们不仅仅为领导决策,提供充分的理论基础,也使得海洋政策的精确度大大提高。这对于海洋政策的科学化,具有十分重要的意义。再次,海洋政策制定中,坚持民主参与原则,还可以整合海洋政策涉及的相关群体,将他们的意见充分吸收,可以为海洋政策出台后的执行提供便利。经过民主参与制定的海洋政策,政策执行的阻力就会变小,从而降低政策执行成本。

3. 科学预测原则

预测是政策制定的前提,也是政策制定过程一个必不可少的环节。海洋政策的制定是面向未来的,是在事情发生之前的一种预先分析和选择,故具有明显的预测性。海洋政策问题的决策,包含了诸多复杂的因素,只有通过综合的全面的可行性分析,才能得出方案是否可行的结论。为此,需要海洋政策制定者充分占有各方面的实际材料,根据现有的人力、物力、财力、时间等主客观条件以及发展过程中的种种变化,对方案的政治、经济、技术、文化、伦理等方面的可行性进行分析,从而使方案建立在牢固的现实条件的基础上,使得海洋政策的实施具有可操作性并有最大可能性。否则,无视现实条件与可能,即使再好的政策也会因无法实施而缺乏实际价值。在确立海洋维护权益、海洋开发规划、海洋环境保护等方面,不仅仅需要着眼于海洋事务,还需要考虑国家的整体状况,只有这样,制定的海洋政策才具有现实可行性。

(七) 海洋政策制定的过程

1. 海洋政策问题的确定

海洋政策问题的确定,就是将一些海洋问题纳入政策议程之中。并非任何海洋问题都能纳入政策议程之中。海洋政策问题的确定阶段,其实质就是将有关海洋问题进行排序,按照问题的重要程度进行议程安排,从而使得有限的政策资源能够最大限度地解决海洋问题。能够进入海洋政策议程的海洋问题一般具有以下特点:一是国家已经确立的发展重点。这类海洋问题与国家的发展战略相契合,从而很容易进入政策议程。例如国家要发展"一带一路"倡议,沿海城市就很容易进入相关的发展新阶段,国家及沿海城市甚至和港口城市有关联的城市也要制定相应的海洋发展政策。二是海洋问题引起社会舆论的广泛关注。现代社会是一个舆论监督非常发达的社会。一旦引起社会舆论广泛关注的海洋问题,就会进入政府的政策议程。例如康菲公司的渤海溢油事件,经过媒体的广泛宣传,社会民众普遍关注,使得处理这一海洋问题很快进入国家海洋局等行政机关的政策议程中。三是一些国际性事件也会使得一些海洋问题进入政府的政策议程之中。

海洋问题成为海洋政策问题,进入政策议程之中,是多种因素和多种力量共同作用的结果,其主要因素包括以下四个方面:一是政治精英和专家学者。执政党或政府中的领导是决定海洋政治问题的一个重要因素,政府领导可能会密切关注某个特定海洋问题,将之告知公众,并提出解决方案。而专家学者由于具有某方面的专长和渊博知识,可以对海洋事业的发展趋势进行科学的预测,从而为海洋问题进入政策议程创造条件。二是政治组织。海洋政策问题一般涉及国家利益,某个海洋问题一旦被某个政治组织提出来,就比较容易引起政府或全体社会的注意,从而纳入政策议程。三是公众和利益群体。特别是和公众或某些强大利益群体密切相关的海洋问题,会引起民众的强烈共鸣,从而促使政府关注这一海洋问题,使得它进入政策议程。四是大众传媒。在现代社会,各种媒体尤其是互联网传播媒体使媒体成为强大的社会舆论力量,它们对海洋问题的报道与讨论、关注与分享,会促使政府予以关注,从而纳入政策议程。

2. 海洋政策方案的设计

政策问题一旦确立,就进入海洋政策方案的设计阶段。海洋政策方案的设计,就是针对要解决的问题运用种种定性与定量的分析方法与手段,设计出一系列可供选择的方案。海洋政策方案的设计主要包括两个方面:政策方案轮廓的构思和方案细节的设计。科学的海洋政策方案设计,一是要注重政策的咨询,二是要保证政策方案的多样性和排斥性,三是要关注政策目标。

3. 海洋政策方案的选择

通过系统的分析、比较和可行性论证,在多个备选方案中确定一个能最大限度地实现既定目标的方案。海洋政策的选择在海洋政策制定中处于核心地位,只有政策制定的权力主体才能进行方案的选择。海洋政策的选择要关注方案的可行性论证,充分估计主客观需要与可能,兼顾未来因素对政策的影响,使之建立在充分可行的基础上。此外,海洋政策方案的选择过程,就是对决策者智慧、远见等能力的综合考量。决策者一旦做出了海洋政策方案的选择,最好能向公众或其他主体说明选择的理由。

4. 海洋政策的合法化

这是政策制定的最后阶段,也是海洋政策执行的前提。海洋政策合法化按照制定主体的不同,可以分为立法机关的政策合法化和行政机关的合法化。立法机关政策合法化的结果就是将海洋政策提案转变为法律法规的过程,经过立法机关政策合法化的政策,其表现形式就是颁布实施的海洋法律法规,或者一些法律法规中有关海洋活动的规定。这一政策合法化其实就是政策立法。行政机关遵循政策议程规定,通过合法程序,由行政首长签署发布的一些有关海洋活动的规范、办法。行政机关的政策合法化包括几个要件:一是必须经过合法的程序。这一般指政策的制定必须经过行政领导机构的会议审议。西方一些国家还规定必须经过政策咨询,才能进行合法化。二是经过行政首长或委员会的集体签署。只有经过签署公布的海洋政策,才是合法化的海洋政策。行政机关的海洋政策合法化,也可以进一步将之升格为法律。这一过程也称之为政策法律化,是指享有立法权的国家机关依照立法权限和程序,将成熟、稳定而有立法必要的政策转化为法律。

三、案例分析

案例 6.1　国务院关于加强滨海湿地保护　严格管控围填海的通知

(一)内容梗概

国务院关于加强滨海湿地保护　严格管控围填海的通知

国发〔2018〕24 号

各省、自治区、直辖市人民政府,国务院各部委、各直属机构:

滨海湿地(含沿海滩涂、河口、浅海、红树林、珊瑚礁等)是近海生物重要栖息繁殖地和鸟类迁徙中转站,是珍贵的湿地资源,具有重要的生态功能。近年来,我国滨海湿地保护工作取得了一定成效,但由于长期以来的大规模围填海活动,滨海湿地大面积减少,自然岸线锐减,对海洋和陆地生态系统造成损害。为切实提高滨海湿地保护水平,严格管控围填海活动,现通知如下。

一、总体要求

(一)重大意义。进一步加强滨海湿地保护,严格管控围填海活动,有利于严守海洋生态保护红线,改善海洋生态环境,提升生物多样性水平,维护国家生态安全;有利于深化自然资源资产管理体制改革和机制创新,促进陆海统筹与综合管理,构建国土空间开发保护新格局,推动实施海洋强国战略;有利于树立保护优先理念,实现人与自然和谐共生,构建海洋生态环境治理体系,推进生态文明建设。

(二)指导思想。深入贯彻习近平新时代中国特色社会主义思想,深入贯彻党的十九大和十九届二中、三中全会精神,牢固树立绿水青山就是金山银山的理念,严格落实党中央、国务院决策部署,坚持生态优先、绿色发展,坚持最严格的生态环境保护制度,切实转变"向海索地"的工作思路,统筹陆海国土空间开发保护,实现海洋资源严格保护、有效修复、集约利用,为全面加强生态环境保护、建设美丽中国作出贡献。

二、严控新增围填海造地

(三)严控新增项目。完善围填海总量管控,取消围填海地方年度计划指标,除国家重大战略项目外,全面停止新增围填海项目审批。新增围填海项目要同步强化生态保护修复,边施工边修复,最大程度避免降低生态系统服务功能。未经批准或骗取批准的围填海项目,由相关部门严肃查处,责令恢复海域原状,依法从重处罚。

(四)严格审批程序。党中央、国务院、中央军委确定的国家重大战略项目涉及围填海的,由国家发展改革委、自然资源部按照严格管控、生态优先、节约集约的原则,会同有关部门提出选址、围填海规模、生态影响等审核意见,按程序报国务院审批。

省级人民政府为落实党中央、国务院、中央军委决策部署,提出的具有国家重大战略意义的围填海项目,由省级人民政府报国家发展改革委、自然资源部;国家发展改革委、自然资源部会同有关部门进行论证,出具围填海必要性、围填海规模、生态影响等审核意见,按程序报国务院审批。原则上,不再受理有关省级人民政府提出的涉及辽东湾、渤海湾、莱州湾、胶州湾等生态脆弱敏感、自净能力弱海域的围填海项目。

三、加快处理围填海历史遗留问题

(五)全面开展现状调查并制定处理方案。自然资源部要会同国家发展改革委等有关部门,充分利用卫星遥感等技术手段,在2018年底前完成全国围填海现状调查,掌握规划依据、审批状态、用海主体、用海面积、利用现状等,查明违法违规围填海和围而未填情况,并通报给有关省级人民政府。有关省级人民政府按照"生态优先、节约集约、分类施策、积极稳妥"的原则,结合2017年开展的围填海专项督察情况,确定围填海历史遗留问题清单,在2019年底前制定围填海历史遗留问题处理方案,提出年度处置目标,严格限制围填海用于房地产开发、低水平重复建设旅游休闲娱乐项目及污染海洋生态环境的项目。原则上不受理未完成历史遗留问题处理的省(自治区、直辖市)提出的新增围填海项目申请。

(六)妥善处置合法合规围填海项目。由省级人民政府负责组织有关地方人民政府根据围填海工程进展情况,监督指导海域使用权人进行妥善处置。已经完成围填海的,原则上应集约利用,进行必要的生态修复;在2017年底前批准而尚未完成围填海的,最大限度控制围填海面积,并进行必要的生态修复。

(七)依法处置违法违规围填海项目。由省级人民政府负责依法依规严肃查处,并组织有关地方人民政府开展生态评估,根据违法违规围填海现状和对海洋生态环境的影响程度,责成用海主体认真做好处置工作,进行生态损害赔偿和生态修复,对严重破坏海洋生态环境的坚决予以拆除,对海洋生态环境无重大影响的,要最大限度控制围填海面积,按有关规定限期整改。涉及军队建设项目违法违规围填海的,由中央军委机关有关部门会同有关地方人民政府依法依规严肃处理。

四、加强海洋生态保护修复

(八)严守生态保护红线。对已经划定的海洋生态保护红线实施最严格的保护和监管,全面清理非法占用红线区域的围填海项目,确保海洋生态保护红线面积不减少、大陆自然岸线保有率标准不降低、海岛现有砂质岸线长度不缩短。

(九)加强滨海湿地保护。全面强化现有沿海各类自然保护地的管理,选划建立一批海洋自然保护区、海洋特别保护区和湿地公园。将天津大港湿地、河北黄骅湿地、江苏如东湿地、福建东山湿地、广东大鹏湾湿地等亟须保护的重要滨海湿地和重要物种栖息地纳入保护范围。

(十)强化整治修复。制定滨海湿地生态损害鉴定评估、赔偿、修复等技术规范。坚持自然恢复为主、人工修复为辅,加大财政支持力度,积极推进"蓝色海湾""南红北柳""生态岛礁"等重大生态修复工程,支持通过退围还海、退养还滩、退耕还湿等方式,逐步修复已经破坏的滨海湿地。

五、建立长效机制

(十一)健全调查监测体系。统一湿地技术标准,结合第三次全国土地调查,对包括滨海湿地在内的全国湿地进行逐地块调查,对湿地保护、利用、权属、生态状况及功能等进行准确评价和分析,并建立动态监测系统,进一步加强围填海情况监测,及时掌握滨海湿地及自然岸线的动态变化。

(十二)严格用途管制。坚持陆海统筹,将滨海湿地保护纳入国土空间规划进行统一安排,加强国土空间用途管制,提高环境准入门槛,严格限制在生态脆弱敏感、自净能力弱的海域实施围填海行为,严禁国家产业政策淘汰类、限制类项目在滨海湿地布局,实现山水林田湖草整体保护、系统修复、综合治理。

(十三)加强围填海监督检查。自然资源部要将加快处理围填海历史遗留问题情况纳入督察重点事项,督促地方整改落实,加大督察问责力度,压实地方政府主体责任。抓好首轮围填海专项督察发现问题的整改工作,挂账督改,确保整改到位、问责到位。2018年下半年启动围填海专项督察"回头看",确保国家严控围填海的政策落到实处,坚决遏制、严厉打击违法违规围填海行为。

六、加强组织保障

(十四)明确部门职责。国务院有关部门要提高对滨海湿地保护重要性的认识,强化围填海管控意识,明确分工,落实责任,加强沟通,形成管理合力。自然资源部要切实担负起保护修复与合理利用海洋资源的责任,会同国家发展改革委等有关部门,建立部省协调联动机制,统筹各方面力量,加大保护和管控力度,确保完成目标任务。

(十五)落实地方责任。各沿海省(自治区、直辖市)是加强滨海湿地保护、严格管控围填海的责任主体,政府主要负责人是本行政区域第一责任人,要切实加强组织领导,制定实施方案,细化分解目标任务,依法分类处置围填海历史遗留问题,加大海洋生态保护修复力度。

(十六)推动公众参与。要通过多种形式及时宣传报道相关政策措施和取得的成效,加强舆论引导和监督,及时回应公众关切,提升公众保护滨海湿地的意识,促进公众共同参与、共同保护,营造良好的社会环境。

国务院

2018 年 7 月 14 日

资料来源:

中华人民共和国中央人民政府. 国务院关于加强滨海湿地保护　严格管控围填海的通知[EB/OL]. (2018-07-25)[2019-01-02]. http://www.gov.cn/zhengce/content/2018-07/25/content_5309058.htm

(二)要点分析

由于长期以来的大规模围填海活动,滨海湿地大面积减少,自然岸线锐减,对海洋和陆地生态系统造成损害。为切实提高滨海湿地保护水平,严格管控围填海活动,国务院2018年7月25日印发《关于加强滨海湿地保护　严格管控围填海的通知》(简称《通知》)。

该《通知》强调,要切实转变"向海索地"的发展思路,统筹陆海国土空间开发保护,实现海洋资源严格保护、有效修复、集约利用。为严控新增围填海造地,通知对严控新增围填海提出更高的要求、更严的标准和更具体的措施。《通知》明确"除国家重大战略项目外,全面停止新增围填海项目审批"。

取消围填海项目计划（指标）分省下达，全面停止新增围填海审批。今后，除了重大战略项目外，地方一般性的项目一律不得新增围填海。下一步，通过严控新增围填海造地，将改变沿海一些地方高投入、高消耗、高污染的粗放经济发展方式，通过对土地、海域、能源等资源要素的节约集约利用，促进沿海地区经济发展转型升级，推动实现高质量发展。《通知》明确，要对非法占用红线区的围填海项目开展全面清理，查明违法违规围填海和围而不填情况，并要求在 2018 年底前完成全国围填海现状调查，在 2019 年底前制定好处理方案。

自然资源部表示，对已经完成围填海的合法合规的项目，原则上要加以集约利用；对 2017 年底前批准而尚未完成围填海的，要最大限度控制现有围填海面积。而对违法违规项目，则要在科学保护生态的前提下坚决整改，甚至拆除。

滨海湿地包括沿海滩涂、河口、浅海、红树林、珊瑚礁等，是近海生物重要栖息繁殖地和鸟类迁徙中转站，是珍贵的湿地资源，具有重要的生态功能。近年来，我国滨海湿地保护工作取得了一定成效，但由于长期以来的大规模围填海活动，滨海湿地大面积减少、自然岸线锐减，对海洋和陆地生态系统造成损害，并有大量闲置问题。

自然资源部在去年开展的围填海专项督察中就发现，填海造地用于房地产开发的问题在一些地区十分突出，在巨大的经济利益诱惑下，有的地方通过拆分审批、变更用途等方式"向海索地"。实际上很多过去的围填海项目主要是用于房地产开发和一些低水平重复的旅游项目的建设，所以这次国务院的通知里面明确强调坚决禁止围填海从事房地产开发和低水平的旅游项目的建设。即使对于历史遗留问题的处理，咱们也要按照新的国家产业政策来利用好已填成陆区，过去已经围填形成的围填海，变成未来新产业发展的宝贵资源。

案例 6.2　国家海洋局
中国农业发展银行关于农业政策性金融促进海洋经济发展的实施意见

（一）内容梗概

国家海洋局
中国农业发展银行关于农业政策性金融促进海洋经济发展的实施意见
国海规字〔2018〕45 号

沿海各省、自治区、直辖市及计划单列市海洋厅（局），中国农业发展银行沿海各分行：

为深入贯彻党的十九大关于新时代中国特色社会主义建设的新思想、新判断、新方略，加快建设海洋强国，落实中国人民银行、国家海洋局等八部委印发的《关于改进和加强海洋经济发展金融服务的指导意见》的要求，发挥政策性银行在助推海洋经济发展中的重要作用,国家海洋局、中国农业发展银行(以下简称"农发行")就推进农业政策性金融促进海洋经济发展工作提出如下意见,请遵照执行。

一、充分认识农业政策性金融促进海洋经济发展的重要意义

海洋经济作为国民经济的重要组成部分和新的增长点,"十三五"时期是我国海洋经济结构深度调整、发展方式加快转变的关键时期,充分发挥农业政策性金融在海洋金融领域建设海洋强国的物质基础的作用,在拓展发展空间、建设生态文明、加快新旧动能转换、保持经济持续稳定增长中发挥着重要的规范引领作用,对发展海洋产业、开发与保护海洋资源具有重要意义。各级海洋行政主管部门、农发行沿海各分行要统一思想、提高认识,将农业政策性金融作为促进海洋经济发展的重要支撑,将海洋经济作为农业政策性金融拓宽服务领域、履行社会责任的重要依托,切实加强战略合作,共同促进海洋经济可持续发展,助力海洋强国建设。

二、指导思想与工作目标

(一)指导思想

以党的十九大和习近平总书记关于"加快建设海洋强国""发展海洋经济"的系列讲话精神为指引,围绕"五位一体"总体布局、"四个全面"战略布局,按照"政策导向、优势互补、分业施策、务实创新"的原则,坚持"创新、协调、绿色、开放、共享"的发展理念,充分发挥国家海洋局组织协调优势和农发行融资融智优势,围绕重点领域和重大工程,着力提供突破海洋经济发展瓶颈的一揽子农业政策性金融解决方案,打造海洋经济发展新空间和新动能。

(二)工作目标

构建农业政策性金融促进海洋经济发展的金融服务体系,积极探索海洋领域投融资体制机制和模式创新,加大金融支持力度,提升金融服务水平,培育一批战略性客户,支持一批重点项目,建设一批示范园区,开展一批创新试点,推动海洋经济发展向质量效益型转变,助力供给侧结构性改革。"十三五"期间,力争向海洋经济领域提供约 1 000 亿元人民币的意向性融资支持。

三、重点支持领域

农业政策性金融以服务国家战略为导向,落实《国民经济和社会发展第十三个五年规划纲要》及《全国海洋经济发展"十三五"规划》,围绕"21 世纪海上丝绸之路"建设、海洋产业转型升级、海洋经济示范园区建设,聚焦重点领域和龙头客户,支持现代海洋渔业、海洋战略性新兴产业、海洋服务业及公共服务体系、海洋经济绿色发展和涉海基础设施建设。

（一）海洋渔业现代化发展

支持深水抗风浪网箱养殖、海洋离岸养殖和集约化养殖等生态健康养殖模式，人工鱼礁和海洋牧场建设，远洋渔业资源探捕开发与利用，海洋渔船标准化更新改造，境外远洋渔业大型生产加工基地和服务保障平台建设，海洋渔业育种提升工程，渔港等渔业综合服务基地建设，海洋水产品精深加工及仓储、运输等冷链物流与配送设施建设，多元化休闲渔业建设，海洋渔业小镇与渔港经济区融合发展等。

（二）海洋战略性新兴产业培育壮大

支持海洋生物资源开发利用，海洋功能性食品研发，现代海洋药物、饲料用酶等海洋特色酶制剂、绿色农用制品（含高效生物肥料）等的研制与生产，海洋可再生能源工程化应用和海岛可再生能源开发，海水利用在沿海缺水城市、海岛、产业园区的规模化应用，涉农海洋工程装备制造业的自主研发和总装建造及规模化、集约化发展，环保型海洋工程材料研制和生产等。

（三）海洋服务业及公共服务体系拓展提升

支持海洋交通运输发展、海产品流通体系建设，海洋生态旅游发展、海洋休闲旅游小镇建设，海洋旅游信息等海洋信息服务建设，海洋文化遗产保护和海洋文化品牌建设，海洋高新技术研发、试验和成果转化，海洋渔船安全监控等海洋安全生产服务、海上搜救、海洋观测监测等海洋公共服务体系建设。

（四）海洋经济绿色发展

支持海洋渔业资源增殖、养护和修复，海洋环境整治、岸线整治修复、"蓝色海湾""生态岛礁""南红北柳"等海洋生态修复工程，海岛、海岸线保护性开发，海洋领域节能减排与低碳发展等。

（五）涉海基础设施建设

支持沿海村镇（含海岛）道路、供电、供水、通信、排水、垃圾污水处理等公共基础设施建设，防灾减灾基础设施建设，海水综合利用管网建设，海洋产业园区基础设施建设等。

四、积极创新金融服务方式

（一）完善利率定价机制，优化贷款期限设定

农发行在风险可控、商业可持续原则的基础上，根据不同涉海企业的实际情况，建立符合监管要求的差别化定价机制。针对涉海项目周期和风险特征，根据项目的资金需求和现金流分布状况，科学合理确定贷款期限。对于列入《国民经济和社会发展第十三个五年规划纲要》、全国和地方海洋经济发展"十三五"规划的海洋领域重大工程、重大项目、重点支持领域，在财务可持续及有效防范风险的前提下给予利率优惠，并视情况适当延长贷款期限。

（二）积极开展海洋贷款模式创新，提升风险防控能力

根据海洋类贷款特点，发展以海域使用权、无居民海岛使用权、海产品仓单等为抵质押担保的海洋特色贷款产品，建设完善海洋产权流转、评估、交易体系。充分利用财政贴息奖补政策，探索政策性金融资金与财政资金合力支持海洋经济发展新路径。积极运用政府和社会资本合作（PPP）等模式，为海洋经济发展提供综合性金融服务。鼓励地方政府建立海洋产业引导基金，开展投贷联动支持涉海企业。建设海洋经济示范区，对处于产业集群中的涉海企业，积极试点统贷统还等融资服务模式。联合其他银行、保险公司等金融机构以银团贷款、转贷款等方式，努力拓宽涉海企业和涉海项目融资渠道。推动农发行与渔业互助保险协会等机构开展合作，为渔民贷款提供便利。鼓励沿海地方政府积极开展贷款风险补偿工作，推动建立海洋产业贷款风险补偿专项资金，发展海洋领域政府性融资担保，建立政府、农业政策性金融、融资担保公司合作机制。

（三）加强海洋投融资公共服务，建设综合服务平台

加强政府、企业、金融机构信息共享，国家海洋局联合农发行以及其他有关单位共同搭建海洋产业投融资公共服务平台，提供政策发布、行业交流、咨询对接、成果转化的综合服务，建立项目数据库，农发行积极采选入库并获得海洋行政主管部门推荐的优质项目。鼓励地方海洋行政主管部门和农发行共同组织涉海项目与政策、金融产品与服务双向推介会，加强宣传和引导，提升农业政策性金融服务功能与效率。

五、项目组织与实施

（一）加强项目储备

国家海洋局统筹考虑现代海洋渔业、海洋战略性新兴产业、海洋服务业及公共服务体系、海洋经济绿色发展和涉海基础设施建设的目标，根据重点支持领域，组织地方海洋厅（局）做好项目储备。各地海洋厅（局）指导各市县（区）编制年度海洋经济项目计划（含公益性、基础性、竞争性等各类涉海项目），明确项目建设目标、重点任务、实施步骤，并于每年3月20日前将项目计划报国家海洋局。各地农发行要主动与当地海洋厅（局）沟通，参与本地海洋经济发展规划制定，根据发展方向和合作领域，做好项目对接。

（二）开展项目筛选

地方海洋行政主管部门与当地农发行要加强合作，依托海洋产业投融资公共服务平台，对农发行有意向的储备项目积极从海洋产业发展、海洋资源管理、海洋生态文明建设、海洋防灾减灾等方面提供前期引导。省级海洋行政主管部门统筹考虑项目可行性、融资需求、前期工作进展等因素，与省级农发行共同研究筛选，提出农业政策性贷款项目，并于季度结束后10日内推荐到国家海洋局。国家海洋局与农发行联合组织相关部委、科研院所的有关专家，对各地上报项目进行评

审,遴选成熟、优质项目,建立"农业政策性金融支持海洋经济重点项目库"。

（三）项目贷款落地

对于纳入"农业政策性金融支持海洋经济重点项目库"的项目,农发行总行将项目推荐给有关分行。沿海各分行要指定专门处室和人员,主动与项目实施方对接,做好融资融智等各项金融服务,按照内部程序加快项目评审,在有效防控风险的前提下,切实加大信贷支持力度,并在季度结束后10日内向海洋部门和项目方反馈贷款推进情况。农发行总行会同国家海洋局联合相关分行及各地海洋行政主管部门通过调研、政策指导等方式,共同推进项目贷款落地。

六、强化工作保障机制

（一）组织协调机制

国家海洋局和农发行要将农业政策性金融支持海洋经济发展工作列入重要议事日程,双方成立战略合作领导小组及办公室;省级及计划单列市海洋行政主管部门和农发行沿海各分行应尽快完善战略合作机制,建立组织协调机制,工作责任到人。

（二）沟通交流机制

双方具体实施部门建立重大融资项目联合评估机制和定期联络会商机制,加强沟通协调、信息交流、数据共享和业务培训。国家海洋局通过简报、工作动态等方式交流海洋领域农业政策性金融服务进展情况,促进地方特色做法和经验的交流。农发行定期向沿海各分行下达工作阶段性计划与目标,保证沿海各分行在项目推动中及时获得海洋领域的支持政策,推动项目贷款尽快落地。

（三）财政与融资配套机制

双方积极争取国家和地方财政支持,推动完善涉海财政贴息、奖励、风险补偿等政策,创造良好的融资环境。制定并定期完善《海洋产业发展投融资目录》,引导信贷支持方向。

（四）工作监督和考核机制

国家海洋局、农发行建立局行及地方层面的工作监督与考核机制,着重对列入"农业政策性金融支持海洋经济重点项目库"的项目落实情况进行监督考核,实行名单制管理,明晰责任,强化执行,确保各项工作落到实处,取得实效。

各海洋厅（局）、各分行在执行过程中要按照本意见要求尽快建立健全工作机制,明确责任人与联系人,加强沟通协调。相关工作机制建立情况请于2月28日前报送至国家海洋局和农发行。

资料来源：

中华人民共和国自然资源政府信息公开（海洋管理）.国家海洋局 中国农业发展银行关于中国农业发展银行关于农业政策性金融促进海洋经济发展的实施意见[EB/OL].（2018－02－05）[2019－09－09]. http://gc.mnr.gov.cn/201806/t20180614_1795447.html.

（二）要点分析

2018年2月，国家海洋局、中国农业发展银行联合出台了《关于农业政策性金融促进海洋经济发展的实施意见》（下文简称《实施意见》），为深入了解《实施意见》编制出台的有关考虑和情况，现进行简要的案例分析。

1.《实施意见》出台的背景和意义

党的十九大报告在"建设现代化经济体系"部分作出了"加快建设海洋强国""增强金融服务实体经济能力"等新的战略部署，《实施意见》的出台是国家海洋局和中国农业发展银行贯彻落实十九大精神的一项重要且务实的举措。海洋经济已成为我国国民经济的重要支撑，是我国经济和资源安全的重要保障，发展海洋经济是建设现代化经济体系的重要任务，也是加快建设海洋强国的重要内容。金融是现代经济的核心，是实体经济的血脉，优质高效的金融服务是新时代发展海洋经济的有力保障。提升金融服务质量和水平，是促进海洋经济发展向质量效益型转变和建设海洋强国的必然要求。

2017年4月6日，国家海洋局与中国农业发展银行签署促进海洋经济发展的战略合作协议，双方合作进入了全面深化的新阶段。以十九大关于新时代建设现代化经济体系的新思路为引领，按照《中共中央国务院关于深化投融资体制改革的意见》和国家海洋局、中国人民银行等八部门联合印发的《关于改进和加强海洋经济发展金融服务的指导意见》的要求，双方在深入调研农业政策性金融服务海洋经济发展的现状、问题和政策需求的基础上，制定了该《实施意见》。

2. 农业政策性金融促进海洋经济发展的目标和重点支持领域

根据《实施意见》，农业政策性金融促进海洋经济发展的工作目标主要包括构建农业政策性金融支持海洋经济发展的金融服务体系，积极探索海洋领域投融资体制机制和模式创新，支持一批重点项目，建设一批示范园区，开展一批创新试点，力争"十三五"期间向海洋经济领域提供约1 000亿元人民币的意向性融资支持。农业政策性金融以服务国家战略为导向，围绕"21世纪海上丝绸之路"建设、海洋产业转型升级、海洋经济示范区建设，聚焦重点领域和龙头客户，重点支持现代海洋渔业、海洋战略性新兴产业、海洋服务业及公共服务体系、海洋经济绿色发展和涉海基础设施建设等五大领域。

一是海洋渔业现代化发展。具体内容包括：深水抗风浪网箱养殖、海洋离岸养殖和集约化养殖等生态健康养殖模式；人工鱼礁和海洋牧场建设；远洋渔业资源探捕开发与利用；海洋渔船标准化更新改造；境外远洋渔业大型生产加工基地和服务保障平台建设；海洋渔业育种提升工程；渔港等渔业综合服务基地建设；海洋水产品精深加工及仓储、运输等冷链物流与配送设施建设；多元化休闲渔业建设；海洋渔业小镇与渔港经济区融合发展等。

二是海洋战略性新兴产业培育壮大。支持海洋生物资源开发利用，海洋功能性食品研发,现代海洋药物研制与生产,饲料用酶等海洋特色酶制剂产品研制与生产,高效生物肥料等绿色农用制品研制与生产;支持海洋可再生能源工程化应用和海岛可再生能源开发;支持海水在沿海缺水城市、海岛、产业园区的规模化应用等;支持涉农海洋工程装备制造业的自主研发和总装建造及规模化、集约化发展;支持环保型海洋工程材料研制和生产。

三是海洋服务业及公共服务体系拓展提升。支持海洋交通运输发展,海产品流通体系建设;海洋生态旅游发展,海洋休闲旅游小镇建设;海洋旅游信息等海洋信息服务建设;海洋文化遗产保护和海洋文化品牌建设;海洋高新技术研发、试验和成果转化;海洋渔船安全监控等海洋安全生产服务、海上搜救、海洋观测监测等海洋公共服务体系建设。

四是海洋经济绿色发展。支持海洋渔业资源增殖、养护和修复;海洋环境整治、岸线整治修复、"蓝色海湾""生态岛礁""南红北柳"等海洋生态修复工程;海岛、海岸线保护性开发;海洋领域节能减排与低碳发展等。

五是涉海基础设施建设。支持沿海村镇(含海岛)道路、供电、供水、通信、排水、垃圾污水处理等公共基础设施建设,防灾减灾基础设施建设,海水综合利用管网建设,支持海洋产业园区基础设施建设等。

3.《实施意见》提出的创新举措

《实施意见》提出了创新金融服务海洋经济发展的具体方式和举措。

一是完善利率定价机制,优化贷款期限设定。农发行在风险可控、商业可持续原则的基础上,根据不同涉海企业的实际情况,建立符合监管要求的差别化定价机制。针对涉海项目周期和风险特征,根据项目的资金需求和现金流分布状况,科学合理确定贷款期限。对于列入《国民经济和社会发展第十三个五年规划纲要》、全国和地方海洋经济发展"十三五"规划的海洋领域重大工程、重大项目、重点支持领域,给予利率优惠,并视情况适当延长贷款期限。

二是积极开展海洋贷款模式创新。根据海洋类贷款特点,发展以海域使用权、无居民海岛使用权、海产品仓单等为抵质押担保的海洋特色贷款产品,建设完善海洋产权流转、评估、交易体系。充分利用财政贴息奖补政策,探索政策性金融资金与财政资金合力支持海洋经济发展新路径。积极运用政府和社会资本合作(PPP)等模式,为海洋经济发展提供综合性金融服务。鼓励地方政府建立海洋产业引导基金,开展投贷联动支持涉海企业。支持海洋经济示范区建设,对处于产业集群中的涉海企业,积极试点统贷统还等融资服务模式。联合其他银行、保险公司等金融机构以银团贷款、转贷款等方式,努力拓宽涉海企业和涉海项目融资渠道。

三是在金融服务模式创新的同时加强风险管理,提升风险管控能力。在风险管控方面,农业政策性金融将探索与保险公司、渔业互助保险协会等机构开展合作,并鼓励沿海地方政府积极开展贷款风险补偿工作,推动建立海洋产业贷款风险补偿专项资金,发展海洋领域政府性融资担保,建立政府、农业政策性金融、融资担保公司合作机制。

四是加强海洋投融资公共服务,建设综合服务平台。加强政府、企业、金融机构信息共享,国家海洋局联合中国农业发展银行以及其他有关单位共同搭建海洋产业投融资公共服务平台,提供政策发布、行业交流、咨询对接、成果转化的综合服务。

4. 双方推动《实施意见》落实的具体举措

国家海洋局和中国农业发展银行将完善组织协调、沟通交流、财政与融资政策配套、工作监督和考核等四个工作保障机制,加快推动优质涉海项目组织与实施,通过海洋投融资公共服务平台加强宣传和引导,提升农业政策性金融服务功能与效率,加快贯彻落实《实施意见》。

一是"项目储备"方面,国家海洋局统筹考虑,根据重点支持领域,组织地方海洋厅(局)做好项目储备,各地海洋厅(局)指导各市县(区)编制年度海洋经济项目计划,明确项目建设目标、重点任务、实施步骤,各地中国农业发展银行与当地海洋厅(局)沟通,参与本地海洋经济发展规划制定,做好项目对接。

二是"项目筛选"方面,依托海洋产业投融资公共服务平台,国家海洋局与中国农业发展银行将组织有关专家,遴选成熟、优质涉海项目,建立"农业政策性金融支持海洋经济重点项目库"。

三是"项目落地"方面,对于入库项目,国家海洋局将会同中国农业发展银行,联合相关分行及各地海洋行政主管部门通过调研、政策指导等方式,共同推进项目贷款落地。

四、问题思考

1. 简述海洋政策与法律的关系。
2. 简述海洋政策的主体与类型。
3. 简述海洋政策在行政过程中的涉及面。
4. 简述海洋政策的执行状况。

第七章
海洋战略案例篇

一、目标设置

海洋战略是指导国家海洋事业发展和保障国家海洋利益安全的总体方略,是国家战略在海洋事务中的运用和体现,是一个集指导海洋经济发展、海洋科技进步、海洋环境保护和海上安全保障等于一身的战略体现。国家海洋战略的构建是一项庞大、复杂的系统工程,涉及方方面面,总的来说,应当以拓展海上能力为基础,紧扣"发展、安全、统一"这一主题,以形成一个正确、完整、可操作的发展战略。本章的3个案例在于说明如下结论:

(1)战略有不同的层面,最大的层面应该是全球的共同发展。对于一个国家来说,国家层面的海洋战略由一个国家不同时期的历史使命和发展状况及未来目标所共同决定,一个国家海洋战略的制定也绝不是一朝一夕、一蹴而就的,它需要经过国家层面的缜密研究,出台的过程也可能要经历时日。同时,国家层面的海洋战略是一个统筹性的、指导性的全局战略,有时候它可能只是一个愿景、一个使命,并不见得是一个成文的条例或者规定,而要实现这个战略,则需要各个部分、各个时期的不同战略或者规划的实施。

(2)部门或者行业的海洋发展战略,体现了部门或者行业的特点,它必须配合着国家层面战略的制定和方针方向,以确保国家层面战略的有效实现。因此,部门或者行业战略的制定则要在国家战略的指导下,结合部门、行业自身的状况及其他部门、行业的关系,充分调研的基础上,可以采用渐进式规划的特点,制定长期的战略规划。部门、行业的战略发展规划要充分体现国家战略在其部门、行业的优势及重心,同时注重与其他相关部门、行业的协作与协调性。

(3)不同国家不同时期的海洋战略不仅同本国的目标及发展情况有关,也会受其他国家海洋战略的影响,同时,也会对其他国家海洋战略及其具体策略产生相互作用。在现代社会,国与国之间的联系更加密切,海洋又具有与全人类命运相共通的特点,国家的海洋战略更是具有了相当的全球性,如何在本国发展与他国发展之间寻求到最合适的均衡点,如何制定适合于本国及他国的海洋战略,对每一个国家来说都是必须审慎面对的重要问题。另外,国家的海洋战略也会随着形势的变化相应地修正调整,而这也势必对他国产生一定的影响。

二、理论综述

"战略"一词原是军事术语,意为作战谋略,即通过广泛收集敌我双方的情报,依据双方的军事、政治、经济、地理等因素,对战争全局作出准确的分析、判断,并对未来的战事进行筹划、决策和指挥。21世纪以后,战略一词越来越多地被应用于诸如社会、政治、经济、科技、文化等各个领域,尤其是企业经营管理活动,战略规划的重要性日益显著。

(一)海洋战略管理的基础理论

1. 海权保护理论

人类想要经略海洋必须拥有对海洋的控制权,因为拥有海权就意味着拥有财富和权力。海洋由于其特殊性,即海上活动的变化性、海上贸易的流动性使财产的权利和保护变得异常重要,如果没有明确的产权保护,海洋经济的流动性使财产的权利和财富难以被有效保护,财产侵权行为会随时产生,经济就难以发展。正是海洋经济的流动性促使人们考虑如何保护流动财产的所有权问题,才有了产权制度。如果说,大陆或大河经济的基本点之一是"公共地方,谁都可用"的话,那么海洋经济则告诉人们"公共地方,必须有一套合理的制度才能占用"的道理,这就是产权制度的核心要求之一。由于海洋流经各个国家,因此划分海洋产权十分困难,由此需要有关的法律或公约来界定各国对海洋资源的开发权限。1982年12月,第三次联合国海洋法会议通过的《联合国海洋法公约》,建立了新的海洋秩序。

19世纪末,美国海军军官马汉提出了著名的"海权论",构建了完整的海权体系。其主要观点是:(1)对海洋的控制权决定海洋国家的根本命运,"海权是统治世界的决定性因素"。(2)海权依赖于海权体系,包括:拥有进入世界主要海洋的地理条件、在本国沿海港口开辟的海上后勤基地、一支现代化商船队、一支强大的海军和分布在主要航线上的据点,还包括广阔的领土、人口、资源和经济实力。(3)海军在国力中占第一位。马汉的理论是对数千年列强海上争霸历史的总结,深刻提示了海权的本质,而当今时代的海权随着《公约》的签署和实施已经发生了明显的发展与变化:海上国防力量的强弱仍是维护一国海洋主权、实现海洋经济大发展的有力保障,而海上国防力量的强弱主要体现在海军的强大与否上;世界各国围绕海洋权益的激烈争夺,已由过去的争夺军事目标、战略要地和咽喉要道为主变成争夺经济利益、岛屿与海洋资源为主;由过去超级大国为主的争夺,变为广大沿海国家都纷纷参与,促使海洋竞争加剧、斗争升温。由此表明,保护自己的海洋权益已成为各国的头等大事。

2. 经济增长新空间理论

自人类组成社会以后,人类社会就和自然环境共同组成了一个复杂的巨系统,简称为"环境—社会系统"。在这个大系统中,人类从自然环境中抽取所需要的生活资源和生产资源,此为需求;另一方面,自然环境则在自然系统所能承受的范围内无偿地"恩赐"给人类所有它可能提供的物质,此为供给。人类向海洋索取所需要的资源正是这种供给与需求的关系。

然而,由于科学技术的发展水平所限,以及海洋特有的风险困难等原因,一直以来,人类对海洋资源的开发利用程度远不及陆地。而经过几个世纪以来的开发利用,陆地上的资源越来越少,如果继续在陆地上拓展生存空间,则经济成本增大,并且边际收益也越来越小,而且还会对人类的可持续发展造成重大威胁。肯尼斯·波尔丁在 1966 年发表的经典论文《即将到来的宇宙飞船经济学》中预言,将来的经济特征不再是过去的"开拓经济",而是"宇宙飞船经济"。这一预言表达了这样一个观点:人类赖以生存的地球在广阔无际的太空中相当于一艘宇宙飞船,既然是宇宙飞船,那么所能提供的资源和所能承受的污染就是有限的、一定的,人口和经济的不断增长,可能会使这艘宇宙飞船的有限资源趋于枯竭。虽然地球不是宇宙飞船,因为它有一定的弹性范围,但在特定的历史时期,在一定的社会经济水平的条件下,自然环境的承载能力却也是一定的。

人类目前的陆地资源已经形成资源危机,而海洋资源却还没有得到很好的开发。海洋对人类的价值包括:调节全球气候;人类食物的重要来源;社会物质生产的原料基地;连接各大陆的基本通道;人类生存发展的新空间;提供取之不尽、用之不竭的水资源;极具前途的海洋再生资源;提供丰富的旅游资源等。所有这些都表明下个世纪人类所需要的绝大部分能源、资源都将来自海洋。而海洋经济的增长速度远高于国民经济的增长速度,海洋经济对沿海地区经济有相当大的促进作用等方面则表明海洋经济将来是未来世界经济发展的希望所在,海洋将成为人类经济增长的新空间。

3. 海洋可持续发展理论

1992 年里约联合国环境与发展大会通过的《里约环境与发展宣言》提出了可持续发展的理论。而有关海洋可持续发展的理论则是在同时通过的《21 世纪议程》中指出的:海洋是全球生命支持系统的基础组成部分,是人类可持续发展的重要财富。其中的第 17 部分,即关于 21 世纪海洋议程部分,对海岸带、近海、国家管辖海域以至公海和深海大洋的环境保护做了详尽规定,并提出了相关的人口膨胀而出现的资源、能源、食品短缺问题列入了国家及整个社会的可持续发展战略。第 49 届联合国大会通过决议,1998 年为国际海洋年,其主要议题是强调海洋在造就地球生命中所起的重要作用,突出海洋环境的整体性,加强国际合作,共同维护海洋经济的可持续发展。

1999 年联合国可持续发展会议重点讨论了海洋可持续发展问题。所有这些都是因为海洋是人类社会可持续发展的最基础条件之一,没有健康的海洋,就没有地球及其生命系统,人类就会灭亡。长久以来,现代海洋开发活动在迅速展现其巨大的经济效益的同时,影响海洋可持续开发利用的环境问题也越来越突出,若割裂海洋经济发展与生态保护的相互联系,就会使原来的优势变成沿海经济与社会发展的制约因素。海洋经济传统意义上是资源型经济,开发海洋资源形成了新兴的海洋产业,海洋资源与环境污染是海洋经济的物质基础,是沿海经济与社会发展的制约因素,实现海洋资源、环境的可持续利用是实现海洋经济可持续发展的先决条件,然而海洋及海岸带地区是环境极为脆弱的地区,其资源和环境对产业的承载能力是极为有限的,因此,加强海洋资源和环境管理对于促进海洋经济可持续发展具有重大意义。

(二)影响国家海洋战略制定的因素

决定国家海洋战略的因素,既有静态因素,也有动态因素。静态因素包括一个国家海洋国土面积的大小、临海位置及区位优势、所管辖海域的资源总量以及一定时期国人对海洋的需求等。它们往往决定着国家发展的基本方向和海洋战略决策。中国是一个人口多而陆地资源相对贫乏的国家,但同时是一个海洋大国,这就决定了我国的战略取向在控制人口总量、提高科技水平、科学利用耕地和陆地资源的同时,必须发挥海洋优势,开发利用海洋、向海洋要财富和发展空间。

动态要素,又分为内生变量和外生变量。内生变量主要指广义上的海洋社会生产方式和国家管理海洋的政体形态。海洋社会生产方式主要包括国家开发及利用海洋的科技水准和创新能力、海洋经济增长率和沿海民众生活的改善情况、国家通过海洋对外开放程度和贸易投资水平、人均产值和海洋经济占国民经济的比重等要素。而国家管理海洋的政体形态主要包括政府对海洋地位的认知程度、对海洋的决策水平、对海洋的管理体制和管理方式、管理海洋与维护海洋权益强弱,以及社会关注海洋的程度等多方面。国家管理海洋的政体形态反映了一个国家的海洋管理体制、海洋政治追求及国家的海洋形象,决定着这个国家在国家海洋活动中是获益还是受损,规定着其海洋国家利益的伸缩程度及其在海洋外交政策上体现出来的性质,比如是扩张型的还是防御型的等。内生变量是决定性因素。它不但对于制定政府海洋议程和决定国家海洋利益是至关重要的,而且决定了国家海洋战略的基本走势和基本内涵。比如,当一个国家的陆域资源不能满足其社会生存和社会发展要求时,向海洋要资源、要生存与发展空间就会提到议事日程上来;随着技术进步及时间推移,一些国家的主权要求可能延伸至远海乃至大洋洋底。

外生变量主要指与一个国家海洋周边环境安全相关的各种成分,如海上和平及冲突的现状、周边国家关系和海洋国际合作的氛围、邻国和相近区域的经济基础、海洋信息的数量和质量及传递速度、特定时期国际社会对海洋关注的焦点、国际海洋制度和法则的变化等,即它包括了国家在决定其海洋国家利益时所要考虑的一切外部因素。外生变量的伸缩性极大。在不同的历史时期甚至在同一历史时期的不同阶段,它可能呈现完全不同的形态,对沿海国家产生完全不同的影响,并进一步反作用于内生变量,从而重新确定国家海洋议程和国家的海洋战略。

(三)海洋战略的定位

战略一词早已成为大众话语中的词汇。正是由于这个原因,不同人口中的战略,不同研究者笔下的战略常常含义各不相同。即使在讨论海洋战略这个与国家或政府联系在一起的议题时,从而战略这一语词可能包括的范围被大大限缩的情况下,也依然有必要把战略区分为国家战略、部门战略和行业战略等。在海洋战略研究的实践中,同时也就是人们使用海洋战略这一语词的语言实践中,实际上存在着国家战略、部门战略和行业战略三种含义不同的海洋战略。这种三分状态似乎就是海洋战略在逻辑上的一分为三。

1. 作为国家战略的海洋战略

作为国家战略的海洋战略口号和相关研究不难寻找。杨金森先生笔下"15世纪以后"的葡萄牙、西班牙、荷兰、英国、法国、美国、德国、日本、俄国"利用海洋发展成为世界强国"的"国家海洋政策"都是国家战略。李明春先生对中国古代海权思想提出的"放弃海洋,就是放弃富国"的批评是对指导国家战略的海权思想的批评。为人们一再推崇的狄米斯托克里所说的"谁控制了海洋,谁就控制了世界"的名言属于国家战略。印度首任驻华大使潘尼迦(K. M. Panikkar)对印度海洋政策的分析对这句名言是极有说服力的注脚:"印度如果自己没有一个深谋远虑、行之有效的海洋政策,它在世界上的地位总不免是寄人篱下而软弱无力;谁控制了印度洋,印度的自由就只能听命于谁。因此,印度的前途如何,是同它会逐渐发展成为强大到何等程度的海权国,有密切联系的。"他所关心的海洋政策具有决定"印度的前途如何"的价值。这样的海洋政策无疑是国家战略。许多专家研究过海洋强国发展的历史。从这些研究中可以发现,一些国家是先有明确的国家海洋战略而后才实现国家强盛的。在明确确立国家海洋战略的国家中,英国无疑是最好的例证。

英国是一个岛国。16世纪之后,尤其是在工业革命之后,英国逐渐形成了通过海洋谋求财富,继而控制生财通道,统治非洲、亚洲甚至全世界的海洋战略。杨金森先生把"海上霸权"说成是"英国的命根子"。与这个"命根子"相关联的战略设计就是海洋兴霸战略。沃特·雷利爵士的名言表达了这样的战略构想:"谁控制了海洋,即控制了贸易;谁控制了贸易,即控制了世界财富,因而控制了世界。"这是以贸易为生财之道的时代的国家战略思考,这是海外贸易已经或即将成为最重要的生财之道的时代的国家战略。这个战略或许并没有形成文字,但却以一次又一次的悲壮的战争留在了人类文明史上。若没有这样的国家战略，就难以有对享有"海上马车夫"之称的荷兰的胜利；若没有这样的战略，就不会有被称为"七年战争"之类的英法大战；若没有这样的国家战略，把西班牙的"无敌舰队"掀翻是难以想象的。

2. 作为部门战略的海洋战略

一个国家的国家战略往往都需要以部门战略为支撑。一般来说，国家战略之下会有政治战略、军事战略、经济战略等部门战略。学界之所以也把国家战略说成是总体战略，是因为在总体战略之下经常会存在"分体"战略。依据国家战略制定的政治战略、军事战略、经济战略等部门战略都可以说是国家总体战略的分体。海洋战略也曾被界定为这种意义的战略。一些研究者曾描述过作为部门战略的海洋战略。《中国 21 世纪海洋议程》(简称《议程》)的某些表达看起来就是海洋部门战略。《议程》的前言中有以下表述："中国政府根据 1992 年联合国环境与发展大会的精神，制订了《中国 21 世纪议程——中国 21 世纪人口、环境与发展白皮书》，确立了中国未来的发展要实施可持续发展战略。中国既是陆地大国，又是沿海大国。中国的社会和经济发展将越来越多地依赖海洋。因此，《中国 21 世纪议程》把'海洋资源的可持续开发与保护'作为重要的行动方案领域之一。"这段话中的可持续发展战略可以归结为国家战略，那个叫作"海洋资源的可持续开发与保护"的"重要的行动方案领域"可以看作是服务于国家战略的全局性规划，亦即部门战略。

《议程》的第一章《战略和对策》从内容上看，它规定了"战略目标"。其中"总体目标"是"建设良性循环的海洋生态系统，形成科学合理的海洋开发体系，促进海洋经济持续发展"。它还规定了确保战略目标实现的"战略原则"。其中包括"把海洋可持续利用和海洋事业协调发展作为 21 世纪中国海洋工作的指导思想""以发展海洋经济为中心""适度快速发展""海陆一体化开发""科教兴海""协调发展"等。从与可持续发展战略的关系上看，这些内容都可理解为海洋部门战略。这里需要指出，部门战略不同于一个具体的管理部门的战略。部门战略一词中的部门是指对国家战略具有重要支撑作用的行业或者"领域"。部门战略必然以国家机器的某种机能为依据，必然是对这种机能的战略运用。

3. 作为涉海行业全局性规划的海洋战略

海洋战略的最常见的用法是指关于涉海行业自身发展的全局性规划。从 20 世纪 80 年代起国家海洋局就开始谈海洋战略。比如，当时的国家海洋局局长严宏谟先生在与《中国海洋报》记者的谈话中就提到"海洋开发战略"。他所说的战略以国家海洋局的业务工作范围为依据。当时国家给海洋局规定的工作任务是"执法管理、公益服务、调查科研和组织协调"，而严局长所谈的海洋战略就是关于这些工作任务的"全局性"规划。他的规划要思考的核心内容是"把以维护海洋权益,保护海洋环境为重点的执法管理和以发布海洋水文预报、海洋资料服务为重点的公益服务两方面为主导,以带动海洋业务工作的全面发展"。围绕这个核心,他考虑了海洋开发原则、海洋立法、海洋权益维护、海洋水文预报、海洋信息网络建设、海洋调查和科研工作等工作和任务。为了实现上述核心规划,使上述工作和任务能够顺利完成,他提出要尽快健全"国家海洋业务工作体系"。他所说的这个体系包括"不同的部分和层次的基础设施",主要有"一个网络""三个体系"。"一个网络"是"由遥测资料浮标、台站、观测船舶和飞机组成的海洋观测监视网";"三个体系"是"由中国海洋监察队伍与海域分区管理的机构组成执法管理系统""由海洋环境预报中心与各海洋台站组成预报服务系统""由海洋资料中心与全国各海洋资料情报单位组成海洋信息资料服务系统"。不管是他所说的"海洋开发战略",还是他对海洋局的工作所作的其他带有全局性的思考和安排,都只是一个部门或一个行业的工作规划,是对"全局性、高层的重大问题的筹划"。尽管我们可以把这样的规划与国家的战略需求联系在一起,或者把这种规划所包含的建设任务等视为国家战略的组成部分,给它们以客观上符合国家战略要求的评价,但这种客观结果不能改变它们原本的设计依据,不能改变其作为为完成工作任务而作的谋划的本质特征。

(三) 我国海洋战略的总目标与总原则

国家海洋战略的构建是一项庞大、复杂的系统工程,涉及方方面面,总的来说,应当以拓展海上能力为基础,紧扣"发展、安全、统一"这一主题,以形成一个正确、完整、可操作的发展战略。国家海洋战略可分为"近海战略"和"大洋战略"。其中"大洋战略"的要点和重点在于海洋资源。

21世纪我国海洋战略总的目标是:到21世纪中叶,使海洋经济总产值达到国民生产总值的1/4,使海洋产业能够承载全国人口的1/4乃至更多,使海防现代化水平进一步提高,进入海洋军事强国之列,从而使人们在拥有960万平方千米"陆上强国"的同时,拥有一个在约300万平方千米"蓝色国土"上耸立起来的"海上强国"。所谓"海洋大国"发展成为"海洋强国"需要一个过程,而完成这个过程,首先要靠正确的海洋战略。"海洋大国"只是对一种客观情况的描述,而"海洋强国"则是对海洋资源的一种主观和主动的把握。这也是人与自然斗争的一个表现,其中有能力问题,又涉及科技问题,还涉及对海洋的理解问题,更涉及一个国家的综合实力问题,所以需要长时间的积累。为实现上述总目标,在制定21世纪海洋战略时遵循如下总原则。

1. 以海洋经济建设为中心的原则

海洋战略的核心是发展海洋经济。发展是硬道理,是实现海洋战略目标的关键所在。促进海洋经济的持续、快速、健康发展,是制定海洋战略的着眼点和落脚点,是必须始终坚持的战略原则。

2. 开发海洋与保护海洋同步的原则

海洋是一种有助于实现可持续发展的宝贵财富,合理开发海洋资源,加强生态、环境保护,是功在当代、泽在子孙的大事,是历史赋予当代人的双重神圣使命,也是人类走向海洋、征服海洋必须遵循的战略原则。开发利用海洋必须与海洋环境和资源保护同步规划、同步实施、同步发展,确保海洋环境的健康和资源的永续利用,以获得最佳经济效益、社会效益和生态效益。

3. 适度快速发展的原则

海洋产业是新兴产业。目前,我国海洋产业产值在国民经济总产值中的比重还很低,远远低于发达国家的水平。在我国海洋经济建设中,必须从中国的国情出发,充分发挥国力和海洋的区位及自然优势,坚持适度快速发展,增加海洋经济对国民经济的贡献率,提高海洋经济产值在国民经济总产值中的比重,缩短与发达国家的距离,并争取在一定时间内赶超世界先进水平。

4. 海陆一体化开发的原则

海洋是由海岸、海面、水体和海底构成的立体空间。海洋资源是复合的、多层次的,只有海陆结合才能充分发挥海岸带的区位和资源两大优势,进而产生最佳的经济效益。因此,海洋开发要根据海陆一体化的原则,统筹安排,科学规划,使海岸带的区位优势和海洋资源优势互补,相互促进,并向相邻的广大海域和邻近陆域辐射,以形成不同类型的海洋区域经济开发带。

5. 科技先行的原则

科学技术作为第一生产力的作用越来越突出,成为经济、社会发展和国家强盛的决定性因素。现代海洋开发是建立在最新科技成就的基础之上的,只有坚持海洋开发科技先行的战略原则,才能超前发展海洋新技术,并使之商品化,加速传统海洋产业的技术改造,促进新兴海洋产业发展,实现海洋开发由劳动密集型向技术密集型产业的转变,使海洋经济快速发展。

6. 协调发展原则

海洋开发涉及诸多行业,海洋保护和管理涉及许多领域和部门,海洋研究涉及许多学科,协调发展是处理上述诸多行业、领域、学科关系的重要手段之一,也是开发利用海洋和保护、管理海洋所必须遵循的原则。只有按照协调发展的原则来处理产业之间的关系、区域之间的关系、行业之间的关系,才能最大限度地发挥海洋区位和资源优势,促进海洋经济全面发展。

7. 国家海洋安全权益原则

保卫国家的海防安全和维护国家的海洋权益是国家海洋战略中的一项最基本的任务,也是海洋开发的前提。只有坚持国家海洋安全权益原则,才能有效地保卫国家安全、维护国家海洋权益,才能保证海洋开发有序进行,才能促进海洋经济的持续、快速、健康发展。

（四）美国海洋战略的转变及其主要表现

1890 年，美国海军上校阿尔弗雷德·塞耶·马汉（Alfred Thayer Mahan）出版了著名的《海权论：海权对历史的影响，1660—1783》一书，为美国称霸海上提供了战略思想。马汉在绪论中写道："海权的历史，从其广义来说，涉及了有益于使一个民族依靠海洋或利用海洋强大起来的所有事情。但是海权的历史主要是一部军事史。"马汉及其支持者把海军看作是美国国防的核心力量和美国未来命运的掌握者，从而为海军进行大张旗鼓的建设提供了理论依据，深得时任美国总统西奥多·罗斯福的赏识。到"一战"结束时，美国海军猛增到 50 万人，且装备精良，美国成为仅次于英国的海上强国。"二战"结束后，核动力成为美国航母的主要动力，美国海军在战斗力上也实现了重大突破。

马汉的"海权"理论主要强调海洋的军事战略意义。从某种程度上说，这一时期美国海洋发展思路的核心是建设海上力量，而非真正意义上的海洋战略。"二战"之后，时代的主旋律是"和平与发展"，"海权"向多元化方向发展。作为世界第一经济大国，美国已具备了大力发展海洋事业的前提条件，迫切需要寻求一个与政治大国、经济大国、军事大国相匹配的海洋强国的战略地位。为适应国际形势的变化，最大限度地维护自身利益，美国政府开始转变发展思路，对海洋的研究和开发逐渐从军事转向资源开发和利用上，并将影响力渗透到若干相关领域。随着海洋发展总体思路的逐渐转变，美国政府开始在政治、军事、科技等相关领域实施海洋战略。

1. 重视海洋利益，强化海洋资源环境管理

1945 年以前，世界沿海国家只有领海的概念，领海只有 3 海里宽度。1945 年9 月 28 日，杜鲁门总统发表了《杜鲁门公告》（Truman Proclamation），又称《大陆架公告》。这一公告宣称："处于公海之下但毗连美国海岸的大陆架底土和海底的自然资源，属于美国，受美国的管辖和控制。"这是美国首次对海底权利的声明，当时美国这一声明主要是针对海底的石油资源和矿产资源。20 世纪 60 年代，一系列环境事件对海洋政策的发展起到了导向作用。美国率先提出"海岸带"的概念，随后又提出"海洋和海岸带综合管理"的理念，在历时 6 年的研究和讨论后，于1972 年颁布了《海岸带管理法》。海洋和海岸带综合管理理念的提出，使许多沿海国家纷纷效仿，在世界范围内掀起了海洋和沿海地区管理思想的变革，其影响力一直持续至今。

这一时期美国制定的涉海法律法规基本是部门法律，缺少综合性的国家海洋政策，但确实解决了渔业、油气开发和环境保护等迫切需要解决的问题，引进了创造性的管理理念，扩展了联邦政府的责任范围，也为新世纪寻求海洋发展变革提供了基础。

2. 发布政策报告,建立国家海洋管理机构

1949 年,美国国家科学院发表题为"1951 年海洋学"的报告,该报告平淡无奇,没有产生什么效力。1957 年,为了给美国参加 1958 年第一次联合国海洋法会议做准备,美国国家科学院成立了一个新的海洋学委员会。从 1959 年开始,该委员会陆续发表了题为"1960—1970 年海洋学"的报告,力主联邦政府承担起扩大国家海洋政策规划的责任,包括海洋研究、教育、训练和建设。1959 年成为美国国会和政府开始正式重视海洋的标志。

3. 保障经费支持,大力发展海洋科学技术

1957 年 10 月 4 日,苏联发射了世界上第一颗太空人造卫星(Sputnik);1957 年 11 月 3 日,苏联又将第二颗卫星送入轨道,苏联表现的超凡技术震惊了美国。以此事件和若干个主要事件为契机,科学和技术的国际竞争成为美国海洋发展的核心内容之一。1959 年海洋学委员会发表的《1960—1970 年海洋学》的报告建议联邦政府对海洋研究的资助翻一番,建造一个新的研究团队并加强与学术科研机构的伙伴关系。该建议成为肯尼迪总统海洋政策的基础,赢得了沃伦·马格纳森(Warren Magnuson)等富有影响力的华盛顿州参议员的支持。1960 年,联邦科学技术委员会成立了机构间海洋委员会(Interagency Committee on Oceanography),并负责"制定一项国家海洋学规划"。20 世纪 60 年代美国启动了深海钻探计划(DSDP),开始向深海大洋伸出探索之手。80 年代末,美国国家科学基金会、国家宇航局、国家海洋与大气局、能源部、国务院等几个联邦机构联合向美国海洋界首脑提出《美国全球海洋科学规划》,该报告由联邦机构间协调工作组——全球海洋科学规划工作组制定,其目的是为美国各有关机构制定规划和计划提供科学和技术依据。

4. 确保海上优势,加强海洋地缘战略部署

作为全球行动能力的重要保障,美海军早已制定了控制世界海洋的 16 条海上咽喉要道的计划,其中包括斯卡格拉克海峡、英吉利海峡、直布罗陀海峡、马六甲海峡、霍尔木兹海峡等国际水道。在全球战略框架下,太平洋、大西洋、印度洋、北极等都是美国海洋安全涉及的重要海区。虽然转变了海洋发展思路,但确保海上优势,特别是海外驻军体系与战略同盟的存在,仍是美国充分利用世界各大洋、实施全球海洋战略的关键因素。

(五)海洋:俄罗斯战略的重中之重

2015 年 7 月 26 日,俄罗斯总统普京批准了《俄罗斯联邦海洋学说》(简称《新版海洋学说》)。在讨论会议上普京强调,《新版海洋学说》的主要目的是保证俄罗斯海洋政策能够得到完全、连贯和有效地执行,以维护国家利益。这对俄罗斯海军的未来和造船工业的发展,都是标志性事件。俄罗斯上一版"海洋学说"为拟定于 14 年前的 2001 年 7 月 27 日的《俄罗斯联邦至 2020 年期间的海洋学说》。

首先,《新版海洋学说》突显了俄罗斯不惧压力、要做世界海洋强国的决心。《新版海洋学说》的海洋战略仍是综合性的。第二,《新版海洋学说》表明,在西方制裁的压力下,俄罗斯在地缘政治谋划上与自身当前的外交相吻合。第三,俄罗斯突出并重视北极地区,或将引发新一轮北极争夺战。

三、案例分析

案例7.1 中国海洋强国战略体系的成形经历三个阶段

(一) 内容梗概

中国海洋强国战略体系的形成经历了如下三个阶段:

第一,中国海洋强国战略的提出。党的十八大报告首次完整提出了中国海洋强国战略的四个方面的内容,即我国应"提高资源开发能力、发展海洋经济、保护生态环境、坚决维护国家海洋权益,建设海洋强国"。这些构成了中国海洋强国战略的基本内容。其中提高资源开发能力、发展海洋经济,是我国建设海洋强国的基本手段和具体路径,而保护生态环境、坚决维护国家海洋权益,是建设海洋强国的重要目标。

第二,中国海洋强国战略的发展。习近平总书记在主持中共中央政治局就建设海洋强国研究进行集体学习时(2013年7月30日)强调了建设海洋强国的四个基本要求,即"四个转变"。具体内容为:要提高资源开发能力,着力推动海洋经济向质量效益型转变;要保护海洋生态环境,着力推动海洋开发方式向循环利用型转变;要发展海洋科学技术,着力推动海洋科技向创新引领型转变;要维护国家海洋权益,着力推动海洋权益向统筹兼顾型转变。这些内容是对中国海洋强国战略的发展。

第三,中国海洋强国战略的深化。如上所述,中国海洋强国战略除在党的十九大报告中指出的那样进一步明确了建设海洋强国的目标、应坚持的原则和重点外,在其他重要场所也得到了深化。主要表现在以下方面:(1) 2018年3月8日,习近平在参加第十三届全国人民代表大会第一次会议山东代表团审议时强调,海洋是高质量发展要地;要加快建设世界一流的海洋港口、完善的现代海洋产业体系、绿色可持续的海洋生态环境,为海洋强国建设做出贡献。(2) 2018年6月12日,习近平在青岛海洋科学与技术试点国家实验室考察时强调,发展海洋经济、海洋科研是推动我们海洋强国战略很重要的一个方面,一定要抓好;关键的技术要靠我国自主来研发,海洋经济的发展前途无量。

综上可以看出,建设海洋强国已成为我国的基本国策,必须长期坚持和持续发展,所以必须在关心海洋、认识海洋、经略海洋,尤其应在发展海洋经济、加快海洋科技创新步伐方面采取措施并在发挥其作用上积极施策和谋划。这样才能加快实现中国海洋强国战略目标。

加快建设海洋强国的基本原则和愿景

党的十九大报告指出,经过长期努力,中国特色社会主义进入新时代,这是我国发展新的历史方位。因此,自党的十八大以来形成的新时代中国特色社会主义外交思想,成为指导中国加快建设海洋强国的基本原则和行动指南。而在新时代中国特色社会主义外交思想中最核心的内容是构建人类命运共同体。

鉴于海洋问题和海洋事务的综合性和复杂敏感性,新时代中国特色社会主义外交思想所蕴含的原则和精神完全契合海洋的本质,可以为构筑人类命运共同体视阈下的人类海洋命运共同体提供参考和指导。

为此,人类海洋命运共同体含义下的中国海洋强国战略目标及愿景可界定为:在政治和安全上的目标是,不称霸及和平发展,即坚持总体国家安全观,坚决维护国家主权、安全和发展利益;在经济上的目标是,运用新发展观发展和壮大海洋经济,共享海洋空间和资源利益,实现合作发展共赢目标,具体路径是通过"一带一路"倡议尤其是 21 世纪海上丝绸之路建设进程并构筑新型国际关系;在文化上的目标是,通过弘扬中国特色社会主义文化核心价值观,建构开放包容互鉴的海洋文化;在生态上的目标是,通过保护海洋环境构建可持续发展的海洋生态环境,实现"和谐海洋"倡导的人海合一目标,进而实现绿色和可持续发展目标。

加快建设海洋强国的具体路径

正如党的十九大报告指出的那样,我国加快建设海洋强国的基本路径是推进"一带一路"倡议中的海上丝绸之路进程,具体行动是发展海洋经济,基础是加快海洋科技创新步伐,这已得到《政府工作报告》的确认。不可否认,"一带一路"倡议自 2013 年九十月间提出以来,得到了多数国家的积极响应及参与,体现了其强大的生命力和影响力,成为新时代中国特色社会主义思想在外交上的新举措和新成果,尤其是中国党和政府对其的深化和发展,体现了中国的智慧和贡献。

中国政府主要是通过发布文件和设立平台并采取措施的方式丰富和发展"一带一路"倡议进程的。"一带一路"倡议不仅是国际区域合作倡议,也具有整合国内区域发展的含义。例如,《政府工作报告》(2018 年 3 月 5 日)指出,要加大西部、内陆和沿边开放力度,提高边境跨境经济合作区发展水平,拓展开放合作新空间。同时,2018 年的《政府工作报告》也指出,我国应壮大发展海洋经济,坚决维护国家海洋权益。为此,我国应利用"一带一路"倡议加快发展海洋经济,尤其应坚持陆海统筹的理念。

在国内坚持陆海统筹理念发展海洋经济,就是要在顶层设计、总体布局、协调规划、执行机构和保障制度上,加强陆地和海洋的联动性和互补性,实行综合性地管理陆地国土及海洋的空间和资源,合理地开发和利用陆地和海洋的空间及资源,实现可持续发展,并拓展监色经济空间,所以应加强和深化我国海洋经济发展的海洋治理体系。

加快建设海洋强国的保障措施

中国海洋强国战略目标的实施,需要完善的海洋体制机制作保障。自进入新时代以来,我国在海洋体制机制上的改革已经历了两个阶段:

(1) 重组国家海洋局阶段。主要文件为:2013 年 3 月 14 日发布的《国务院机构改革和职能转变方案》以及 2013 年 6 月 9 日国务院办公厅印发的《国家海洋局主要职责内设机构和人员编制规定》。在此阶段将国家海洋局及其中国海监、公安部边防海警、农业农村部中国渔政、海关总署海上缉私警察的队伍和职责整合,重新组建国家海洋局,由国土资源部管理;国家海洋局以中国海警局名义开展海上维权执法,接受公安部业务指导;并为加强海洋事务的统筹规划和综合协调,设立高层次议事协调机构国家海洋委员会,负责研究制定国家海洋发展战略,统筹协调海洋重大事项;国家海洋委员会的具体工作由国家海洋局承担。

(2) 撤销国家海洋局阶段。主要文件为:2018 年 3 月 21 日中共中央印发的《深化党和国家机构改革方案》和 2018 年 6 月 22 日第十三届全国人民代表大会常务委员会第三次会议通过《关于中国海警局行使海上维权执法职权的决定》。在此阶段将国家海洋局的职责整合,组建自然资源部,即不再保留国土资源部、国家海洋局。此外,按照先移交、后整编的方式,将国家海洋局(中国海警局)领导管理的海警队伍及相关职能全部划归武警部队。

为能使中国海警局依照《深化党和国家机构改革方案》和《武警部队改革实施方案》(2017 年 12 月 27 日)的决策部署(海警队伍整体划归中国人民武装警察部队领导指挥,调整组建中国人民武装警察部队海警总队,称中国海警局)统一履行海上维权执法职责,第十三届全国人民代表大会常务委员会第三次会议于 2018 年 6 月 22 日通过了《关于中国海警局行使海上维权执法职权的决定》(2018 年 7 月 1 日起施行)。

在上述决定中规定了中国海警局维权执法的范围或任务以及在执行任务时与其他有关行政机关之间的关系两个方面的内容,从而使中国海警局在隶属中央军委领导和其他行政机关执法之间的职权上得到了协调。其中,中国海警局与其他行政机关(例如,自然资源部、生态环境部、农业农村部、海关总署等)的执法协作机制需要在今后的法律规章中予以规范,包括修改现存有关海洋领域的法律规章,以适应国家机构改革新发展需要。更重要的是,为行使中国海警局在海洋维权执法职权应尽快制定中国海警局组织法,以在较高层次的法律上进一步明确其职权和范围或任务。

最后应该指出的是,中国海洋强国战略的加快推进需要海洋体制机制的完善,尤其应符合现存国家机构体制改革发展要求,实施陆海统筹。所以,加快制定综合规范海洋事务的基本法(例如,海洋基本法)就特别紧要,应明确各行政机构的职权,包括综合协调海洋事务的国家海洋委员会的具体职权,为加快建设海洋强国做出制度上的保障。

资料来源:

1. 搜狐网.中国海洋强国战略体系的成形经历三个阶段[EB/OL].(2018-12-04)[2018-12-12]. http://aoc.ouc.edu.cn/81/78/c9824a229752/page.htm.

2. 中国南海研究协同创新中心.海洋强国战略三步走,中国是认真的![EB/OL].(2017-11-20)[2018-12-12]. https://nanhai.nju.edu.cn/82/75/c5320a230005/page.htm.

(二) 要点分析

第一,中国为何要做海洋强国?

中国海洋强国建设正提速增量、提质增效,大踏步迈上新征程。建设海洋强国,是中国特色社会主义事业的重要组成部分。习近平总书记在党的十九大报告中明确要求"坚持陆海统筹,加快建设海洋强国",为建设海洋强国再一次吹响了号角。21世纪是海洋的世纪。我国是拥有300万平方千米主张管辖海域、1.8万千米大陆海岸线的海洋大国,壮大海洋经济、加强海洋资源环境保护、维护海洋权益事关国家安全和长远发展。

党的十八大报告指出:"提高海洋资源开发能力,发展海洋经济,保护海洋生态环境,坚决维护国家海洋权益,建设海洋强国。"这是我们党准确判断重要战略机遇期内涵和条件变化提出的战略目标,体现了党中央对海洋事业的高度重视和充分肯定。建设海洋强国是历史发展的必然选择。党的十六大、十七大分别提出"实施海洋开发"和"发展海洋产业",国家"十一五"和"十二五"规划纲要则先后提出"强化海洋意识,维护海洋权益,保护海洋生态,开发海洋资源,实施海洋综合管理,促进海洋经济发展"和"坚持陆海统筹,制定和实施海洋发展战略,提高海洋开发、控制、综合管理能力"。在新一轮海洋竞争中,我国在海洋产业、海洋经济、海洋科技、海洋生态环境保护方面取得长足进步,海洋资源开发能力显著上升,初步建立陆海资源配置与经济布局、海洋近岸开发与远海拓展统筹兼顾的国土空间开发格局,但是,与世界发达国家相比还有很大的差距。我国既是陆地大国,也是海洋大国,拥有广泛的海洋战略利益。经过多年发展,我国海洋事业总体上进入了历史上最好的发展时期。这些成就为我们建设海洋强国打下了坚实基础。

2013年7月30日,习近平在十八届中央政治局第八次集体学习时强调:建设海洋强国是中国特色社会主义事业的重要组成部分。党的十八大作出了建设海洋强国的重大部署。实施这一重大部署,对推动经济持续健康发展,对维护国家主权、安全、发展利益,对实现全面建成小康社会目标、进而实现中华民族伟大复兴都具有重大而深远的意义。要进一步关心海洋、认识海洋、经略海洋,推动我国海洋强国建设不断取得新成就。

2018年4月12日,习近平在海南考察时指出:我国是一个海洋大国,海域面积十分辽阔。一定要向海洋进军,加快建设海洋强国。

加快海洋强国建设,源于中国海洋意识的空前提升。在地理上,中国陆海兼备,背陆面海。但在历史上,农耕文明在中国长期占据主导,民族海洋意识淡薄,"重陆轻海"思想顽固。新中国成立后,一直致力于提高在海洋问题上的话语权,摆脱被动应付、消极防御的状态。党的十八大提出建设海洋强国的战略目标,党的十九大报告进一步提出"坚持陆海统筹,加快建设海洋强国"的战略部署,这对维护国家主权、安全、发展利益,对实现全面建成小康社会目标,进而实现中华民族伟大复兴都具有重大而深远的意义,表明加快建设海洋强国已成为新时代中国特色社会主义事业的重要组成部分。

加快海洋强国建设,源于海洋在国际政治、经济、军事、科技竞争中的战略地位明显上升。500多年前开启的大航海时代,推动了真正意义上的全球化,自此,海洋在全球性大国竞争中一直扮演着重要角色,历史和现实都昭示着:"海兴则国强民富,海衰则国弱民穷"。中国是一个海洋大国,海洋是中国实现可持续发展的重要空间和资源保障。随着中国经济快速发展和对外开放不断扩大,中国国家安全和发展利益远超近海,不断向远洋和全球拓展,海外利益已成为国家利益的重要组成部分,维护国家海外利益安全问题日益凸显。

加快海洋强国建设,源于新时代中国国内国际两个大局的统筹考虑。习近平主席指出,我们要着眼于中国特色社会主义事业发展全局,统筹国内国际两个大局,坚持陆海统筹,坚持走依海富国、以海强国、人海和谐、合作共赢的发展道路,通过和平、发展、合作、共赢方式,扎实推进海洋强国建设。推进海洋强国建设,凸显中国政治、经济、社会、文化、生态发展到一定阶段的内在要求,是新时代社会主义现代化强国建设体系中的基本维度和关键领域,是对国家"五位一体"总体布局的呼应。加快海洋强国建设,也是实现新时代中国特色大国外交总目标的需要,是构建人类命运共同体和新型国际关系的重要载体。构建人类命运共同体的重大倡议着眼于推动建设持久和平的世界、普遍安全的世界、共同繁荣的世界、开放包容的世界、清洁美丽的世界。这既是中国"五位一体"总体布局在国际层面的延伸,也顺应了人类发展进步潮流。通过加快海洋强国建设,中方能够以实际行动推动国际社会从伙伴关系、安全格局、经济发展、文明交流、生态建设等方面加强合作,推动中国与世界良性互动,实现合作共赢。加快海洋强国建设,是中国推进全球治理、"一带一路"建设、大国关系、周边外交和对发展中国家外交等的重要抓手。

我们必须坚持陆海统筹,加快建设海洋强国。着眼于中国特色社会主义事业发展全局,统筹国内外两个大局,坚持陆海统筹,坚持走依海富国、以海强国、人海和谐、合作共赢的发展道路,通过和平、发展、合作、共赢方式,扎实推进海洋强国建设。

第二,筑建海洋强国良好基础。

抓紧完成内部行政体制、外部协同机制建设。在国家海洋委员会的基础上,构建稳健、畅通、有力的军地关系;明确国务院相关部委的协作方式;加强全国与地方人大关于海洋的立法建设;在亚太经合组织、东南亚国家联盟、金砖五国等成果基础上,构建完善区域性海洋发展协同联盟,形成完善的外部协同机制。

增设海洋强国专项资金,支持海洋强国发展政策。从国家层面增设海洋强国专项资金,明确资金来源渠道和使用目的;制定支持海洋强国发展的政策,巩固海洋经济的中心发展地位,促进和保证海洋强国的持续良好发展。

打造海洋人才梯队,保障海洋强国战略有力推进实施。加强海洋人才梯队建设,做好海洋人才储备工作,保证涉及海洋专业的大学生充分就业,打造海洋人才基本队伍;根据海洋强国需要,在工作实践中培养管理人才、技术人才、建设人才;建立高端人才库,加强教育培训,培养海洋高精尖人才;通过师承效应,发挥人才凝聚和带动作用,建设完整人才队伍。

第三,保持海洋强国的有序发展。

持续推动海洋经济发展,提高海洋经济效益。优化产业结构,提高海洋资源如海洋渔业、海洋油气、清洁能源、海洋旅游的开发能力,推动海洋经济向质量效益型转变;充分发挥交通先行作用,提高海上通道的交通运输效益,发挥其国际贸易的纽带作用;淘汰老旧船舶,规范水上交通秩序,推动沿海地区经济发展;加强陆海统筹,强化海洋经济向内陆地区的辐射与传导,扩大海洋经济受益区域,促进区域经济协调发展。

推进海洋生态文明建设,保护海洋生态环境。构建遥感卫星、无人机、海面站、岸基站一体的海洋立体生态监控网络体系;加强海洋污染防控与整治,实施海洋排放总量控制,实施陆海一体化污染控制工程,降低海洋污染,发展绿色海洋经济;开展海洋生态修复工程,实现海洋生态系统良性循环;建立海洋生态补偿和生态损害赔偿制度。

发展海洋科学技术,推动海洋科技创新引领。搞好海洋科技创新总体规划;鼓励国内外科研组织广泛联系与合作;针对海洋基础科学,开展自然科学专项计划研究;针对核心技术和关键共性技术,进行联合集中攻关研发;针对海洋行业应用技术,加强成果转化与推广力度。

第四,维护海洋强国的合法权益。

习近平总书记指出,我们爱好和平,坚持走和平发展道路,但决不能放弃正当权益,更不能牺牲国家核心利益。要统筹维稳和维权两个大局,坚持维护国家主权、安全、发展利益相统一。要坚持"主权属我、搁置争议、共同开发"的方针,推进互利友好合作,寻求和扩大共同利益的汇合点。要做好应对各种复杂局面的准备,提高海洋维权能力,坚决维护我国海洋权益,为海洋发展提供坚强力量支撑。

第五,树立海洋强国的高大形象。

增强国民海洋强国自信,明确海洋强国道路、发展海洋强国理论,建立海洋强国制度,凝练海洋强国文化,积极做好以海洋强国为核心的全面传播与宣传工作,开拓海洋强国信息公开和新闻发布渠道,营造良好舆论环境,激发国民热情,树立海洋强国形象。"海兴则国强民富,海衰则国弱民穷。"随着我国经济快速发展和对外开放不断扩大,国家战略利益和战略空间不断向海洋拓展和延伸,海洋事业的发展关乎国家兴衰安危与民族生存发展。当前,我们进入中国特色社会主义新时代,意味着中华民族迎来了实现民族伟大复兴的光明前景,我们比历史上任何时期都更有信心和能力实现中华民族伟大复兴的中国梦。我们坚信中国也一定会成为海洋强国,屹立于世界之巅。

案例 7.2 《全国海洋生态环境保护规划(2017 年—2020 年)》

(一)内容梗概

2018 年 2 月 13 日,国家海洋局印发了《全国海洋生态环境保护规划(2017年—2020 年)》(简称《规划》),《规划》围绕"水清、岸绿、滩净、湾美、物丰"的目标,提出"治(修复治理)、用(开发利用)、保(生态保护)、测(监测评价)、控(污染控制)、防(风险防范)"六项工作布局。此外,《规划》确立了海洋生态文明制度体系基本完善、海洋生态环境质量稳中向好、海洋经济绿色发展水平有效提升、海洋环境监测和风险防范处置能力显著提升 4 个方面的目标,提出了近岸海域优良水质面积比例、大陆自然岸线保有率等 8 项指标。

《全国海洋生态环境保护规划(2017 年—2020 年)》系统谋划今后一段时期海洋生态环境保护工作的时间表和路线图,要求各有关部门和单位将推进实施《规划》作为贯彻落实十九大精神、深入推进海洋生态文明建设的重要举措,细化任务分工,分解责任目标,明确实施路径,抓好组织保障,确保《规划》确定的各项工作取得实际成效。

《规划》明确了"绿色发展、源头护海""顺应自然、生态管海""质量改善、协力净海""改革创新、依法治海""广泛动员、聚力兴海"的原则,确立了海洋生态文明制度体系基本完善、海洋生态环境质量稳中向好、海洋经济绿色发展水平有效提升、海洋环境监测和风险防范处置能力显著提升 4 个方面的目标,提出了近岸海域优良水质面积比例、大陆自然岸线保有率等 8 项指标。

《规划》以解决群众反映强烈的突出环境问题、实现海洋生态环境质量改善为根本,以实施以生态系统为基础的海洋综合管理为导向,按照陆海统筹、重视以海定陆的发展原则,以全面深化改革和全面依法行政为动力和保障,实行最严格的生态环境保护制度,打好海洋污染治理攻坚战。

《规划》提出了"治、用、保、测、控、防"6 个方面的工作,即推进海洋环境治理修复,在重点区域开展系统修复和综合治理,推动海洋生态环境质量趋向好转;构建海洋绿色发展格局,加快建立健全绿色低碳循环发展的现代化经济体系;加强海洋生态保护,全面维护海洋生态系统稳定性和海洋生态服务功能,筑牢海洋生态安全屏障;坚持"优化整体布局、强化运行管理、提升整体能力",推动海洋生态环境监测提能增效;强化陆海污染联防联控,实施流域环境和近岸海域污染综合防治;防控海洋生态环境风险,构建事前防范、事中管控、事后处置的全过程、多层级风险防范体系。

为保障规划任务的有效实施,《规划》既突出制度体系建设的重要性,要求加快健全完善法治和标准体系,建立健全源头严防、过程严管、后果严究的制度体系,健全完善统筹协调和参与机制,又注重规划实施过程中的细化保障,提出了加强组织领导、保障资金投入、加大支撑力度、加强国际交流、增强公众参与、加大宣传力度 6 项保障措施。

资料来源:

1. 中国海洋在线. 王宏局长详解《全国海洋生态环境保护规划》[EB/OL]. (2018 - 02 - 03)[2018 - 05 - 03]. http://www. oceanol. com/content/201802/13/c74188. html.

2. 中国海洋报. 国家海洋局印发《全国海洋生态环境保护规划》实行最严格的海洋生态环境保护制度[EB/OL]. (2018 - 02 - 13)[2018 - 05 - 03]. http://www. sohu. com/a/222536152_ 100114057.

(二)要点分析

编制海洋生态环境保护规划是落实《海洋环境保护法》"国家根据海洋功能区划制定全国海洋环境保护规划"的必然要求和具体举措。《规划》以近岸海域为主战场,以解决陆源污染、生态破坏等突出问题为重点,不仅注重源头上的严控、保护和防范,也着重过程中的严管、治理和控制,体现了"生态为民"的根本导向,是国家部门专业五年规划,是战略规划。

现阶段的海洋生态环境保护工作强调修复治理,符合我国现阶段的国情,也与国外的环境治理过程有相似之处。二十世纪五六十年代,美国环境污染问题较为严重,1980 年代开始进行环境的治理和修复工作。而我国经济发展起步较晚,修复治理工作自然也在后期阶段进行。一般来说,海洋生态环境的整治修复工作已包括污染防治和风险预防的措施,这也是为什么不会说六项工作布局存在主次差别的原因。

在"推进海洋环境治理修复"部分,《规划》提出将重点关注重点区域系统修复和综合治理,特别是"蓝色海湾""南红北柳""生态岛礁"等重大生态修复工程,并加强海湾综合治理、推进滨海湿地修复、加快岸线整治修复、持续建设"生态岛礁"四项重点任务,以有效遏制海洋生态环境恶化趋势。当然,如果要有效落实上述规划,资金的保障必不可少,包括资金的来源和具体用途。

"蓝色海湾""南红北柳"以及"生态岛礁"修复工程为国家海洋局于2016年提出的规划。在"蓝色海湾"整治工程中,国家海洋局提出推动16个污染严重的重点海湾综合治理,完成50个沿海城市毗邻重点小海湾的整治修复。"南红北柳"生态工程则指的是因地制宜开展滨海湿地、河口湿地生态修复工程。南方以种植红树林为代表,海草、盐沼植物等为辅,新增红树林2 500公顷;北方以种植柽柳、芦苇、碱蓬为代表,海草、湿生草甸等为辅,新增芦苇4 000公顷、碱蓬1 500公顷、柽柳林500公顷。

国家海洋局此前表示,计划到2020年,完成不少于66个海湾的整治,完成不少于50个生态岛礁工程,修复岸线不少于2 000千米,修复滨海湿地面积不少于1.8万公顷。到2025年,近岸海域水质量得到明显改善。在2018年陆续结束的地方"两会"中,已有超过10个沿海地区将"蓝色海湾"纳入2018年的政府工作报告之中。

上述规划在近年均已得到落实,因此具有一定的资金基础和项目基础,此次《规划》特意提出,将能够进一步推动上述方案的落实。近年来国家在海南岛、深圳、广西防城港实施的人工修复红树林工程,已使得这些区域的红树林面积呈增加趋势。

国家海洋局也已于2018年2月9日在官网发布《生态岛礁工程建设指南》,对进一步推进生态岛礁工程建设提出较为详细的意见。我国近年来在南海海域建设了较多的人工岛礁,和自然岛礁不同,建设人工岛礁对周边海域的生态环境会造成一定影响,修复岛礁生态环境能改善周边海域的环境。

此前,在"生态岛礁"修复工程中,海洋局提出将开展受损岛体、植被、岸线、沙滩及周边海域等修复,开展海岛珍稀濒危动植物栖息地生态调查和保育、修复,恢复海岛及周边海域生态系统的服务功能。同时,国家将实施领海基点海岛保护工程,开展南沙岛礁生态保护区建设等工作改善海洋生态环境。

案例7.3　日本《海洋基本法》

（一）内容梗概

2007年4月日本国会通过《海洋基本法》,同年7月该法生效。日本《海洋基本法》共四章38条,另加有两项内容的附则。其中,第一章是阐述制定该法目的意义的总则,第二章是要求政府制定和落实海洋基本计划,第三章是表述日本海洋政策的12个方面,第四章主要规定了落实海洋政策的组织形式。日本政府不失时机地制定和颁布作为统领本国海洋开发、利用可持续发展行为规范的《海洋基本法》,为日本海洋事业发展提供了有效的法律保障。该法明确规定了所谓的日本海洋政策,并吸收了必须重视海洋环境保护和海洋安全、不断充实海洋科学知识以期促进海洋产业发展、通过国际合作带动海洋事业的国际化进程等若干个"先进"理念。日本出台的《海洋基本法》,最引人关注和最具其特色的是其第二章所规定:为全面系统推进海洋政策的实施,政府应当制定有关《海洋基本计划》,每五年修订一次。这个相当于我国每五年制定一次的海洋发展规划,明确规定了制定《海洋基本计划》的要领和内容:一是关于实施海洋政策的基本方针。二是政府为实施海洋政策而应该采取的全面系统的措施。三是内阁总理大臣在制定海洋基本计划时须征求内阁会议的意见,并及时公布接受监督。四是政府在对海洋基本计划实施情况进行评估的同时,根据形势发展每隔五年重新研究和制订新的计划。五是为确保《海洋基本计划》的贯彻落实,政府必须将所需经费列入年度预算。

1. 第一期《海洋基本计划》(2008 年 3 月至 2013 年 3 月)分析

日本《海洋基本法》生效不久,作为综合海洋政策本部长的内阁总理大臣根据《海洋基本法》规定,组织相关人员着手制定《海洋基本计划》。2008 年 2 月 8 日,综合海洋政策本部组织对《海洋基本计划草案》进行讨论,旨在征求各方的意见修改完善后,再提交内阁会议审议通过后公布实施。第一次《海洋基本计划》讨论稿由四部分组成,分别为总论、实施海洋政策的基本方针、实施海洋政策政府综合规范措施以及推进海洋政策的必要措施。

总论部分提出了推进海洋政策的三个目标,即海洋需在解决全人类问题中发挥先导作用;构建完善可持续开发利用海洋资源与空间的制度;为国民安全与安心生活在海洋领域作出应有的贡献。在实施海洋政策的基本方针的第二部分,细化的《海洋基本法》提出六个理念,即:海洋开发利用与海洋环境保护之间的协调;确保海洋安全;充实海洋科学知识;健全发展海洋产业;海洋综合管理;海洋领域的国际合作。第三部分阐述了实施海洋政策政府应采取的十二项综合规范措施:推进海洋资源开发与利用;保护海洋环境;推进专属经济区资源开发活动;确保海上运输竞争力;确保海洋安全;推进海洋调查;海洋科技研发;振兴海洋产业与强化国际竞争力;实施海岸带综合管理;有效利用与保护远离本土的海岛;加强国际联系与促进国家间合作;增强国民对海洋的理解与促进人才培养。

2. 第二期《海洋基本计划》(2013 年 3 月至 2018 年 3 月)分析

2013 年 3 月 26 日,综合海洋政策本部拟就日本第二期《海洋基本计划》并提交审议。4 月 26 日上午,日本政府召开内阁会议并通过了作为日本新一轮未来五年发展海洋事业方针政策的《海洋基本计划》。此次《海洋基本计划》是继 2008 年首次推出第一期《海洋基本计划》之后的第二期。本次计划并非从零开始设计和编撰的,可以认为是第一期的修订版。计划共分四个部分,即:总论、第一部分未来五年发展海洋事业的基本方针、第二部分政府在未来五年发展海洋事业中所承担的责任、第三部分综合推进未来五年发展海洋事业所采取的必要措施。深入剖析日本第二期《海洋基本计划》,从中可以发现不少富有创意的新内容以及诸多可借鉴之处。日本推出的第二期《海洋基本计划》与第一次公布并实施的《海洋基本计划》的目的相同,均为实现日本海洋立国的战略目标,根据《海洋基本法》要求,制定未来五年海洋发展事业的具体方针政策。在开始的"总论"里,就阐明了制定此次《海洋基本计划》的目的。首先是基本理念,日本四面环海,开发利用海洋乃是经济社会的基础,保护海洋环境是人类求生存谋发展的必然要求。其次,"总论"强调了日本在未来五年发展海洋事业的四个奋斗目标:一是通过国际协作为国际社会作贡献。二是通过开发利用海洋谋求富裕和繁荣。三是从靠海卫国转向守望海洋之国。四是挑战海洋未知领域。其实,日本提出海洋立国的战略目标时间并不长。但是,一旦提出海洋战略目标之后,紧接着又出台了一系列的相应配套措施。2005年11月,日本海洋政策财团组织相关专家学者编制了《日本与海洋:21世纪海洋政策建议书》并呈送时任官房长官的安倍晋三审批;根据2007年7月国会通过的《海洋基本法》,2008年2月8日本政府制订了第一期《海洋基本计划》。正是因为由民间团体和政府相互合作出台了这一系列的规章制度,将原本抽象、遥远、陌生的海洋立国的战略目标一步一步贴近实际,从可望而不可即的空中降落至地面,与国民日常生活紧密联系在一起,与政府部门的日常工作密切相关,真正做到了使海洋立国的目标家喻户晓、人人皆知,而不再仅仅只是一个口号。它就在身边,看得见,摸得着,使得上劲。我们在贯彻落实建设海洋强国方面,完全可以借鉴日本的经验和做法,应该抓紧时间,组织人力物力起草《海洋基本法》以明确发展我国海洋事业的最新理念、方针政策以及海洋管理体制等。再根据《海洋基本法》制定类似日本的《海洋基本计划》,以分阶段、分领域、分层次细化、强化建设海洋强国的路线图。

3. 第三期《海洋基本计划》(2018年3月至2023年3月)分析

据日本媒体2018年5月15日报道,日本政府当日在内阁会议上敲定了2018年3月至2023年3月的第三期《海洋基本计划》。第三期新版《海洋基本计划》将日本海洋政策的重点领域从以往的摸清家底、资源开发调查转向领海警备、离岛防御等安全保障领域。从2008年开始至2018年十年时间内,日本共出台三期《海洋基本计划》,前两期都是以基础性的海洋调查为主,积累资料,建立档案,为全面推行海洋综合管理夯实基础。第三期《海洋基本计划》开始转向实质性的海洋行政管理,重点向以领海警备和离岛防御为主的海洋权益维护倾斜。第三期《海洋基本计划》提出以海洋维权为重点进行海洋管理,其实就是要在包括"西南诸岛"在内的岛屿部署自卫队,加强海上保安厅对钓鱼岛周边所谓"日本领海"的警备体系。为确保海上交通要道的安全,日本将向东南亚沿海国家提供海上警备执法用的相关装备技术以及为他们培训海洋执法骨干,以此拉近与这些国家的关系。

日本第三期《海洋基本计划》重点内容主要针对中国的频繁海洋活动,甚至还会干涉中国在南海的海洋权益维护。另一重点是要加强海洋监视体制机制,通过加强和发挥自卫队与海上保安厅舰船、飞机、雷达等现有装备及技术优势,以及充分利用宇宙航空研究开发机构的卫星,并与美军共享信息,加强对广大管辖海域的监视和监控力度,特别是对不法可疑船只的监视和监控。此外,日本还将构建日本自卫队与海上保安厅海洋信息的统一管理体系,以警队联手提高相关海洋信息收集效能及其运用效率。

对第三期《海洋基本计划》方针的确定,作为综合海洋政策本部长的日本首相安倍晋三十分重视,他在内阁会议上表示,在日本所处的海洋形势日益严峻之际,政府团结一心坚决维护日本领海及其海洋权益的同时,必须维持和发展开放稳定的海洋形势。日本第三期《海洋基本计划》其实从 2017 年就开始筹划,在 2017 年7 月 17 日"海之日"当天,各大主流媒体就透露关于力争 2018 年 4 月在日本内阁会议上决定的新一期《海洋基本计划》制订工作,安倍表示考虑进一步强化致力于维护领海主权,应对海洋灾害和保护离岛等课题的内容。日本海洋政策担当相松本纯在开幕式上致辞时,将国境离岛比作是管理日本"广大海洋的据点",指出保护离岛的重要性。当时报道的第三期《海洋基本计划》的海洋管理重点工作有三个方面:一是进一步加大领海警备力度;二是有效应对海洋防灾减灾;三是着力对远离本土的海岛保护。在未来五年里日本将对于海岛保护下大力气,尤其是远离本土的有人国境海岛保护和建设乃是重中之重。

日本对保护离岛的认识以及政府对保护离岛的重视程度,从松本纯将国境离岛比作日本海洋管理的根据地可见一斑。换言之,日本在未来五年海洋基本计划实施期间,将致力于 2017 年 4 月 1 日生效的《有人国境离岛区域保全以及特定有人国境离岛区域社会维护特别处置法》的贯彻落实,主要是国家对远离本土的国境海岛实施优惠政策,加强基础设施建设、增加就业岗位、吸引和鼓励年轻人居住国境离岛,以增加常住人口。日本媒体 2018 年 3 月底对第三期《海洋基本计划》也做了进一步报道,《海洋基本计划》作为日本政府海洋政策指南,第三期期限为2018 年春季至 2023 年春季。新的《海洋基本计划》一改过去的工作重点放在基础性领域,提出了关于加强安全保障措施,增加了强化岛屿防御能力、监视弹道导弹动向等并与其他国家共享的"海洋监视"信息等新领域。

《海洋基本计划》列举了日本政府全力推行的海洋政策,综合海洋政策本部负责制定和调整,内阁会议通过新方案后,将其内容反映到 2018 年年底修订的《防卫计划大纲》之中。《海洋基本计划》中所提及,日本周边海域所处的形势日益严峻,海洋权益面临着前所未有的重大威胁和风险,就是指中国公务船进入钓鱼岛12海里常态化巡航执法,以及中国军舰飞机活动范围扩大等。本期计划另一个最大的特点是要扩大监视范围,除了充分利用日本自卫队和海上保安厅船舶与飞机力所能及的监视范围之外,新计划提出了投入宇宙航空研究开发机构的先进光学卫星和先进雷达卫星,以便最大限度地监视东海和日本海,甚至还企图涉足南海。当然,监视和海上信息收集离不开与拥有大量太空卫星的美军合作,与其共享情报。

日本第三期《海洋基本计划》还强调,基于《防卫计划大纲》切实完善自卫队的防卫力量,通过部署部队等措施强化岛屿的防卫态势。增强海上保安厅的巡视船和飞机数量,对中国公务船多次进入钓鱼岛及其周边海域巡航的警备体制增加启动"应急机制"。为严密监视和掌控被认为是朝鲜漂流船的动向,日本将在沿海地区增加治安维持人员。日本媒体还披露,如果日本将海洋监视的范围扩大到南海相关海域,日本自卫队和海上保安厅的负担将会加大,内部人士透露:问题的微妙之处是二者尚未建立情报共享机制,而要建立警队情报共享系统并非一蹴而就的易事,也可能进展不会太顺利。

资料来源:

1. 郁志荣. 日本《海洋基本计划》特点分析及其启示[J]. 亚太安全与海洋研究,2018(4).

2. 吕耀东,谢若初,潘万历. 日本新《海洋基本计划》政策倾向评析[EB/OL]. (2018 - 08 - 09)[2018 - 10 - 10]. http://www. oceanol. com/fazhi/201808/09/c79898. html.

3. 联合国海洋法公约. http://www. un. org/zh/law/sea/los/.

(二)要点分析

1. 推迟出台时间

第三期《海洋基本计划》于2018年5月15日公布,比往年至少推迟了半个多月。第二期《海洋基本计划》3月份到期,第三期计划应该在同一时期替换,最迟在4月份内阁会议上拍板后公布。推迟原因可能与安倍晋三首相加计学园丑闻再起风波有关,加计学园丑闻涉案人员被在野党以及媒体等社会力量揪住不放,执政党在国会答辩时狼狈不堪,被搞得焦头烂额。作为综合海洋政策本部长的安倍晋三首相整天忙于应付答辩,没有时间和心思审核第三期《海洋基本计划》,推迟公布与此不无关系。

2. 内容拓宽

第三期《海洋基本计划》要达到的目标内容有所拓宽,以往每期五年计划一般是突出一个重点,如第一期重点主要集中在摸清家底,即查明日本管辖海域的范围,着重在提高准确度和精确度上。第二期是查明辖区内的资源种类及其储量,为大规模海洋开发利用做准备。第三期《海洋基本计划》竟然提出了三个方面的重点内容,即加强大范围监视能力,加强领海警备和岛屿防御为主的海洋维权以及加大海洋防灾减灾力度。可见,此次《海洋基本计划》的目标比较分散,并不太聚焦。

3. 作用不同

从 2008 年至 2018 年 10 年时间里,日本共计出台三期《海洋基本计划》,相比之下过去两期《海洋基本计划》实施内容是静态的,第三期则是动态的;前两期《海洋基本计划》实施内容主要是基础性的,第三期是有针对性的;前两期以科研调查为主,此次是偏重行政行为。值得注意的是此次计划,日本要加大对海洋的监视范围,自卫队与海上保安厅联手,与美军建立共享机制,甚至触角还要伸向南海。

鉴于日本第三期《海洋基本计划》由前两期原服务于海洋管理的基础性工作即海洋科研调查,转向以领海警备为主的海洋维权,特别是其有意将触角伸向南海,对此,我国绝不能等闲视之,必须引起高度关注,并提出具有针对性的、切实可行的反制措施予以抗衡。

其一,警惕日方在岛争上要花样,须专门防范应对。

2014 年中日高官会谈达成四点共识,被认为是两国关系转暖的契机。首脑频繁会面,高官互访不断,高级别海洋事务磋商恢复,海上搜救合作屡见不鲜。但是,水面下依然暗流涌动,特别是日方对中日岛争的动作一刻也没有停止过。安倍第二次上台仍不怀善意。年初,日本又设立所谓领土主权展示馆,宣传钓鱼岛是其固有领土。此次第三期《海洋基本计划》重点之一就是领海警备,主要针对我国钓鱼岛海域的常态化巡航执法,目前日方完全有能力和实力阻止或终止我例行性巡航,日方在开展舆论战、外交战以及法律战的同时,也已经充分准备了实力战。我方需专门研究,以万全之策应对。

其二,警惕日方将触角伸向南海,须防患于未然。

日本第三期《海洋基本计划》的又一个重点是警队联手、美日联合,利用飞机、舰船以及太空卫星,以加大对海洋特别是管辖海域的大范围监视力度。该计划还透露日本很可能将触角伸向南海,若成真,必将严重影响和干扰我国南海的海洋权益维护。日本很可能在未来五年中,利用获取海洋信息的优势,为与中国有海洋争端的菲律宾和越南提供帮助,挑起当事国之间的矛盾;跟随美国对中国南海海洋事务说三道四,批评中国不接受最终裁决结果和南海岛礁军事化;类似去年出动"出云"号准航母赴南海实施"航行自由行动",加入美对华军事威慑行列。为此,我方须提高警惕,未雨绸缪,防患于未然。

其三,警惕日方对华阳奉阴违,须采取有效措施。

日本对华态度总是阳奉阴违,说一套做一套是一贯伎俩,借刀杀人司空见惯。日本给英国作家金钱的附加条件是要他故意批评和谴责中国,给菲律宾和越南二手飞机和巡视船挑唆其与中国对着干。此次第三期计划,明目张胆要与中国过不去,矛头直接指向中国,加强钓鱼岛海域领海警备、强化所谓国境离岛防御其中就包括钓鱼岛、触角伸向南海干扰我维护海洋权益等。对此,我们也要以两手对两手,两手都要硬。一要揭露日方的阴谋诡计。二要针锋相对与其进行有理有利有力的斗争。三要提前有所准备,积极主动出击,击其要害,必须树立"不斗则已,斗则必胜"的信心。

4. 日本《海洋基本计划》对我国的启示

日本《海洋基本计划》是《海洋基本法》的自然延伸,是实现海洋立国战略目标的有效举措。日本 2005 年正式提出海洋立国的海洋战略目标,比我国 2003 年国务院提出建设海洋强国战略目标足足迟了两年。然而,日本的海洋战略目标提出之后能有序、有力、有效推进,得益于紧接着及时出台《海洋基本法》及《海洋基本计划》等配套措施,从而使"依法治海""依法管海"不再是一句空话、套话,而是实现海洋战略目标的实际行动。日本《海洋基本计划》每隔五年修订一次,类似于我国每五年一次制定或修订的海洋发展规划。但是,如果深入观察《海洋基本计划》便不难发现,它与我国的海洋发展规划有诸多的不同和差异,凸显其特点和优势,值得我们学习和借鉴。

（1）日本《海洋基本计划》制定或修订有法可依

日本《海洋基本法》明文规定,政府对《海洋基本计划》要每隔五年制定或修订一次。换言之,政府组织制定《海洋基本计划》是《海洋基本法》赋予的责任和义务。由此表明,作为综合海洋政策本部长的总理内阁大臣组织制定《海洋基本计划》属于法律的规定项目,而并非自选项目,不允许有任何懈怠,否则就是失职,是要被追究责任的。因此,《海洋基本计划》每五年期满之前,作为综合海洋政策本部长的首相有责任和义务召集相关专家和有识之士,认真讨论总结过去五年《海洋基本计划》实施情况以及吸取经验教训,展望未来五年海洋事业发展前景,结合国内外形势发展以及可能预测的变化,制定和修订下一期《海洋基本计划》。再看我国海洋发展规划,也是每隔五年制定或修订一次。国家海洋局代表国务院起草未来五年全国的海洋发展规划,沿海各省市自治区乃至区县结合各地情况同样也要制定或修订相应的五年规划。但是,与日本《海洋基本计划》相比,我国制定五年海洋发展规划时,缺少相应的法律依据。目前,我国尚未制定类似于日本的《海洋基本法》,中国五年海洋发展规划的制定或修订不免存在着"无法可依"的窘境。在大力提倡"依法治国"的今天,中国应该尽快制定和出台海洋发展规划、制定和出台中国的《海洋基本法》,才能尽快适应形势发展的需要。

（2）日本《海洋基本计划》体现海洋政策调控

日本《海洋基本法》,在某种程度上可以看作是日本海洋政策调控的体现。根据日本政府的思维方式,海洋战略目标是要通过具体海洋政策的贯彻落实得以实现。《海洋基本计划》最主要内容是细化了《海洋基本法》所提出的海洋政策的基本方针,以及落实上述方针的具体举措。如第一期《海洋基本计划》明确了海洋开发利用与海洋环境保护相协调等海洋政策的六个理念,以及推进海洋资源开发与利用等实施海洋政策政府所采取的综合规范措施。第二期《海洋基本计划》的海洋政策基本方针偏向资源和能源调查,用了很大篇幅对海洋科研即海洋调查的阐述和表述。该期《海洋基本计划》共提出了12项新举措,其中,对新型调查设备开发与新技术引入;对海底地形、地质、潮流、地壳构造、领海基线等基本数据调查,以及海洋能源与矿物资源的开发与政策需求相对应的研究开发等海洋基础科学研究的布局阐述得十分详细到位。第三期《海洋基本计划》表明在未来五年,日本将采取与前两期着重进行基础性海洋调查和科研完全不同的举措,重点加大领海警备及远离本土海岛防御力度,强化大范围海域监视能力以及注重海洋防灾救灾等。由此可见,《海洋基本计划》的一个最重要的功能就是,体现为海洋综合管理服务的日本海洋政策的调整。而我国的海洋发展规划,着重阐述国家和地方未来五年海洋产业或海洋领域开发利用项目的如何落实和实施。与日本通过制定或修订《海洋基本计划》,体现对海洋政策进行调控的做法依然有很大的不同。

(3)日本《海洋基本计划》配套措施一应俱全

日本《海洋基本计划》是《海洋基本法》的延伸,也是贯彻落实《海洋基本法》的有效途径。反之,《海洋基本法》又为《海洋基本计划》的顺利实施夯实了基础。《海洋基本法》已经明确日本海洋综合管理的第一责任人是作为综合海洋政策本部长的内阁总理大臣,其次是海洋担当大臣,此外法律还明确规定了各级地方政府以及国民的责任和义务。所以,《海洋基本计划》一旦通过内阁会议审议公布后,政府部门以及民间团体都能自觉对号入座,积极行动全力以赴,完成法律规定的责任和义务。相比之下,我国的海洋综合管理相应条件和配套措施,还有许多地方要继续完善,尚存在着战略方针不明确、管辖范围不清晰、法律法规不完善、配套措施和执行条件不充分等现象。这一局面不改变,势必影响我国海洋发展规划的贯彻落实。

四、问题思考

1. 理解海洋战略的全局性。
2. 掌握海洋战略的理论基础。
3. 理解海洋战略的制约因素。
4. 比较不同国家的不同海洋战略。

第八章
海域管理案例篇

一、目标设置

海域管理是海洋管理内容中最具特色的重要内容,它相当于陆地上的土地管理。海域是海洋中人为划定的一个区域,具有局部性、特定性、相对稳定性和可控性的特点,这使得人们在法律、产权制度上对海域予以有效的管理成为可能。本章的两个案例在于说明如下结论:

(1)国家海洋局先后对海域使用申请审批、海域使用权登记、海籍调查、证书管理、争议解决、测量管理、资质论证、功能区划等各个环节进行了规范,制定了十余个规范性文件。但是,在实际贯彻和执法过程中仍然存在某些矛盾和问题,要进一步明确定义和规范审批、监管的标准,明确审批办证对象,将这些规范性文件以规章的形式立法是必要的。

(2)海洋功能区划是海域使用审批确权的科学基础和依据,要依据规划进行科学合理的审批确权,统筹安排各行业用海,明确各用海行业之间的界线,给民众规划出足够的旅游区、垂钓区、浴场等公共休闲空间,绘制海籍图,规范各个用海区域界址点,要求各个用海区域之间设立规定尺寸的统一标杆,从根本上解决各类用海之间海域的交叉重叠矛盾。同时,海域使用的审核、审批要以海洋功能区划为依据,充分发挥海洋功能区划的规范和引导作用。

(3)《海域法》虽然对海域使用监管检查的主体、使用权人在被监管时应遵守的义务、监督检查运转机制及与相关部门的协调等做了较为详细的规定,但从实施效果来看,有些执法环节还存在不足,各级海域管理部门要严格执行制度和纪律;提高海洋行政主管部门的队伍素质、执法能力和监管技术,加强监管力度,建立海域使用监管机制;强化海域管理,确保依法用海。

二、理论综述

(一)海域的概念

1. 海域的一般理解

《辞海》对海洋的解释为,是由作为主体的海水水体、生活于其中的海洋生物、邻近海面上空的大气和围绕海洋周缘的海岸及海底等部件组成的统一体。通常仅指作为海洋主体的连续咸水体,面积为 36 200 万平方千米,体积为 13 700 万立方千米,中心部分叫洋,边缘部分叫海,另有地中海、内海和被特殊海水包围的马尾藻海。

海域可分为地理海域与主权海域两种。(1) 地理海域,是最广义的海域,泛指海洋的所有组成部分。广义而言,所谓海域就是一定界限之内的边缘海域区,包括区域内的海表层水体和海床及其底土的立体空间。海域的范围大小并无严格的数量限制,大型的海域可以达到数百平方千米,甚至数千万平方千米,如中国东海海域、中国南海海域、欧洲北海海域、中东阿拉伯海海域等。或者是指某一特定的、小型海的海洋区域,可以是几平方千米或十几平方千米,如小型海湾、河口海域、海洋某类开发区所涉及的海域等。(2) 主权海域指沿海国对其拥有主权的海域。根据是否拥有完全主权,可将主权海域进一步区分为完全主权海域和不完全主权海域。如,按照 1982 年的《联合国海洋法公约》,依据法律地位的不同,海洋可划分为内海、领海、毗连区、群岛水域、专属经济区、大陆架、公海、国际海底区域、用于国际航行的海峡等。领海是沿海国家的领土在海洋上的延续,国家对领海可以行使完全主权。不完全主权海域,是指沿海国拥有海域的部分管辖权和资源主权的毗连区、专属经济区和大陆架。

2.《中华人民共和国海域使用管理法》(2002 年)中海域的含义

在《中华人民共和国海域使用管理法》中所称海域,是指中华人民共和国内水、领海的水面、水体、海底和底土。所称内水,是指中华人民共和国领海基线向陆地一侧至海岸线的海域。可以从两个层面理解:水平方向——包括我国的内水和领海,从海岸线开始到领海外部界限,面积约 38 万平方千米;垂直方向——分为水面、水体、海床和底土四个部分。

(二) 海域的价值

1. 海域的国土价值

海域与土地相连,构成一国的"蓝色国土",在全球陆地资源渐趋短缺的形势下,海域被视为人类生存与发展的新空间,海域的开发和保护成为国土开发整治的重要组成部分,国际上掀起了开发海域的热潮。

1982 年通过的《联合国海洋法公约》(简称《公约》)首次以国际法的形式,对沿海国在领海、毗连区、专属经济区和大陆架的权利作了确认和具体规定。该公约规定,在 12 海里以内的内水和领海,国家拥有完全主权;24 海里以内的毗连区及 200 海里以内的专属经济区和大陆架,国家拥有海域管辖权和资源主权权利。由此可见,领海、毗连区、专属经济区和大陆架都可算作一国广泛意义上的海洋国土。作为国际关系史上的第一部"海洋宪章",《公约》彰显了海域的国土价值,其规定使沿海国的国土构成发生了巨大的变化,国家管辖范围扩大,国土资源开发管理的权利和任务也随之增加。海洋国土的确立,表明当代沿海国家的国土向海域拓展,沿海国家的主权和利益在海域延伸。这些国家重新审视本国海洋政策,制定并实施新的海洋开发战略,加强对领海、毗连区、专属经济区和大陆架的开发保护与管理,使这些管辖海域向国土化方向发展,成为沿海国家的食品资源生产基地、能源资源开发基地、水资源开发基地,成为生存与发展的新空间。

海域的国土价值对各国而言具有稀缺性。对于海域的归属,有关国家间会有激烈的争论或反复的磋商,基于国家主权的神圣不可侵犯性,任何一个国家都不会在捍卫海域主权问题上轻易地让步。对于各国间发生的海域主权纠纷,国际法上提供了外交制度、国际组织制度、国际会议制度、争端解决机制等法律支持。

2. 海域的生态价值

1997 年,Robert、Costanza 等人在《自然》杂志上撰文,公布了他们对全球海洋一年内对人类的生态服务价值的评估结果。价值类别包括气体调节、干扰调节、营养盐循环、废物处理、生物控制、生境、食物产量、原材料、娱乐和文化形态等。计算结果是全球海洋生态系统价值为每年约 461 220 亿美元,每平方千米的海洋平均每年给人类提供的生态服务价值大约为 57 700 美元。海洋生态系统的服务价值评估研究告诉我们,海洋(含海域)具有重要的生态价值。

正确认识、评估海域生态价值是合理开发利用海域的前提。忽视海域生态价值或对其定价过低,就会刺激海域资源过度消耗,破坏海洋生态平衡,导致海洋生态功能减少甚至丧失。20 多年的实践表明,随着海洋开发强度与深度的增大,进入海洋环境的有害物质增加,海域污染日趋严重,而且海洋自然灾害频繁,海洋脆弱的自然生态平衡系统极易被打破,造成近海渔业资源衰退、生物多样性锐减、生物资源量降低等严重的生态问题。

海域生态价值问题,正是在海洋生态危机频生的背景下提出来的。严峻的现实迫使人们改变以往任意用海的行为,走出只有生产观点而缺乏生态观点的思维误区,承认并重视海洋(含海域)的生态价值,对所利用海域的生态价值予以科学评估,力求使海域开发利用的规模、强度与海洋资源、环境的承载能力相适应;坚持在保护中开发、在开发中保护的原则,促进海域的合理使用和可持续利用,使有限的、稀缺的海域产生出不断增长的经济效益、社会效益和生态效益;树立人类与海洋和谐发展的理念,运用技术、法律、经济、管理等手段促进海洋(含海域)生态价值的实现,不断维护、优化人类与海洋共生共荣的生态系统。

3. 海域的经济价值

人类利用海域、开发海洋资源的历史久远,最初的活动仅局限于海岸带和近海浅水区域,而且主要集中在水产捕捞、交通运输和海水制盐上,"兴渔盐之利""通舟楫之便"正是那时的人们对海洋(含海域)价值的认识;工业革命和科学技术的发展,推动了人类开发利用海洋的进程,在人类对海洋价值认识深化、利用海域的能力日益增强的情形下,海域成为人力可以支配、具有独立的经济价值、能够在很大程度上满足人类生产、生活需要的发展空间。20 世纪 50 年代以后,许多国家积极开发高新海洋开发技术,发展海洋产业,目前世界海洋产业已经超过 20个,成为新兴的经济领域。海洋产业大体包括:海洋气象服务、海岸旅游、渔业捕捞、水产品加工、海水养殖、渔业设备加工、海洋通信及电子设备制造、海洋建筑、海洋仪器制造、海洋学服务、海洋旅游、海洋运输和港口、近海天然气开发、石油产品加工、娱乐性渔业、船舶和游艇制造、港口物流等。当风驰电掣的发展时代临近21 世纪之际,陆地资源的短缺促使全球各国更深刻地认识到:海洋中蕴藏着远比陆地丰富得多的资源,是人类生存和发展的新空间;海洋(含海域)是资源丰富而未充分开发利用的资源宝库、可持续发展的宝贵财富;重要的国际航线已成为世界经济一体化不可缺少的商贸通道;开发和利用海洋将是国家经济和社会发展的重要支撑条件,是增强综合国力的一项重要国策。鉴于此,人们将新的世纪称为海洋世纪,将海洋经济视为世界经济的新的增长点,认识到海洋资源将成为 21 世纪人类生存和发展的重要物质和环境条件。人类从来没有像今天这样依赖海洋,海洋的价值也从来没有像今天这样受到重视。[1]

(三)"海域使用"的含义和特点

一般地,海洋管理中的"海域使用"是指人类根据海域的区位和资源与环境优势所开展的开发利用活动,即用海行为。比如海底石油天然气开发、海水养殖与捕捞、海洋盐业与海水综合利用、海岸与海洋工程建设、海洋自然保护区和特别保护区建设、海水浴场和海洋旅游、陆源废污水排放、港口建设和海上交通运输、海上城市、海上人工岛、海上机场、海上卫星发射、海底隧道、海底仓库等。随着经济与社会的发展和科学技术进步,人类的海域使用会越来越多样化。

1.《中华人民共和国海域使用管理法》中的"海域使用"

为便于依法进行管理,《中华人民共和国海域使用管理法》(简称《海域法》)对海域使用给出了定义,并按照时间进行了区分,分为非临时用海与临时用海。非临时用海即中华人民共和国内水、领海持续使用特定海域 3 个月以上的排他性用海活动,一般将非临时用海称为海域使用。

这里的海域使用定义需要明确三方面的内容:使用固定海域空间,而非偶尔进入、不具有空间稳定性,如船只航行等;使用海域时间具有连续性,且在 3 个月以上的利用活动;特定的开发利用活动具有排他性,以及只要此项利用发生后,在此海域中不能有其他的固定开发利用活动。这种排他性是指海域使用人的排他,在使用期内的使用权排他,并不是用途的排他。

---

① 梅宏.论海域的价值[J].海洋开发与管理,2008,25(5):38-41.

在海域使用分类的问题上,考虑到用海性质的不同,除申请和审批环节外,在不同的用海项目使用时间上限上还予不同设定。

临时用海是指用海时间不超过 3 个月,流动性大且没有永久性设置的用海行动。具体表现为:捕捞、海上交通运输、海上临时调查抽样、海上油气勘探等。

2. 海域使用与其他使用的区别

由于海域具有功能的多宜性、生态系统的复杂性、资源的多样性、开发利用的立体性和上覆海水的流动性等特点,海域使用具有与其他自然资源开发利用所不同的性质和特点。

(1) 所有权界定的模糊性

过去在海域资源开发利用中,海域资源相对丰富,维护海域所有权的成本高,维护能力有限,导致所有制关系缺乏明确性和规范性,对海域资源占有的多寡往往都是与占有者的占有能力相联系的,从而导致了海域使用过程中所有权界定的模糊性。

(2) 产业分布的交错性

由于海域资源分布的复合性和立体性,海洋各产业以海水为同一介质呈立体分布,分割困难,相互间影响较大。目前,我国海域的利用还很不均衡,一些区域仍然人迹罕至,另一些区域,主要是区位良好、资源密集的海域,各种产业呈现立体分布,聚集度很高。如果这些产业的经营者为同一主体的话,关系还比较容易协调,否则,矛盾和纠纷就不可避免,甚至表现得很尖锐。由于海洋是一个连续的水体,各种产业活动对海洋自然环境的加工改造方式千差万别,各种海洋产业间虽然有的可以互利,但是互相干扰和损害甚至相互对立的情况屡见不鲜。

(3) 海域使用的部分排他性

由于海水的流动性和海域的立体性,海域无法实现类似于陆地上那种功能单一、区域独立、界限明确的区块。海域使用显著区别于土地使用的特征为:海域使用的部分排他性,主要表现在用海活动的方式、用海活动的空间、用海时间上。也就是说,并不是所有的海域利用活动都是绝对排他的,有的用海活动可能是部分排他,或限制性排他。在同一海域对海底、水体和水面的利用活动通过科学合理的安排,有可能交错进行而不互相干扰。比如,在海底铺设电缆、管道或者建设仓储设施,当工程完成后,对于海上执法或者从事海洋科技调查的船舶在其上覆水面通过就不具有排他性。同时,海洋资源具有半公共物品的性质,它的使用价值往往不是一次性消费掉,因此,其消费和使用具有非竞争性,即大家都可以利用。但是,先用者或多用者可能会损害他人的利益,这是海域使用利益上的排他性。海域使用上的部分排他性和利益上的排他性,形成了一对普遍而深刻的矛盾,如果缺乏有效的制度约束,就会形成所谓的"公地悲剧"。

(四) 海域使用管理的定义

海域使用管理作为一种行政行为,是国家通过各级政府及其海洋行政主管部门,根据国民经济和社会发展的需要,结合海域的资源与环境条件,按照依法、统一、全面、科学的原则和要求,对海域的分配、使用、整治和保护等过程进行监督管理。海域使用管理属于行政管理范畴,是海洋管理的一个重要组成部分。

为了加强海域使用管理,维护国家海域所有权和海域使用权人的合法利益,促进海域的合理开发和可持续利用,海域使用管理工作迫切需要运用法律手段。海域使用涉及面广、关系复杂,需要用法律手段规范人们的行为,管理的科学性和有效性也需要用法律手段予以保证。另外,国家通过法律、行政、经济、技术等手段加强海域使用管理,其中法律手段还可以有力地保障和支持其他手段的运用。《海域法》是国家进行海域使用行政管理的基础法律。《海域法》对海域使用管理的规定侧重于海域空间资源的行政管理,强调用海者的义务责任,以维护公共利益。《物权法》对海域使用管理的规定侧重于海域使用行为的民事规范,强调用海者的权利保护,以维护个体利益。

(五) 依法进行海域使用管理的必要性

1. 海域使用管理极为重要

这就是海域使用管理具有显著的重要性,必须对其实施管理,或者说对其进行管理是有重要的社会价值、经济价值的,主要体现如下:

(1) 丰富的海洋资源需要管理。我国是海洋大国,拥有近 300 万平方千米的管辖海域,相当于陆地国土面积的 1/3;拥有 18 000 多千米的大陆岸线,14 000 多千米的岛屿岸线,蕴藏着丰富资源,包括生物资源、矿产资源、航运资源、旅游资源等。对于丰富的资源,国家有责任实施管理,对于我国辽阔的海域,需要由国家行使管理职能。正是由于有了丰富的海洋资源、辽阔的海域,才有了制定海域使用管理法的客观基础。它是立法的前提,也正是这样才产生了制定有关海域使用管理法律的客观需要。

(2) 海域使用需要建立秩序。国家的海域是重要的资源,海域的开发利用是国家社会经济发展中的一个重要部分,海域的使用必须是有秩序的,而不允许是无序的、混乱的,这就势必要求对海域使用管理进行立法,建立起必要的管理秩序。

(3) 海域使用必须维护国家权益

海域是国家的资源,任何使用都必须尊重国家的权力和维护国家的利益,遵守维护国家权益的有关原则,防止在海域使用中有损害国家海洋资源、破坏生态环境的行为。因此,进行海域使用管理立法不仅是现实的需要,也是基于国家利益的长期考虑。

（4）存在的问题需要在规范中解决

海域使用由于缺少规范或者由于规范的不健全、缺乏力度，因而出现若干与之有关的问题，存在一些不利于海域正常使用的现象，形成一些不规范的社会经济关系，造成了不良后果。在建立规范和强化规范的过程中应当解决这些问题，因此制定海域使用管理法就十分必要。

2. 海域使用管理必须运用法律手段

海域使用的依法管理就是运用法律手段对海域使用实施管理。

（1）在我国必须实行依法治国，这是治理国家的基本方略，它就是在党的领导下，依照体现国家意志和人民利益的法律治理国家，管理社会、经济、文化事务。依法治国在海域使用管理中的具体体现，就是运用法律手段管理海域使用，依照国家的法律建立海域使用管理的法律秩序。

（2）海域使用管理迫切需要运用法律手段，当然这里不仅是一种迫切性，而更重要的是这种迫切性产生于海域使用管理强烈地需要法律的方式。因为海域使用的涉及范围很广，有错综复杂的社会经济关系，尤其是国家与使用者之间的关系、管理者与被管理者之间的关系、各个涉海部门之间的关系等，都需要用法律来规范人们的行为，调整所形成的关系，建立有效的海域使用管理秩序。当前以及今后的发展，不仅需要这种秩序，而且已有的正反两方面的经验都敦促尽快建立这种秩序，发挥依法用海、管海的积极作用。

（3）在海域使用管理中运用法律手段是各方面特点的融合。一方面在海域使用管理中需要有强有力的手段，维护国家权益、明确海域使用中的权利义务，保持正确使用的方向；另一方面，法律具有普遍性、权威性、强制性，规范海域使用各方的行为，保证依法管理的实施，建立共同遵守的不容违反的海域使用管理秩序。这种融合适应了海域使用管理的需要，也符合现代海洋事业发展的要求，运用法律手段是海域使用管理的必然选择。

（4）在海域使用管理中运用法律手段，可以保障、支持其他手段的使用，更充分地发挥各自的作用。在海域使用管理中，会出现行政手段、经济手段以及某些技术手段的运用，但他们与法律手段的运用是在协调的基础上而不是相互冲突的，可以是相辅相成的，更重要的是它们需要得到法律手段的保障、支持，以法律手段作为发挥其作用的重要前提。比如，行政手段应当以法律为根据，依法行政；经济手段需要法律的规范和保障，才能有效地实施；一些技术手段，或者说是合理的技术要求，如果表现于法律形式，就会有利于其执行。所以法律手段的运用，并不排斥其他手段的运用，更不是代替经济技术措施，而是通过规范人们的行为，保障和支持合理的、科学的、表现于法律的行政措施、经济措施、技术措施得以被人们接受并顺利实施。

3. 依法治海会使海域使用管理进入一个新的阶段

将海域使用管理纳入法制轨道，这是为海域使用管理确定了正确的途径。在管理目的、管理指导原则、管理方式、管理体制等方面,有了明确的、权威的、有普遍约束力的规范,人们依照这些规范行事,采取共同行动,以用好海域、管好海域。这将能够极大提高海域使用管理水平。

(六) 海域使用管理的原则

(1) 海域使用权人不得擅自改变经批准的海域用途,确需改变的,应当在符合海洋功能区划的前提下,报原批准用海的人民政府批准。

(2) 海域使用权人在使用海域期间,未经依法批准,不得从事海洋基础测绘,因为对于海洋基础测绘在测绘法中已作规定,应按该法执行。

(3) 海域使用权人发现所使用海域的自然资源和自然条件发生重大变化时,应当及时报告海洋行政主管部门。

(4) 因海域使用权发生争议,当事人协商解决不成的,可以由县级以上人民政府海洋行政主管部门调解,也可以由当事人直接向人民法院提起诉讼;在争议解决前,任何一方不得改变海域使用现状。

(5) 填海项目竣工后形成的土地,属于国家所有,并应由海域使用权人在法定期限内,依法凭海域使用权证书换取国有土地使用权证书,确认土地使用权。

(6) 关于在海域使用管理法施行前,已经由农村集体经济组织或者村民委员会经营、管理的养殖用海,其海域使用管理权的确定和使用方式,在海域使用管理法中也做出了专门规定。

(七) 海域使用管理的性质和定位

海域使用管理作为一种政府行为,属于行政管理的范畴。海域使用管理必须有明确的职能定位。

1. 界定和保护海域物权

从市场经济的角度看,界定和保护物权是政府的首要职责,也是保障市场机制有效运作的基本前提。通过界定和保护海域的国家所有权和海域使用权,可以有效地防止非法买卖、租用、抢占海域的行为。通过维护海域使用权人享有的占有、使用和收益的权利,可以有效地防止海域的不合理、盲目开发和过度利用等短期行为,从根本上整顿和规范海域开发利用秩序。

2. 保障经济和社会发展

保证经济和社会发展用海需要是各级政府及其海洋行政主管部门的重要职责。在保证经济建设用海的同时,更要为社会公益事业、社会基础设施建设提供良好的用海保障。保证公共目的对海域的使用需要,是以追求利益最大化为目标的市场机制和在这一机制支配下的海域使用行为所不能做到的,必须由政府干预海域使用才能实现。

3. 实现海域的可持续利用

海洋经济和沿海城镇的发展提出了更大范围、更高强度的用海需要，但是，海域的供给是有限的。这就要求海域使用管理必须站在全局和整体的立场上统筹兼顾，合理分配和再分配海域，使海域开发利用的规模和强度与海洋资源和环境承载能力相适应，走海洋的可持续发展道路。

4. 促进公平分配和市场建设

海域使用管理工作中的公平分配，不仅涉及各级政府之间、不同地区之间、不同社会群体之间关系处理，而且涉及社会稳定与发展的大局，必须引起高度重视。海域使用管理中的公平分配主要包括海域使用权取得的公平（机会均等、权利均等、义务均等等）和海域使用收益分配的公平（如中央和地方海域使用金的分配）。实现公平分配的重要措施就是要培育和规范海域市场，形成海域使用权公平、公开、公正交易的市场环境，确保海域使用权市场交易的合法性和安全性。

5. 维护国家的海域收益权

海域属于国家所有，国家作为海域所有人应当享有海域的收益权，海域使用者必须按照规定向国家支付一定的海域使用金作为使用海域资源的代价。实行海域有偿使用制度，不仅有助于国家海域所有权在经济上的实现，而且有利于杜绝海域使用中的资源浪费和国有资源性资产的流失。

（八）海域使用管理的主要内容

根据海域使用管理的职能定位和当前的海域使用管理实践，海域使用管理主要包括法制建设、区划管理、权属管理、有偿使用管理、市场管理、海籍管理、海域使用资质管理和监督检查8个方面的工作。

1. 海域使用法制建设

推行依法行政是做好海域使用管理的关键，而加强海域使用管理法制建设，建立适合社会主义市场经济建设要求的海域使用法律体系，是全面推进依法行政的前提和基础。海域使用法制建设主要包括：起草和制定海域使用管理中的重大方针、政策；起草海域使用管理法律、法规草案，制定配套规章制度；协调相关法律法规与海域使用管理法律、法规的关系，加强海域使用管理在宪法、行政、民事、经济、刑事等相关法律制度中的建设；开展海域使用行政复议工作。

2. 海洋功能区划管理

海洋功能区划管理是海域使用管理的科学依据，是实现海域合理开发和可持续利用的重要途径。海洋功能区划一经批准，就具有法定效力，必须严格执行。海洋功能区划管理主要包括：海洋功能区划四级编制管理；海洋功能区划两级审批管理；海洋功能区划实施情况的跟踪、评价和监督管理；海域使用规划和重点海域使用调整计划的编制、审批和实施；协调相关区划、规划与海洋功能区划的关系，参与其他相关部门区划、规划的编制和审查。

3. 海域权属管理

海域权属管理包括海域的国家所有权、海域使用权、相邻海域利用权和抵押权的管理。其中,海域的国家所有权是从国家主权延伸出来的,具有完全性,它不需要任何人的许诺,可以自主行使;海域使用权是民事主体在法律规定的范围内对国家所有的特定海域享有占有、使用、收益的权利和一定的处分权利,其管理包括海域使用权的取得、海域使用权登记、海域使用权证书颁发、海域使用权的变更或终止、海域使用权争议调解处理等;由于海域是固定的,特定的区域,应当建立相邻海域利用权管理制度;由于海域是不动产,应当适用抵押权的规定。

4. 海域有偿使用管理

海域有偿使用是海域使用管理的主要制度,也是国家公共财政管理的一项内容。海域有偿使用管理包括:海域价值评估、分等定级与征收标准的制定;海域使用金(出让金、转让金和租金)的征缴管理;海域使用金的减缴、免缴管理;海域使用金的预算管理(预算级次、预算科目、缴库管理等);海域使用金使用管理,包括项目投资计划管理、支出预算管理等。

5. 海域市场管理

海域使用权市场包括一级市场(出让)和二级市场(转让、出租、抵押等)。海域使用权市场管理是指依法对进入海域使用权市场从事海域使用权交易活动的单位或个人(包括以中介组织)以及对海域使用权交易活动、交易价格、交易合同、交易程序、应纳费用等进行的组织、指导、监督、调控等管理行为。海域使用管理部门要依法维护市场秩序,保证市场竞争的公平性和有效性,同时也要避免和克服市场可能带来的短视行为。

6. 海籍管理

海籍管理是指为实行海域权属管理制度、海域有偿使用制度和海域使用统计制度,而开展的一项海域管理的基础工作。通过实施海籍管理,将海域的位置、界址、权属、面积、用途、使用期限、海域等级、海域使用金以及海域权利等项目,按照法定的程序,整理形成海域使用权登记册(又称海籍簿册)和海籍图,作为海域管理施政和保护海域使用权益的依据。海籍管理工作包括海域使用现状调查、海籍调查(权属核查和海籍测量)、海域使用统计、海域使用动态监测、海域使用档案管理和信息管理等。

7. 海域使用资质管理

海域使用管理作为一种实践性、综合性很强的管理活动,其各项工作必须实现全过程的质量控制和技术控制,必须保证海域使用管理的各项决策建立在科学评价的基础上。海域使用论证资质管理是科学合理审批项目用海的保障,海域使用测量资质管理是准确界定位置和面积、减少权属纠纷的前提,海域使用评估资质管理是合理确定海域使用金征收标准、实现海域资产保值增值的重要途径。

8. 海域使用监督检查

海域使用监督检查包括海域使用行政监督和行政执法。行政监督的对象是各级海洋行政主管部门及其工作人员，重点是监督行政机关及其工作人员是否依法行使职权、执行政令。行政执法的对象主要是用海单位和个人，重点是监督检查海域使用管理法律法规的遵守情况以及对违法行为实施法律制裁。

（九）海域使用管理的基本制度

1. 海洋功能区划制度

在《海域法》中，首先在总则部分确定这是一项基本制度，然后又专设一章对其进行规范。这既显示了海洋功能区划有重要的地位和作用，同时又必须规范地编制和实施。

（1）海洋功能区划的法律地位

《海域法》郑重地规定，国家实行海洋功能区划制度。这就明确地表示了海洋功能区划的法律地位，将其上升为一种由国家实行的制度，而不是一种单纯工作上的或者技术方面的规划。海域功能区划是体现了国家的主权、利益、管理原则、发展方向的法定制度，或者说，这种区划已经通过《海域法》的规定，使之制度化、法制化。在法律上确定它是海域使用管理的重要依据，是实施海域管理的基础。所以在《海域法》中规定，海域使用必须符合海洋功能区划。它所表明的含义，就是依照法定的程序，根据海域的地理位置、自然资源状况、自然环境条件和社会需求等因素而划分的不同海洋功能类型区，对海洋开发利用活动有引导规范的作用，约束着人们用海的行为，这使得依法编制的海洋功能区划具有权威性。

（2）海洋功能区划的编制审批

海洋功能区划分为两种：一种是全国海洋功能区划，另一种则是地方海洋功能区划。海域使用管理法对这两种区划的编制和审批权限做出了规定：一是全国海洋功能区划由国务院海洋行政主管部门会同国务院有关部门和沿海省、自治区、直辖市人民政府编制，报国务院批准；二是地方海洋功能区划由沿海县级以上地方人民政府海洋行政主管部门会同本级人民政府有关部门，依据上一级海洋功能区划编制，但是对其审批需要分为两个层次，第一个层次是沿海省、自治区、直辖市海洋功能区划，需要经该省、自治区、直辖市人民政府审核同意后，报国务院批准；第二层次是沿海市、县海洋功能区划，经该市、县人民政府审核同意后，报所在的省、自治区、直辖市人民政府批准，报国务院海洋行政主管部门备案。海域使用管理法之所以对海洋功能区划的编制审批做出这些规定，目的是：使编制主体明确，程序法定；使审批权限集中，保持统一，利于协调；使层次分明，利于在集中的基础上反映地域的特点；会同有关部门反映了海域使用多功能的特点，有利于各用海行业的统一协调。

（3）海洋功能区划的编制原则

由于海洋功能区划在海域使用管理中有规范引导的作用，并且这种作用带有权威性，所以对海洋功能区划的编制由法律确定其遵循的原则，明确其编制的依据及贯彻的方针。因此由法律规定，海洋功能区划按照下列原则编制：一是按照海域的区位、自然资源和自然环境等自然属性，科学确定海域功能。这是要求在海洋功能区划中应当将有关自然属性的考虑置于首位，科学用海，合理开发利用海洋资源。二是根据经济和社会发展的需要，统筹安排各有关行业用海，这是要求在首先考虑自然属性的基础上，考虑海洋的社会属性，统筹兼顾各行业用海的需要，同时又有重点进行优化选择。三是保护和改善生态环境，保障海域可持续利用，促进海洋经济的发展。这是明确海洋功能区划中必须贯彻的基本方针，但对于海洋环境保护则由于已专门制定了海洋环境保护法，应当执行该法的有关规定，促进海洋经济的发展，是要求在合理开发利用海洋资源的基础上，使海洋经济尽快发展，发挥最佳效益。四是保障海上交通安全。这是由于海上交通是海域使用的最重要的功能之一，安排其他项目的用海应当保障海上交通安全，将其作为必保的重点。五是保障国防安全、保证军事用海需要。这是在海域使用中又一个必保的重点，它出于保证国家安全的需要，维护国家的利益。

（4）海洋功能区划的公布实施

对此，在法律上做出了三项基本规定，确定了相关行为规范和处理相互关系的法律原则。一是规范公布行为，就是海洋功能区划经批准后，应当向社会公布，但是涉及国家秘密的部分除外。向社会公布已确定的海洋功能区划，这是编制部门的法定义务，也是该区划予以实施的法定条件，未依法公布则不产生法律上的效力，更不应在社会公众尚不知悉其内容的情况下去要求社会公众执行。二是行业规划与海洋功能区划的关系，《海域法》所作的规定是养殖、盐业、交通、旅游等行业规划涉及海域使用的，应当符合海洋功能区划。这项规定的基本要求是，涉海的行业规划应当服从海洋功能区划，当然，在编制海洋功能区划时应当考虑行业的需要，行业在制定规划时应当考虑发挥海洋的整体效益和最佳效益。三是与其他重要规划的关系，这是一种现实存在的而又必须处理好的关系，因为这几种规划是相互联系的但又有不同作用的，它们之间出现的交叉点在海域的使用，因此《海域法》规定，沿海土地利用总体规划、城市规划、港口规划涉及海域使用的，应当与海洋功能区划相衔接，取得协调一致，而不应违背海洋功能区划。上述三项，都直接关系到海洋功能区划编制后的实施，应当从法律上作出规定，予以保证。

2. 海域权属管理制度

在海域使用管理法的总则部分明确地规定，单位和个人使用海域，必须依法取得海域使用权。海域使用权是一种自然资源的使用权，就海域使用权而言，就是单位和个人为了一定的目的使用国家所有的海洋资源,而使用海域应当先取得海域使用权。国家是海洋资源的所有者,因此,就要从国家那里取得海域使用权。同时,国家作为海域的所有者,对海域使用管理的必要环节就在于对海域使用权的权属管理,所以"海域法"对海域使用权的取得、授予做出了系统的规定。其主要内容有:

(1)取得海域使用权的法定方式

依照《海域法》的规定,单位和个人取得海域使用权,可以有三种方式。一是向国家依法确定的海洋行政主管部门申请取得,这是行政依法审批的方式,是目前使用较多的方式;二是招标的方式,就是发挥市场机制的作用,将海域使用权授予公开竞争中的优胜者,以寻求最佳的使用效益;三是拍卖的方式,就是以公开竞价的形式,将海域使用权转让给最高应价者。

(2)取得海域使用权的申请

这是以申请方式取得海域使用权的第一步,也是当前取得海域使用权的一项法定程序,因此《海域法》规定,单位和个人可以向县级以上人民政府海洋行政主管部门申请使用海域,申请人在提出申请时,应当提交的书面材料有:①海域使用申请书;②海域使用论证材料(对这项材料可以因海域使用项目的规模大小、复杂程度的不同而有不同的具体要求);③相关的资信证明材料;④法律、法规规定的其他书面材料。

(3)对海域使用申请的审批

单位和个人为取得海域使用权而提出申请,对该项申请的审批程序和审批权限,则由《海域法》做出规定,即:

一是审批程序。就是由县级以上人民政府海域行政主管部门依据海洋功能区划,对海域使用申请进行审核,并依照《海域法》和省、自治区、直辖市人民政府的规定,报有批准权的人民政府批准。这里所指的人民政府包括依法被授予审批权的各级人民政府。在审批程序中,为了全面考虑用海的需要,因此还规定海洋行政主管部门审核海域使用申请,应当征求同级有关部门的意见。

二是审批权限。《海域法》对海域使用的审批权限分为两个层次。第一个层次是国务院的审批权,法定的审批项目为:填海 50 公顷以上的项目用海;围海 100 公顷以上的项目用海;不改变海域自然属性用海 700 公顷以上的项目用海;国家重大建设项目用海;国务院规定的其他项目用海。第二个层次是依法由国务院审批的用海项目以外的其他用海项目,其审批权限由国务院授权省、自治区、直辖市人民政府规定。这两个层次的规定表明,海域使用的审批权是统一集中的,即皆由国务院审批或者由国务院向下授权;但是又有分级管理的方式,因为除了国务院直接审批的用海项目外,还有许多用海项目是授权省级人民政府规定审批权限的,这就可以根据实际情况,规定不同层级的地方人民政府有一定的审批权限,即有区别的授予审批权。

（4）招标或拍卖方式的实施

这就是海域使用权可以通过招标或者拍卖方式取得,招标或者拍卖方案由海洋行政主管部门制订,报有审批权的人民政府批准后组织实施。在制订海域使用权招标或者拍卖方案时,海洋行政主管部门应当征求同级有关部门的意见。

（5）海域使用权证书的颁发

海域使用权证书是确认海域使用权权属的证明文件,由法律所规定,具有法律上的效力。对这种证书颁发的有关事项由《海域法》规定。其主要内容为：

一是颁发程序。海域使用申请经依法批准后,国务院批准用海的,由国务院海洋行政主管部门登记造册,向海域使用申请人颁发海域使用权证书;地方人民政府批准用海的,由地方人民政府登记造册,向海域使用申请人颁发海域使用权证书。

二是证书效力。海域使用管理法明确规定,海域使用申请人自领取海域使用权证书之日起,取得海域使用权。这项规定表明,海域使用权证书是确认海域使用权权属的必要证明文件,这个文件的取得与权属的确定是一致的,不可分离,有明显的法律上的效力。

三是招标或者拍卖方式取得海域使用权的证书颁发。海域使用权不管以何种法定的方式取得的,都应颁发海域使用权证书,从法律上确认其权属。因此在法律中规定,招标或者拍卖工作完成后,依法向中标人或者买受人颁发海域使用权证书,在这里虽然没有规定具体程序,但是应当明确的是,在依法制订和批准的招标或者拍卖方案中,需要有此项内容的具体安排,以保障中标人或者买受人的合法权益,能够取得海域使用权证书。因此,在《海域法》中还规定,中标人或者买受人自领取海域使用权证书之日起,取得海域使用权。

四是公告程序。《海域法》规定,颁发海域使用权证书应当向社会公告。这种公告是一种法定程序,使海域使用权的归属公开透明,有利于保护使用权人的合法权益,也有利于调整利害关系人之间的关系,还可使海域使用管理受到社会的监督。

五是费用收取。为了防止在颁发海域使用权证书时出现乱收费现象,更不允许借此牟取不法利益,造成海域使用权人额外的负担,所以在《海域法》中专门规定,颁发海域使用权证书,除依法收取海域使用金外,不得收取其他费用。这项规定是很清楚的,领取海域使用权证书,仅限于依法交纳海域使用金,而不需要再交纳其他任何费用。

六是由于海域使用权证书的发放和管理还有其他若干事项,未能在法律中一一规定,因此授权国务院具体规定有关的发放和管理办法。

三、案例分析

案例 8.1　海丽国际高尔夫球场有限公司诉国家海洋局环保行政处罚案

（一）内容梗概

1. 基本案情

广东省海丰县海丽国际高尔夫球场有限公司（以下简称海丽公司）与海丰县人民政府（以下简称县政府）签订合同约定"征地范围南边的临海沙滩及向外延伸一千米海面给予乙方作为该项目建设旅游的配套设施"。海丽公司在海丰县后门镇红源管区海丽国际高尔夫球场五星级酒店以南海域进行涉案弧形护堤的建设。2009 年 3 月 9 日，涉案弧形护堤部分形成。2010 年 3 月 19 日，海监部门在执法检查中发现该公司未取得海域使用权证擅自建设涉案弧形护堤，涉嫌违反《中华人民共和国海域使用管理法》（以下简称《海域法》）第三条的规定。经逐级上报，国家海洋局立案审查。2011 年 3 月，南海勘察中心受海监部门委托作出《汕尾市海丰县海丽国际高尔夫球场海岸线弧形护堤工程海域使用填海面积测量技术报告》，指出涉案弧形护堤填海形成非透水构筑物（堤坝），面积为 0.122 8 公顷。

2011 年 6 月 2 日，国家海洋局作出《行政处罚听证告知书》，告知海丽公司拟对其作出的处罚及事实和法律依据，经组织召开听证会，同年 12 月 14 日作出第 12 号行政处罚决定：认定海丽公司在未经有权机关批准的情况下，自 2010 年 3 月中旬进行涉案弧形护堤工程建设，以在海中直接堆筑碎石的方式进行填海活动，至 2010 年 11 月 17 日技术单位测量之日，填成弧形护堤面积为 0.122 8 公顷。据此，依据《海域法》有关规定和《财政部、国家海洋局关于加强海域使用金征收管理的通知》，责令该公司退还非法占用的海域，恢复海域原状，并处非法占用海域期间内该海域面积应缴纳的海域使用金 15 倍的罚款人民币 82.89 万元。该公司不服，申请行政复议。国家海洋局于 2012 年 5 月 30 日作出行政复议决定认为：第 12 号处罚决定关于海丽公司自 2010 年 3 月中旬进行涉案弧形护堤建设的认定与海监部门航空照片显示涉案弧形护堤 2009 年已存在的情况不一致，系认定事实不清，决定撤销第 12 号处罚决定。其后，国家海洋局经履行听证告知、举行听证会等程序，于 2012 年 7 月 25 日作出海监七处罚（2012）003 号行政处罚决定书，指出证据显示 2009 年 3 月 9 日涉案弧形护堤已部分形成，至 2010 年 11 月 17 日海监机构委托技术单位进行现场测量之日，该弧形护堤非法占用海域的面积为 0.122 8 公顷；处罚依据与具体内容与上述 12 号处罚决定相同。海丽公司不服，提起行政诉讼，请求法院撤销海监七处罚（2012）003 号行政处罚决定书。

2. 裁判结果

北京市第一中级人民法院一审认为，《国家海域使用管理暂行规定》《广东省海域使用管理规定》等有关规定明确了任何单位或个人实施填海等占用海域的行为均必须依法取得海域使用权,海洋行政主管部门颁发的海域使用权证书是当事人合法使用海域的凭证。本案中,海丽公司未经批准合法取得海域使用权,填海建设弧形护堤的行为,属于《海域法》第四十二条所指未经批准非法占用海域进行填海活动的情形,被诉处罚决定中的该部分认定证据充分,定性准确。海丽公司关于涉案弧形护堤并非建设于海域范围,故国家海洋局无管辖权的诉讼理由,缺乏事实依据,其关于海丰县政府与其签订的合同可以作为其取得海域使用权证明的诉讼理由,缺乏法律依据,遂判决驳回该公司的诉讼请求。海丽公司上诉后,北京市高级人民法院判决驳回上诉,维持原判。

3. 典型意义

本案典型意义在于:人民法院通过发挥行政审判职能作用,有力地支持了海洋行政主管部门依法实施监督管理,切实保护海洋生态环境。党的十八届三中全会明确提出了完善自然资源监管体制,对海洋资源超载区域等实行限制性措施。海域属于国家所有,任何单位和个人在未依法取得有权机关颁发的海域使用权证书的情况下,不得侵占、买卖或者以其他形式非法转让海域,否则要受到相应的处罚。本案中,虽然海丰县政府与海丽公司签订了合同,允许其使用涉案海域,但依照海域法等有关规定,该公司仍需依法向项目所在地县以上海洋行政主管部门提出申请,并按照《广东省海域使用管理规定》第十一条规定的批准权限逐级上报,由批准机关的同级海洋行政主管部门发给海域使用证。本案的处理对于厘清地方政府与海洋行政主管部门的法定职权,对于相关行政执法和司法实践有着积极示范意义。

资料来源:

1. 赵建东.依法治海的一个典型案例——中国海监第七支队队长邓富文就"海丽案"答本报记者问[EB/OL].(2014 - 12 - 26)[2018 - 10 - 10]. http://www.oceanol.com/zfjc/tantaojiaoliu/2014 - 12 - 26/38646.html.

2. 中国法院网.海丽国际高尔夫球场有限公司诉国家海洋局环保行政处罚案[EB/OL].(2014 - 12 - 19)[2018 - 10 - 10]. https://www.chinacourt.org/article/detail/2014/12/id/1519515.shtml.

3. 最高人民法院网.人民法院环境保护行政案件十大案例[EB/OL].(2015 - 02 - 06)[2018 - 10 - 10]. http://www.court.gov.cn/zixun - xiangqing - 13331.html.

(二) 要点分析

海域资源是人类进行经济活动不可或缺的物质投入要素,更是维持生态平衡的最基本的环境因素之一。对于一个国家或者民族而言,海域资源是国民经济和社会发展的重要物质基础。因此,"提高海洋资源开发能力,发展海洋经济"是我国的重要海洋政策与经济战略。我国海域资源极为丰富,但是,如何在法律的框架下科学获得海域使用权,有效而充分提高海域资源的开发利用率,优化海域资源的市场配置,是我们发展海洋经济所必须面临的重要课题。

《中华人民共和国海域使用管理法》规定海域使用权可以通过申请审批和"招拍挂"两种方式取得,但未明确两种海域使用权取得方式的适用范围。为了贯彻实施《中华人民共和国海域使用管理法》,规范海域使用权管理,维护海域使用秩序,保障海域使用权人的合法权益,国家海洋局制定了《海域使用权管理规定》。《海域使用权管理规定》总则中指出:

第一条 为了规范海域使用权管理,维护海域使用秩序,保障海域使用权人的合法权益,根据《中华人民共和国海域使用管理法》(以下简称《海域法》)等有关法律法规,制定本规定。

第二条 海域使用权的申请审批、招标、拍卖、转让、出租和抵押,适用本规定。

第三条 使用海域应当依法进行海域使用论证。

第四条 国务院或国务院投资主管部门审批、核准的建设项目涉及海域使用的,应当由国家海洋行政主管部门就其使用海域的事项在项目审批、核准前预先进行审核(以下简称用海预审)。

地方人民政府或其投资主管部门审批、核准的建设项目涉及海域使用的,应当由地方海洋行政主管部门就其使用海域的事项在项目审批、核准前预先进行审核。

第五条 县级以上人民政府海洋行政主管部门负责海域使用申请的受理、审查、审核和报批。

有审批权人民政府的海洋行政主管部门组织实施海域使用权的招标拍卖。

批准用海人民政府的海洋行政主管部门负责海域使用权转让、出租和抵押的监督管理。

《海域使用权管理规定》第四章 海域使用申请审批

第二十条 项目经投资主管部门审批、核准或备案后,申请人应及时提交海域使用申请,依法办理海域使用权申请审批手续。

第二十一条 申请使用海域的,提交下列材料:

(一)海域使用申请书(含宗海图);

(二)资信等相关证明材料;

(三)依法应当经投资主管部门审批、核准或备案的,应提交审批、核准或备案文件;

(四)依法应当开展环境影响评价的,提交环境影响评价审批文件;

(五)存在利益相关者的,应当提交解决方案或协议;

（六）有效期内的海域使用论证报告。

第二十二条　本规定第十条（一）～（三）项规定的项目用海，由项目所在地的县级海洋行政主管部门受理，经公示、审核并报同级人民政府同意后逐级报至国家海洋局。

地方海洋行政主管部门应当重点审查项目用海是否符合海域管理要求、利益相关者问题是否妥善处理、存在违法用海行为的是否已依法查处完毕。存在利益相关者的，项目所在地县级人民政府应当对利益相关者的解决方案或协议进行确认，并承诺作为协调责任主体。

国家海洋局收到省级海洋行政主管部门上报的申请审查材料后，涉及有关国务院部门或单位的，应当征求意见。

第二十三条　本规定第十条（四）～（九）项规定的项目，申请人直接向国家海洋局提交海域使用申请材料。国家海洋局受理后，应当进行公示，并征求省级人民政府意见，涉及国务院有关部门和单位的，还应当征求意见。

省级人民政府应当就项目用海是否符合海域管理要求、利益相关者问题是否妥善处理、存在违法用海行为的是否已依法查处完毕提出明确审查意见。存在利益相关者的，应附具项目所在地县级人民政府对利益相关者的解决方案或协议的确认文件，以及作为协调责任主体的承诺函。

第二十四条　在综合有关部门、地方和单位意见基础上，国家海洋局依照规定，对项目用海进行审查。审查通过的，由国家海洋局起草审查报告并按程序报国务院审批；审查未通过的，依法告知申请人。

省级以下人民政府批准用海的项目，海域使用申请受理审查程序按照地方有关规定执行。

第二十五条　海域使用申请经有审批权的人民政府批准后，由同级海洋行政主管部门向海域使用申请人下达项目用海批复，并抄送有关人民政府及海洋行政主管部门，用海批复内容包括：

（一）批准使用海域的面积、位置、用途和期限；

（二）办理海域使用权登记和领取海域使用权利证书的地点和期限；

（三）逾期的法律后果；

（四）海域使用金征收金额、缴纳方式、地点和期限；

（五）海域使用要求；

（六）其他有关的内容。

第二十六条　海域使用申请人应当按项目用海批复要求办理海域使用权登记，领取海域使用权利证书。

第二十七条　海域使用权期限届满需要续期的，海域使用权人应当至迟于期限届满前两个月向原批准用海的人民政府海洋行政主管部门提交下列材料：

（一）海域使用权续期申请；

（二）海域使用权利证书；

（三）海域使用论证材料；

（四）资信等相关证明材料。

第二十八条 海洋行政主管部门收到续期申请材料后,应当征求下级地方人民政府意见,并对下列事项进行审查：

（一）有无根据公共利益或者国家安全等需要收回海域使用权的情形；

（二）有无违法用海行为或违法用海行为是否已依法查处完毕；

（三）申请续期用海期限是否合理。

第二十九条 因企业合并、分立或者与他人合资、合作经营,变更海域使用权人的,应当向原批准用海的人民政府海洋行政主管部门提交下列材料：

（一）海域使用权变更申请；

（二）变更有关的证明材料；

（三）原海域使用权利证书；

（四）资信等相关证明材料；

（五）海域使用金缴纳凭证；

（六）如已设立抵押权的,抵押权人同意变更证明。

第三十条 海洋行政主管部门收到海域使用权续期、变更申请后,应当按本规定的申请审批程序,报原批准用海的人民政府批准。

续期、变更申请批准后,申请人应当到登记机关办理海域使用权登记、领证；不予批准的,海洋行政主管部门应当依法告知申请人。

第三十一条 海域使用权人不得擅自改变已批准的海域用途；确需改变的,应当在符合海洋功能区划的前提下,按规定重新报原批准用海的人民政府批准。超过原批准用海人民政府的审批权限的,应当报有审批权的人民政府批准。

案例8.2 中国海洋近岸部分海域污染严重, 渤海成为中国四大海域污染重灾区

（一）内容梗概

中国国家海洋局 2017 年 3 月 22 日发布的《2016 年中国海洋环境状况公报》显示,中国海洋生态环境状况基本稳定,海水质量总体较好。但陆源入海污染压力巨大,近岸局部海域污染严重,典型海洋生态系统健康状况不佳,海洋环境风险依然突出。监测结果表明,2016 年,中国管辖海域海水环境维持在较好水平,符合第一类海水水质标准的海域面积约占中国管辖海域面积的 95%,劣于第四类海水水质标准的海域面积分别为 4.24 万和 3.74 万平方千米,同比均有下降。

"部分近岸海域污染依然严重,近岸以外海域海水质量良好。"国家海洋局新闻发言人高忠文 22 日在北京举行的发布会上表示,2016 年冬季、春季、夏季、秋季,近岸海域劣于第四类海水水质标准的海域面积分别为 5.1 万、4.2 万、3.7 万、4.27 万平方千米,占近岸海域的 17%、14%、12% 和 14%;严重污染区域主要分布在辽东湾、渤海湾、莱州湾、江苏沿岸、长江口、杭州湾、浙江沿岸、珠江口等近岸区域。面积在 100 平方千米以上的 44 个大中型海湾中,17 个海湾全年四季均出现劣四类海水水质。

数据显示,入海排污口邻近海域环境质量状况总体较差,91% 以上无法满足所在海域海洋功能区的环境保护要求。2011 年至 2016 年,历年均有 78% 以上的排污口邻近海域水质等级为第四类和劣四类,邻近海域水质无明显改善。

同时,典型海洋生态系统健康状况不容乐观。实施监测的河口、海湾、滩涂湿地、珊瑚礁等典型海洋生态系统 76% 处于亚健康和不健康状态。其中杭州湾、锦州湾持续处于不健康状态。公报显示,陆源入海污染状况有所好转。重点监测的海水浴场、滨海旅游度假区水质状况总体良好,海水增养殖区环境质量状况稳中趋好,满足沿海生产生活用海需求。

在中国南海、东海、黄海和渤海 4 大海域中,渤海已经成为污染的重灾区。渤海是一个近封闭的内海,其湾口窄、内径大,海水交换持续时间长,自净能力差。专家估计,渤海海水交换一次大约需 16 年,环境容量有限。环渤海地区是中国经济最发达地区之一,这里的海水养殖、盐业、交通运输、油气资源开发等产业在中国占有重要地位。随着渤海地区海洋经济的不断发展,渤海生态环境压力越来越大,近海海域水体遭到严重污染和破坏,渤海环境服务功能和可持续利用功能严重减退,近乎成为"死海"。业内人士建议,国家应尽快制定渤海海洋环境保护专项法律法规,建立保护协同机制,完善污染物排放总量控制制度,加快环渤海区域产业调整和结构优化步伐。

罪魁陆源污染致渤海出现"海底沙漠"

沙河流经河北省唐山市迁安市赵店子镇,最后在唐山市丰南区黑沿子镇汇入渤海。记者近日来到赵店子镇,在沙河岸边,一个排污口正在往河里注入污水。一些正在附近干农活的农民说,以前沙河水是清的,都有大鱼,现在受附近企业污染,有的时候水都是黑的。一位老汉说,一些企业把污水排到河沟里,现在看不到,但一到汛期,污水就随着雨水流入河里了。在黑沿子镇,当地渔民告诉记者,上游企业往下游排污水,夏季河里的水基本都是黑色的,涨潮时从海里流进河里的鱼虾都得死。

唐山市海洋局环境保护处处长杨波说,虽然这几年在做一些保护项目,但唐山海水质量有退步趋势,尤其是夏季汛期,无机氮和活性磷酸盐等污染物随河流入海,造成水质超标。《2014 年河北省海洋环境状况公报》显示,全年个别次监测超标和各次监测均超标的陆源入海排污口占监测排污口总数的72%，较2013年升高。夏季全省达到第一、二类海水水质标准的海域面积占河北管辖海域面积的59%。

全国政协委员、民进河北省委副主委张妹芝表示，陆源污染是渤海水质不断恶化的主要因素。环渤海区域的天津、河北、辽宁、山东工业项目建设不断增加，渤海沿岸有57个排河口，渤海每年承受来自陆地的28亿吨污水和70万吨污染物，污染物占全国海域接纳污染物的50%，致使渤海海域的生态环境严重恶化。目前，渤海大型鱼类资源基本被破坏，小型鱼类资源严重衰退，年产量仅为1000吨至3000吨，而历史最高为30000吨，相差10倍以上。龙口造纸厂临近海域6万平方米的范围内，葫芦岛锌厂临近海域5万平方米的范围已没有水体生物，成了海底沙漠。

除了陆源污染，海上船舶污染风险逐年快速增大。河北海事局危管防污处处长张海勇说，去年河北辖区唐山港、秦皇岛港分列全国港口吞吐量的第四位、第九位，船舶进出港总量为25.3万艘，且大量工程船、砂石运输船、港作船等船舶往复航行，海上船舶污染风险逐年快速增大。

法律缺失标准不一各自为政成羁绊

多位海洋、海事部门负责人表示，现行法律体系不能完全适应渤海海洋环境保护的需求。《海洋环境保护法》没有对区域环境保护和污染控制提出针对性要求，标准要求偏低。渤海环境治理问题涉及辽宁、山东、河北、天津等多个省市，以及环保、交通、海洋、渔政等多个部门，由于缺乏区域性、综合性的渤海海洋环境保护法规，各省市、各部门缺乏整体统筹、有效配合，难以形成综合治理的合力。

张妹芝说，许多环渤海省市环保部门对海域环境尚未设置专门机构，甚至无专人管理，造成海洋环境保护队伍不稳定，组织协调工作不得力的被动局面。记者在唐山市海洋局和秦皇岛市海洋局采访了解到，海洋环境处（科）作为负责全市海洋环境保护的行政部门，不但人员有限，而且仅能承担很小一部分工作。

杨波说，处里有6个人，只有我自己有编制，其他5个人都不在编。我们部门发布海洋环境预报，知道唐山海水水质的状况，这个信息还是"二传手"，信息来自秦皇岛海洋环境监测中心站；至于污染源的来源以及解决办法，我们无从得知。秦皇岛市海洋局海洋环境保护科科长董自若说，科里有6个人，3人在编。我们的任务就是治理赤潮，对重点海域、主要浴场进行应急保障，而这仅是渤海环境保护一个非常小的工作。

此外，我国一些重要的海洋环境标准仍是空白。张海勇说，海洋环境监测是制定有关法律法规的重要依据，也是环境管理和执法的重要技术支撑。但是目前，各部门重复设立海洋环境监测机构，自行开展监测工作，监测信息缺乏有效共享，采用的标准和手段也存在差异，既造成资源浪费，又易造成监测结果冲突。

资料来源:

1. 搜狐网. 中国海洋近岸部分海域污染严重[EB/OL]. (2017 - 03 - 22)[2019 - 09 - 22]. http://www.sohu.com/a/129767850_219984.

2. 中国水网. 渤海成为中国四大海域污染重灾区[EB/OL]. (2001 - 11 - 17)[2019 - 09 - 22]. http://www.h2o - china.com/news/6287.html.

(二) 要点分析

海洋在我国经济社会发展中占有极为重要地位,是保障国家安全、缓解陆域资源紧张、拓展国民经济和社会发展空间的重要支撑系统。当前,随着国家战略向海转移沿海地区开发力度的不断加大,近岸海域开发力度空前,海洋开发与生态环境保护之间的矛盾日益凸显,海岸带、河口、海湾、海岛和滨海湿地等重要生态区的生态安全与健康形势十分严峻,近岸海域生态环境仍是制约经济社会发展的突出问题之一,加强近岸海域污染防治,提高海洋生态承载力,是推进海洋生态文明建设的重要举措,也是建设海洋强国和保障沿海地区经济社会可持续发展的根本要求。

在本案例中,针对目前环渤海海洋环境污染加剧的趋势没有得到遏制、污染加重的情况还在发展、污染事件多发频发、治理海洋污染的海陆联动、区域联动的机制还没建立起来,海洋相关立法仍不完善的现状,受访人士建议国家应采取以下措施,治理渤海污染。

第一,依法治海。将渤海环境保护立法列入国务院立法计划中,制定专门规范渤海环境管理的行政法规,明确有关地方、部门、主体的权利和责任,采取更加严格的措施依法保护和改善渤海海洋环境。

第二,建立渤海海洋环境保护协同机制。建议在国务院层面建立渤海海洋环境保护领导机构,协调有关部委和省市建立渤海海洋环境保护协同机制,更好地开展渤海海洋环境保护工作。

第三,完善污染物排放总量控制制度。按照《海洋环境保护法》的要求,推动渤海海域污染物排放总量控制制度纳入立法范围内,将污染物总量的确定、总量控制的监管主体、职责权限、法律责任、环境监测的主体、程序等以法律规范的形式固定下来。各级地方政府及相关部门也应加快对渤海污染物排放总量控制的研究,尽快提出控制指标,力争在渤海海洋环境综合整治上早日取得实效。

第四,加快环渤海区域产业调整和结构优化步伐。重点在高资源消耗行业推广循环生产方式,从源头治理污染物排海。合理规划沿海及近岸直排口的企业布局,对无组织排放废水、废气、废渣,严重污染海域的企业限期搬迁、整改或关闭。审批新建项目时确保环保一票否决制落到实处。加强对港口、船舶的环境污染监管工作,防止港口的跑、冒、滴、漏和排污对近岸海域环境造成的危害。

四、问题思考

1. 理解海域管理的基本含义及特征。
2. 简述海域管理的主要内容及我国海域管理目前存在的问题。
3. 简述如何解决我国近岸海域污染问题。
4. 就本章的理论内容,尝试给出与本章不同的案例以说明理论问题。

第九章
海岛管理案例篇

一、目标设置

人类生命源自海洋,作为海洋的一个重要组成部分,海岛由于其地理位置的特殊性、资源环境的独立性和生态系统的脆弱性等特点已经成为世界各沿海国家重点开发和保护的区域。海岛是维护国家海洋权益的重要基石,是国家安全的重要保障,是资源获取的重要载体,是维持生态环境稳定的重要组成部分,也是经济发展的重要增长点。基于海岛的重要地位和作用,许多国家纷纷将海岛视为其重要的管理对象。本章的两个案例用于说明如下结论:

(1)在我国海岛管理方面,国家和沿海都建立了统一的海岛管理机构,出台了《中华人民共和国海岛保护法》(简称《海岛保护法》)、《全国海岛保护规划》。伴随着立法的实施,国家和地方也出台了海岛开发和保护的多项配套政策,初步形成了规范我国海岛开发与保护的政策体系框架。

(2)《海岛保护法》按照有无户籍登记人口将我国海岛划分为有居民海岛和无居民海岛。海岛的管理也因海岛有无户籍人口居民而采取不同的管理模式。

二、理论综述

(一)海岛的基本概念

1. 海岛的定义

《联合国海洋法公约》第八部分"岛屿制度"中规定:(1)岛屿是四面环水并在高潮时高于水面的自然形成的陆地区域。(2)除第三款另有规定外,岛屿的领海、毗连区、专属经济区和大陆架应按照本公约适用于其他陆地领土的规定加以确定。(3)不能维持人类居住或其自身的经济生活的岩礁,不应有专属经济区或大陆架。

《海岛保护法》第二条关于海岛的定义为:"本法所称海岛,是指四面环海水并在高潮时高于水面的自然形成的陆地区域,包括有居民海岛和无居民海岛。"

从上述可以看出《海岛保护法》关于海岛的定义和《联合国海洋法公约》关于海岛的定义是一脉相承的,均具有这几个特征:一是海岛顾名思义,与内河岛相区别;二是海岛是四面环水,与半岛相区别;三是海岛是自然形成的,与人工岛相区别;四是海岛是高潮时高于水面,与低潮高地相区别。

2. 海岛的分类

根据区位条件、自然环境和资源状况、形成原因、分布形态、物质组成、离岸距离的不同,海岛可以分为不同的类别。

(1)按成因分类

按海岛成因可分为大陆岛、海洋岛和冲积岛。大陆岛原为大陆的一部分,后因地壳下沉或海平面上升,低洼的地方被海水淹没,较高的滨海土地或丘陵露出海面成为岛屿。这类岛屿一般距陆地较近,地质构造和地貌形态与邻近大陆关系密切,同时面积大多较其他岛屿大、地势高。海洋岛又叫大洋岛,按其成因又可进一步分为火山岛和珊瑚岛两种。火山岛是由海底火山喷发喷出的岩浆物质堆积而成的,珊瑚岛则由热带海洋生物造礁珊瑚的骨骸及其他贝壳堆积而成。冲积岛主要由因入海河流携带的泥沙遇到海潮的顶托,在河口附近堆积而成。其物质组成和地貌形态与附近的平原相似。

(2)按物质组成分类

按海岛的物质组成可分为基岩岛、泥沙岛和珊瑚岛三大类。基岩岛是由固结的沉积岩、变质岩和火山岩组成的岛屿。泥沙岛是由沙、粉砂和黏土等碎屑物质经过长期堆积作用形成的岛屿。珊瑚岛是由珊瑚遗骸堆积并露出海面而形成的岛屿。

(3)按分布分类

根据海岛分布的形状和构成的状态,可分为群岛、列岛和岛。群岛当中的岛屿相聚较近,成群分布在一起。群岛既是岛屿构成的核心,也是岛屿组成的最高级别,往往包括若干个列岛。列岛指呈线(链)形或弧形排列分布的岛群。岛就是海岛最基本的组成单元,既可以组成列岛或群岛,也可以单个或几个在一起形成相对独立的孤岛。

(4)按有无人居住分类

按有无人居住可分为有人岛和无人岛。有人岛即有人常年居住的海岛。无人岛则是无人常年居住的海岛,包括季节性暂住海岛。《海岛保护法》中对海岛的分类即按此方法,但略有不同。

除此之外,按海岛离大陆海岸距离的不同,可分为陆连岛、沿岸岛、近岸岛和远岸岛四大类。按海岛面积大小可分为特大岛、大岛、中岛、小岛和岛礁。根据海岛有无淡水又可分为有淡水岛和无淡水岛。

3. 我国海岛的基本情况

根据《2017年海岛统计调查公报》公布的全国海域海岛地名普查结果显示,我国共有海岛11 000余个,海岛总面积约占我国陆地面积的0.8%。浙江省、福建省和广东省海岛数量位居前三位。

我国海岛分布不均,呈现南方多、北方少,近岸多、远岸少的特点。按区域划分,东海海岛数量约占我国海岛总数的59％,南海海岛约占30％,渤海和黄海海岛约占11％;按离岸距离划分,距大陆小于10千米的海岛数量约占海岛总数的57％,距大陆10至100千米的海岛数量约占39％,距大陆大于100千米的海岛数量约占4％。

4. 我国海岛环境、资源和开发利用特征

（1）环境特征

因大部分海岛近岸分布,有明显的陆地过渡性气候,大风及雾日频繁,周围海域海水动力条件活跃。海拔较低,裸岩多,植被少,生态环境脆弱,面临恶化趋势。

（2）资源特征

海岛的地理特征使其具有特殊的资源,主要包括:自然景观等旅游资源,锚地、航标、海底电缆官道铺设、架桥梁等空间资源,森林等植被资源,海洋生物资源及其特殊物种,滩涂、浅海的各种资源,风能、海洋能等可再生资源等。

（3）开发利用特征

渔业、养殖及垂钓等渔业开发利用,海岛生态旅游、海岛仓储、海岛港口、海岛开发区、海岛房地产、海岛砂矿资源开采、科研应用、农业种植、自然保护区等。

（二）海岛的地位与作用

海岛是海陆兼备的重要海上疆土,具有丰富的资源和特殊的功能区位,对我国的政治、经济和国防安全具有极为重要的战略意义。在我国经济社会发展中,海岛在资源、权益、国防等多方面都有着极其重要的地位与作用。

1. 海洋权益价值

海岛是维护国家安全的基石。根据《联合国海洋法公约》确定的领海与岛屿制度,海岛在确定国家领海基线,划分内水、领海、毗连区和专属经济区时具有关键性作用。因此海岛的重要性已不仅仅局限于海岛本身的经济、军事价值,而且直接关系到沿海各国管线海域的划分、海洋法律制度和海洋权益的确立。

2. 国防安全价值

海岛是国防安全的天然屏障。由海岛组成的岛弧和岛链,构成了我国海上第一道国防屏障。海岛也是海军反击侵略和战略追击的前沿阵地,较大的海岛可以兴建军事基地。可以说,谁控制了海岛,就能控制周围的海面、海底,谁就掌握了制海权、制空权,就能维护大陆的安全。

3. 经济价值

海岛是海洋经济开发的重要基地。海岛及周边海域是资源的宝库,为发展海洋经济提供了得天独厚的优势。良好的建港条件和区位优势,可带动海岛外向型经济和高技术产业发展,成为海洋开发的海中基地。

4. 生态环境价值

海岛作为海洋的重要组成部分,在海洋生态系统中起着极其重要的作用。海岛远离大陆,被海水分隔,每个海岛都是一个相对独立完整的生态环境地域。海岛地形、岸滩、植被以及海岛周围的海洋生态环境,是人类与自然保持和谐的产物,具有很高的生态价值。由于地理的隔离、风沙的作用和海岛土壤的贫瘠,海岛植被在物种分布、物种形态和群落结构方面一般与邻近的大陆不同,如珊瑚礁、红树林等。这些独特的海岛生物群落和周围海洋环境共存,如岛陆、岛滩、岛基和环岛浅海四个小生境,都具有特殊的生物群落。然而由于海岛面积狭小,造成海岛地域结构简单,生态系统十分脆弱,生物系统的生物多样性指数小,稳定性差,极容易遭到损害而造成严重的生态环境问题,一旦遭到破坏,则很难恢复,甚至根本不可能恢复,从而可能破坏良好的生态系统。

5. 社会文化价值

海岛地形、岸滩、植被由于长期地质和海洋水文动力的作用,形成各具特色和优势的自然景观,是海岛特有的旅游资源,对海岛的经济发展具有举足轻重的作用。中国的海岛成因多样、人文历史久远、景观各具特色,因而具有很高的景观价值。此外,海岛由于其受人类影响相对较少,所以它在研究全球气候变化、地质变化和人为扰动(渔业、农业、旅游)等的情况下生态系统的变化、生物多样性和未来气候环境等演变趋势有着重要的科学价值。

(三)海岛管理

《中华人民共和国海岛保护法》是为了保护海岛及其周边海域生态系统,合理开发利用海岛自然资源,维护国家海洋权益,促进经济社会可持续发展而制定的法规。由中华人民共和国第十一届全国人民代表大会常务委员会第十二次会议于 2009 年 12 月 26 日通过,自 2010 年 3 月 1 日起施行。

《海岛保护法》是继《中华人民共和国领海及毗连区法》《中华人民共和国专属经济区和大陆架法》《中华人民共和国海洋环境保护法》和《中华人民共和国海域使用管理法》之后,又一部涉及海洋保护和管理的重要法律,也是我国第一部有关海岛的专门法律。

《海岛保护法》共设六章五十八条,以海岛的生态保护与开发利用为核心,涵盖了有居民海岛、无居民海岛和特殊用途海岛的基本内容,建立了海岛保护规划、海岛生态保护、海岛使用管理、特殊用途海岛保护及海岛监督管理五项基本制度。

海岛保护规划是从事海岛保护、利用活动的依据,具体指导海岛生态保护和无居民海岛利用活动。海岛保护规划的制定不仅有利于保护和改善海岛及其周边海域生态系统,而且有利于促进海岛经济社会可持续发展。通过建立海岛保护规划制度,奠定了海岛科学保护、有序利用的基础,必将有利于推动海岛及其周边生态环境的保护和利用。通过健全有居民海岛生态系统保护的法律制度,为实现有居民海岛科学发展及生态环境的保护提供法律保障,必将有力地推动海岛保护各项工作的开展;通过建立无居民海岛保护制度,明确了无居民海岛权利归属,必将推动无居民海岛有效保护和有序利用;通过建立特殊用途的海岛保护法律制度,提出了有针对性的特别保障措施,必将有力保障有特殊用途海岛的利用和有效保护,特别是对领海基点岛的保护,对维护国家海洋权益具有重要意义。

1. 海岛保护规划制度

《海岛保护法》中明确国家建立海岛保护规划制度,并将海岛保护规划作为海岛保护和开发利用活动的依据。另外,为了确保规划编制的科学性和公正性,立法要求将公众参与和信息公开制度纳入规划的编制过程,要求除涉密情形外,海岛保护规划在报送审批前,应当征求有关专家和公众的意见,经批准后应当及时向社会公布。同时《海岛保护法》中还建立了由全国海岛保护规划,省域海岛保护规划,县域海岛保护规划,沿海城市、县、镇海岛保护专项规划以及可利用无居民海岛保护和利用规划构成的海岛保护规划体系。

(1) 全国海岛保护规划

全国海岛保护规划是引导我国全社会保护和合理利用海岛资源的纲领性文件,对其下层各级规划的编制和实施具有指导作用。《海岛保护法》要求全国海岛保护规划由国务院海洋主管部门会同本级人民政府有关部门、军事机关进行编制,要与全国城镇体系规划和全国土地利用总体规划等相衔接,并报国务院审批。全国海岛保护规划按照海岛的区位、自然资源、环境等自然属性及保护、利用状况,确定海岛分类保护的原则和可利用的无居民海岛,以及需要重点修复的海岛等。

(2) 省级海岛保护规划

省级海岛保护规划是各省对辖区内海岛开展保护和利用管理的重要方式,也是落实《海岛保护法》规定要采取的必要手段。根据《海岛保护法》要求,省级海岛保护规划的编制需要依据全国海岛保护规划,省域城镇体系规划和省、自治区、直辖市土地利用总体规划,由沿海省、自治区、直辖市人民政府海洋主管部门会同本级人民政府有关部门、军事机关进行编制,报省级人民政府审批,并报国务院备案。省级海岛保护规划根据本地区海岛的基本情况、海岛保护与开发利用现状,明确海岛保护的任务和要求,确定海岛分类保护和分区保护的体系与措施、重点工程布局等。

(3) 沿海城市、镇海岛保护专项规划和县域海岛保护规划

沿海城市、镇海岛保护专项规划和县域海岛保护规划不强制要求编制,是由省级人民政府根据实际情况需要,可以要求辖区内沿海城市、县、镇人民政府或沿海县级人民政府组织编制的,同时还要符合全国海岛保护规划和省域海岛保护规划。根据《海岛保护法》的规定,沿海城市、镇海岛保护专项规划要纳入城市总体

规划、镇总体规划。县域海岛保护规划需报省级人民政府审批,并报国务院海洋主管部门备案。

（4）可利用无居民海岛保护和利用规划

为了确保单个或区域内若干个无居民海岛开发的科学性,保护无居民海岛资源环境,《海岛保护法》规定了由沿海县级人民政府根据实际情况组织编制全国海岛保护规划确定的可利用无居民海岛保护和利用规划。规划根据可开发的无居民海岛区位、自然环境、开发利用和保护情况等,确定单岛保护区域的范围、内容、保护措施以及对海岛开发利用活动的要求。同时,《海岛保护法》中还要求可利用无居民海岛的开发利用活动,应当遵守可利用无居民海岛保护和利用规划,这就从法律层面提出编制规划的强制性要求。

2. 海岛生态保护制度

海岛作为特殊的海洋资源和环境的复合体,具有相对独立的生态系统,因其远离陆地,故其保留了较为丰富的生物和非生物资源、独特的自然景观和历史人文遗迹,需要采取有效措施加以保护。《海岛保护法》中明确了对上述资源的保护要求,同时建立了海岛物种登记、可再生能源利用等相关制度,国家安排专项资金用于支持海岛的保护、生态修复和科学研究等活动。针对有居民海岛和无居民海岛,《海岛保护法》提出差异化的分类保护要求。

（1）有居民海岛的保护要求

有居民海岛上的开发建设,应当在对岛上资源进行调查评估和环境影响评价的基础上,严格遵守"先规划后建设"和"三同时"原则,控制海岛建设污染物排放,严禁超出海岛环境容量,同时还要充分利用可再生能源。对于已遭破坏的有居民海岛资源环境,要及时进行修复。通过在有居民海岛及其周边海域划定禁止开发区域和限制开发区域,严格限制在有居民海岛从事在沙滩建设建筑物和设施、采挖海砂、围填海等活动,以保护有居民海岛上的资源和生物多样性。

（2）无居民海岛的保护要求

大多数无居民海岛面积较小,生态系统结构简单,不具备开发利用条件,为了减少人为活动对无居民海岛资源环境的干扰和影响,《海岛保护法》中规定未经批准利用的无居民海岛要维持现状,禁止开展建设活动。规定在可利用无居民海岛上建造的建筑物或设施应按照单岛规划要求限制建筑物、设施的建设总量、高度以及海岸线的距离,建设过程中所产生的废弃物要按照规定处理,禁止随意倾倒。

（3）海岛生态修复

生态修复是保护无居民海岛资源环境的重要手段之一,根据《海岛保护法》的规定,国家安排了专项资金用于海岛的保护、生态修复和科学研究活动。为了加强海岛生态修复项目管理,国家海洋局发布了海岛生态整治修复管理的系列配套制度,从项目规划、项目申报、项目监管、项目验收等环节进行了明确规范。

①项目规划。为了有重点、有计划地开展海岛生态修复工作,国家组织沿海各省级海洋主管部门编制海岛生态整治修复规划,建立省级和国家级项目库。国家优先支持纳入国家项目库的,且与当年项目申报指南相符的海岛生态整治和修复项目。

②项目申报。国家海洋局每年发布海岛生态整治修复项目申报指南,省级海洋主管部门负责编制本地区的项目申报书和实施方案。项目申报书需经财政部和国家海洋局批准后省级海洋主管部门组织编制实施方案。实施方案经国家海洋局审查通过后,方可组织实施。为了规范项目申报书和实施方案的编制,国家海洋局专门出台了编制大纲和深度要求。

③项目监管。为了保障项目实施的质量,并且达到预期的绩效目标,要求项目承担单位严格实行项目法人责任制、招标投标制、建设监理制、合同管理制等国家关于工程管理的基本制度,严格按照国家有关技术标准和规范施工。省级海洋主管部门负责对项目实施情况的监督检查,并按季度将实施情况上报国家海洋局。国家将重点对项目执行进度、实施效果等实施情况组织考核。严格的项目监管是保证项目有效实施的重要手段。

④项目验收。生态整治修复项目完成后,首先要通过省级海洋主管部门组织的项目财务验收和自验收,然后由国家海洋局组织进行竣工验收。

3. 海岛使用管理制度

（1）权属管理

《海岛保护法》明确了无居民海岛的国家所有属性,由国务院代表国家行使无居民海岛所有权,国务院海洋主管部门负责对无居民海岛的保护和开发利用进行统一的管理。无居民海岛的开发利用须经批准方可进行,否则应当维持现状。单位、个人经批准取得开发利用无居民海岛的权利,是无居民海岛国家所有权派生出的特殊用益物权,应受法律保护。

①无居民海岛开发利用申请审批

《海岛保护法》第三十条规定,单位和个人申请开发利用全国海岛保护规划确定的可利用无居民海岛,应当向省、自治区、直辖市人民政府海洋主管部门提出申请,并提交项目论证报告、开发利用具体方案等申请文件,由海洋主管部门组织有关部门和专家审查,提出审查意见,报省、自治区、直辖市人民政府审批。无居民海岛的开发利用涉及利用特殊用途海岛,或者确需填海连岛以及其他严重改变海岛自然地形、地貌的,由国务院审批。

为了进一步规范无居民海岛使用申请审批工作,依据《海岛保护法》的规定,国家海洋局制定了《无居民海岛使用申请审批试行办法》,明确了无居民海岛使用申请的审批权限、申请审批程序和审理内容等事项。

在《海岛保护法》规定的基础上,该办法对由国务院审批用岛的情形又进行了细化,具体包括:造成海岛消失的用岛;实体填海连岛工程项目用岛;探矿、采矿及经营土石等开采活动用岛;涉及国家领海基点、国防用途和海洋权益的用岛;涉及国家级海洋自然保护区和特别保护区的用岛;国务院或者国务院投资主管部门审批、核准的建设项目用岛;外商投资项目使用海岛的用岛;国务院规定的其他用岛。除此以外的无居民海岛的使用都必须由省、自治区、直辖市人民政府批准。

无居民海岛申请审批程序主要包括无居民海岛开发利用的申请和受理、申请的审查、审批和发证。我国的无居民海岛使用期限分为两类:一类是无居民海岛开发利用具体方案中含有建筑工程的用岛,明确最高使用期限为 50 年;另一类是针对其他类型的用岛可根据使用实际需要确定使用期限,但最高使用期限不得超过 30 年。依据海岛保护规划,用于经营性开发利用的无居民海岛,应依法采取招标、拍卖或者挂牌方式出让无居民海岛使用权。

②无居民海岛使用权登记和发证管理

2010 年,国家海洋局制定了《无居民海岛使用权登记办法》,该办法对无居民海岛使用权登记范围、登记机关、登记情形和程序、资料管理、相应处罚等相关事项做了具体规定,主要对无居民海岛的权属、面积、用途、位置、使用期限、建筑物和设施等情况进行登记,具体包括初始登记、变更登记和注销登记 3 种形式。

无居民海岛使用权登记采取分级登记的方式,由国家海洋局和省级海洋主管部门分别负责国务院或省级人民政府批准的无居民海岛的使用权登记工作。

2010 年,国家海洋局制定了《无居民海岛使用权证书管理办法》,要求对无居民海岛使用权证书和无居民海岛使用临时证书进行统一编号,由国家海洋局负责无居民海岛使用权证书及临时证书的统一印制、编号和监督管理。无居民海岛使用临时证书有效期限一般为 3 年,最长不得超过 5 年,到期后确有需要续期的,可以续期 1 次。无居民海岛使用权登记机关为无居民海岛使用权证书及临时证书的发证机关。

(2) 有偿使用管理

保护无居民海岛除了对岛上的资源环境进行保护以及对开发利用活动做出严格限制外,《海岛保护法》确立的无居民海岛有偿使用制度也是重要方式之一。这一制度的建立有利于促进无居民海岛资源的合理开发和节约集约使用,也有利于为保护无居民海岛资源环境筹集资金,利于自然资源的保护和恢复。

根据《海岛保护法》规定,已经批准开发利用的无居民海岛,用岛者应当依法缴纳使用金。无居民海岛使用金是国家在一定年限内出让无居民海岛使用权,由无居民海岛使用者依法向国家缴纳的无居民海岛使用权价款。但如果因国防、公务、教学、防灾减灾、非经营性公用基础设施建设和基础测绘、气象观测等公益事业使用无居民海岛的,则可申请无居民海岛使用金免缴。

2010 年,财政部会同国家海洋局制定了《无居民海岛使用金征收使用管理办法》,就无居民海岛使用金的征收、免缴、使用、监督检查与法律责任等内容进行了明确规定。

①无居民海岛使用权出让最低价限制制度

无居民海岛使用权出让最低价标准由国务院财政部门会同国务院海洋主管部门根据无居民海岛的等别、用岛类型和方式、离岸距离等因素,适当考虑生态补偿因素确定,并适时进行调整。

②无居民海岛使用金征收管理

无居民海岛使用金按照批准的使用年限实行一次性计征。应缴纳的无居民海岛使用金额度超过1亿元的,无居民海岛使用者可以提出申请,经批准用岛的海洋主管部门商同级财政部门同意后,可以在3年时间内分次缴纳。分次缴纳无居民海岛使用金的,首次缴纳额度不得低于总额度的50%。在首次缴纳无居民海岛使用金后,由国务院海洋主管部门或者省级海洋主管部门依法颁发无居民海岛使用临时证书;全部缴清无居民海岛使用金后,由国务院海洋主管部门或者省级海洋主管部门依法换发无居民海岛使用权证书。无居民海岛使用金实行中央地方分成,其中20%缴入中央国库,80%缴入地方国库,并实行就地缴库办法。

③无居民海岛使用金免缴管理

办法中明确了七种可以免缴情形,分别是国防用岛;公务用岛,指各级国家行政机关或者其他承担公共事务管理任务的单位依法履行公共事务管理职责的用岛;教学用岛,指非经营性的教学和科研项目用岛;防灾减灾用岛;非经营性公用基础设施建设用岛,包括非经营性码头、桥梁、道路建设用岛,非经营性供水、供电设施建设用岛,不包括为上述非经营性基础设施提供配套服务的经营性用岛;基础测绘和气象观测用岛;国务院财政部门、海洋主管部门认定的其他公益事业用岛。免缴无居民海岛使用金的,应当依法申请并经核准。

④无居民海岛使用金使用管理

无居民海岛使用金主要用于海岛保护、管理和生态修复。其中,海岛保护主要包括海岛及其周边海域生态系统保护、无居民海岛自然资源保护和特殊用途海岛保护,即保护海岛资源、生态,维护国家海洋权益和国防安全。海岛管理包括各级政府及其海岛管理部门依据法律及法定职权,综合运用行政、经济、法律和技术等措施对海岛保护和合理利用进行的管理和监督。海岛生态修复包括依据生态修复方案,通过生物技术、工程技术等人工方法对生态系统遭受破坏的海岛进行修复,并对修复效果进行追踪的工作。

4. 特殊用途海岛保护制度

(1) 领海基点所在海岛保护

领海基点是划定领海的起始点,也是确定专属经济区和大陆架的起点,直接关系到国家的海洋权益。对领海基点所在海岛的保护,《海岛保护法》中主要规定了三项管理措施：一是由省级人民政府在领海基点所在海岛划定保护范围，并在领海基点及保护范围周边设置明显标志；二是对在领海基点保护范围内进行工程建设以及其他可能改变该区域地形、地貌的活动提出禁止性要求，但也有除外情形，即如果是以保护领海基点为目的而开展的工程建设，要经过严格的科学论证，报国务院海洋主管部门批准；三是要求县级以上海洋主管部门按照国家规定对领海基点所在海岛及其周边海域生态系统实施监视监测。

（2）国防用途海岛保护

国防用途海岛主要是指用于维护国防安全目的的岛屿。由于国防用途海岛大多处于海防前哨，战略位置重要，被称为"不沉的航空母舰"，是保障国防安全、维护海洋权益的重要支点，具有重要的作用。所以对于国防用途海岛的保护，《海岛保护法》采取了严格的管控要求，在使用期间，禁止破坏国防用途海岛的地形地貌，禁止将国防用途海岛用于非国防用途；国防用途终止后，国防用途海岛要移交海岛所在地的省级人民政府。

（3）海洋自然保护区所在海岛保护

对海洋自然保护区内海岛的保护，《海岛保护法》规定，国务院、国务院有关部门和沿海省、自治区、直辖市人民政府，根据海岛自然资源、自然景观以及历史、人文遗迹保护的需要，对具有特殊保护价值的海岛及其周边海域，依法批准设立海洋自然保护区或者海洋特别保护区。海洋自然保护区是以保护海洋自然资源、自然景观以及历史、人文遗迹为目的，在海岛及其周边海域依法划出的一定面积，予以特殊保护和管理。根据有关海洋环境保护法律、法规规定，在海洋保护区不得从事污染环境、破坏景观的建设活动，禁止非法捕捞、采集海洋生物，禁止非法采石、挖矿、开采矿藏及其他任何有损保护对象及自然环境和资源的行为。在海洋自然保护区可以根据自然环境、自然资源状况和保护需要划定核心区、缓冲区、实验区或者根据不同保护对象规定绝对保护期和相对保护期。在海洋保护区内从事科研、教学实习、考察等活动，需事前申请，经批准后方可进行。

5. 海岛监督检查制度

国家海岛监视监测系统是我国海岛管理和海岛执法的综合性服务平台，为海岛保护、管理、执法和科研提供信息服务。根据《海岛保护法》第十五条规定，国家对海岛的保护与利用等现状实施监视、监测。2011 年，国家海洋局印发了《国家海岛监视监测系统总体实施方案》，推动国家海岛监视监测系统的建设和业务化运行工作。

除了《海岛保护法》，2012 年，我国另一部具有重要意义的海岛管理政策——《全国海岛保护规划》经国务院批准并正式颁布实施。这是继《海岛保护法》出台之后，我国海岛事业发展的又一大举措，对于保护海岛及其周边海域生态系统，合理开发利用海岛资源，维护国家海洋权益，促进海岛地区经济社会可持续发展具有重要意义,是引导全社会保护和合理利用海岛资源的纲领性文件,是从事海岛保护和开发利用活动的主要依据。

《全国海岛保护规划》全面分析了当前我国海岛保护与利用现状、存在问题和面临的形式,提出到 2020 年实现"海岛生态保护显著加强、海岛开发秩序逐步规范、海岛人居环境明显改善、特殊用途海岛保护力度增强"的目标,明确了海岛分类、分区保护的具体要求,确定了海岛资源和生态调查评估、偏远海岛开发利用等十项重点工程,并在组织领导、法制建设、能力建设、公众参与、工程管理和资金保障等方面提出了具体保障措施。

《全国海岛保护规划》对海岛实施管理遵循"统筹兼顾、分类管理"的原则。针对无居民海岛的保护,重点强调"无居民海岛应当优先保护、适度利用",并将可利用无居民海岛(不包括特殊用途无居民海岛)按照主导用途划分为旅游娱乐用岛、交通运输用岛、工业用岛、仓储用岛、渔业用岛、农林牧业用岛、可再生能源用岛、城乡建设用岛、公共服务用岛和保留类海岛 10 类。在分类基础上,针对每一类分别提出了相应的海岛利用和保护的要求,引导这些类型用岛活动尽量集约节约占用使用海岛资源,严格限制填海连岛、炸岛炸礁等高强度和破坏性的开发行为,全面保护海岛岸线和资源环境,及时修复受损资源,充分利用可再生能源,促进开发与保护的平衡发展。

为保障全国海岛保护规划目标的实现,解决海岛开发、建设、保护中的重大问题,《全国海岛保护规划》明确在规划期内规划组织实施 10 项重大工程,并对工作目标和任务做了明确规定,具体包括海岛资源和生态调查评估、海岛定性生态系统和生物多样性保护、领海基点海岛保护、海岛生态修复、海岛淡水资源保护和利用、海岛可再生能源建设、边远海岛开发利用、海岛防灾减灾、海岛名称标识设置、海岛监测系统建设。

三、案例分析

案例 9.1　国外海岛旅游开发成功的经验

(一)内容梗概

近年来,海岛旅游推动着世界旅游业发展,并成为 80、90 后的度假首选。据测算,在全球 11.8 亿国际旅游人次(过夜游客)中,有超过 2 亿人次选择海岛旅游。《2017 年中国出境旅游大数据报告》显示,2017 年中国公民出境旅游突破 1.3 亿人次,其中赴海岛的游客约占到出国总人数三分之一。就全世界各国的海岛旅游发展状况而言,西方发达国家地区和东南亚相对比较成熟,经历了初期的探索和高速发展时期的巩固,目前无论从层次、发展理念、组织经营形式还是服务质量水平以及整体营销策略等方面均处于世界领先地位,可以为我国海岛旅游开发提供很好的借鉴。

注重规划编制的马尔代夫旅游开发

马尔代夫是印度洋上的群岛国家，是由 26 组自然环礁，1 192 个小岛组成的。群岛南北长约 820 千米，东西宽约 130 千米，其中对游客开放的岛屿有 90 来个，另外有 200 来个岛屿居住着当地人。有"99％晶莹剔透的海水＋1％纯净洁白的沙滩＝100％的马尔代夫"之称，拥有数千种鱼类，是鱼的故乡。鱼的种类齐全、数目繁多，有时整个视野都被鱼群布满，上百条鱼在水中自由舞蹈，缤纷的色彩令人眼花缭乱。由于环礁有水浅、温暖的特征，这里的海洋生物丰富，是全世界最佳潜水天堂之一。各小岛之间的交通以 Dhoni、快艇、水上飞机为主。

马尔代夫重视发展规划，来指引全国经济、社会和环境发展方向。一个海岛的开发从上到下、从全局到个体需要遵循国家发展规划、国家环境规划、海岛十年开发规划和岛屿规划等。

国家发展规划是海岛开发的宏观规划和要求，马尔代夫每 5 年制定一次，任何海岛开发都必须遵循国家发展规划中提出的要求。1998 年，马尔代夫开始制定实施国家环境行动计划，提出规划期限内的实现目标，包括基础设施、人居环境、珊瑚礁的保护、降低气候对旅游业的影响、预防和减少自然灾害等，任何环境管理部门、海岛建设和经营者必须遵循共同努力实现计划制定的目标。每个海岛开发前，需以国家发展规划、环境行动计划及海岛旅游开发规划为指导，编制具体开发规划。马尔代夫海岛规划规定，岛上建筑物不得高于二层，同时以别墅式和木质结构为主；建在礁盘水面上的单层别墅则用木桥相连为路；各个风格不同的建筑也必须构成岛上独特的风景线。规划还控制了马尔代夫的工业污染，使得海水清澈见底。

全民参与环境保护的济州岛旅游开发

济州岛是韩国最大的岛屿，位于东海，在全罗南道西南 100 千米。面积 1 825 平方千米，包括 26 个小岛。岛形椭圆，由火山物质构成。数以百计的丘陵、滨海的瀑布、悬崖和熔岩隧道吸引着世界各地的游人。海洋性气候利于亚热带植物的生长。

济州岛是由火山喷发而形成，地貌十分奇特，处处岩浆凝石，加上四面环海，沿海的奇岩和瀑布、白沙场以及小岛等，都显示着海滨的天然美景。济州岛地处北纬 33 度线附近，却具有南国气候的特征，是韩国平均气温最高、降水最多的地方。温和湿润的气候和由火山活动塑造出的绮丽多彩的自然风景，使它赢得了"韩国的夏威夷"的美誉，吸引着成千上万的海内外游客前往观光。

韩国中央政府和济州岛政府为了保持济州岛第二产业低比率的局面，专门出台一系列法律法规对在济州岛开设工厂进行严格限制，以保护当地自然环境，配合推动旅游业的发展。2012 年，韩国政府做了一个《济州宣言》，要把济州岛打造成"世界环境首都"。在生态环境方面,政府颁布了《济州岛环境基本条例》,在韩国自觉参与联合国的环保计划。

济州岛岛民对自然风光的保护也尤为重视。济州岛以渔业海产为主要食物来源,但岛周边海域绝不允许一家人工海鲜养殖场出现,更不允许胡乱开采海洋资源。岛民始终是周边环境保护的忠实监督者,任何不利于环境保护的开发活动都将被岛民静止。同时,考虑到各种捕捞活动造成的破坏和沿海污染的严重后果,韩国海洋和渔业部决定在济州岛实施捕鱼许可制度,以防止这种情况发生。

注重基础设施投资和遗产保护的马耳他旅游开发

马耳他共和国,简称马耳他,一个位于南欧的共和制的微型国家,是一个位于地中海中心的岛国,有"地中海心脏""欧洲的乡村"之称。官方语言为马耳他语和英语,首都瓦莱塔。由于即使在冬季也拥有丰富的阳光、沙滩和海水资源,因此马耳他成为水上运动爱好者心中的圣地,也是潜水、游泳、航海、水球和垂钓运动的理想场所,是世界闻名的旅游胜地。

早在 1989 年,马耳他就邀请联合国开发计划署和世界旅游组织制定《马耳他诸岛旅游规划方案》,对各岛旅游功能进行合理的分工定位,并严格按规划实施。20 世纪 80 年代,马耳他政府开始重视基础设施建设,提高服务水平以吸引高消费旅游者。在交通设施方面,修建了一个新的飞机场;在戈佐岛建有直升机场;在瓦莱塔建有游轮码头。游客无论通过航空还是水路都能够顺利抵达目的地。海上交通四通八达,十分便利。与欧洲和北非各主要城市有直达航班。

马耳他旅游业得以迅速发展,也得益于岛上丰富的世界历史遗产和政府采取了有效的遗产保护措施,保证了到马耳他旅游的人们可以参观到完好的历史遗址。马耳他是众多国际性和地区性的遗产保护协定成员之一,其自身也有着完善的保护体制和规划,科学的保护政策和措施,明确的历史文化遗产的鉴定标准,以及历史建筑、遗址的分级制度。同时,马耳他定期对各种自然和文化遗产进行维护、保养。为了减少人为活动对自然和文化遗产的破坏,政府还对各种工程都进行科学、严格的规划和论证,防止一些工程对自然和文化遗产造成伤害。

资料来源:

1. 绿维旅游规划. 从全球成功案例看海岛游目的地开发策略[EB/OL]. (2018 - 10 - 29) [2019 - 09 - 17]. http://www.lwcj.com/w/154079150026047.html.

2. 中华网旅游. 济州岛:坚决不要第二产业[EB/OL]. (2015 - 10 - 21)[2019 - 09 - 17]. https://travel.china.com/vane/featured/11174545/20151021/20603432.html.

3. 吴珊珊,方春洪. 我国海岛旅游开发研究[M]. 北京:海洋出版社,2015.

（二）要点分析

近些年来，海岛旅游蓬勃发展，海岛旅游也成了滨海旅游业经济增长的一个重要的组成部分。海岛由于远离大陆、环境静谧，蕴藏着丰富的旅游资源，可使游客在心理上有脱离世俗之感，能够解脱自己、放松心情、释放紧张工作生活带来的压力。其特有的狭小空间地域能给游客带来完整、鲜明、深刻的感知印象。海岛自然景致惟妙天成、生态环境纯净如初，又极大满足了人们返璞归真、追求优美环境的心理需求。独特的魅力和诱人的前景，使得众多岛屿成为很多国家非常重要的旅游观光度假胜地。

目前，我国海岛旅游处于观光功能为主的开发阶段，度假旅游和生态旅游体现得较少，受旅游开发政策、资金、区域经济发展水平、服务水平和消费需求等多方面因素制约，与世界海岛旅游开发较为先进的国家尚有一定的差距，所以需要借鉴国外典型海岛旅游开发案例，结合自己的特色，系统地开发我国的海岛旅游资源。

在本案例中，马尔代夫的注重规划编制、济州岛的全民参与海岛环境保护、马耳他的注重基础设施建设和遗产保护，从三个方面给我们提供了很好的借鉴。我国针对这三个方面所做的工作如下：

第一，全国海岛保护规划。2012年，《全国海岛保护规划》经国务院批准并正式颁布实施。这是继《海岛保护法》出台之后，我国海岛事业发展的又一大重要举措，是引导全社会保护和合理利用海岛资源的纲领性文件，是从事海岛保护、利用活动的依据。《全国海岛保护规划》对海岛实施管理遵循"统筹兼顾、分类管理"的原则。针对有居民海岛，主要提出有居民海岛应当保护海岛沙滩、植被、淡水、珍稀动植物及其栖息地，优化开发利用方式，改善海岛人居环境。针对无居民海岛，重点强调"无居民海岛应当优先保护、适度利用"，并将可利用无居民海岛（不包括特殊用途无居民海岛）按照主导用途划分为旅游娱乐用岛、交通运输用岛、工业用岛、仓储用岛、渔业用岛、农林牧业用岛、可再生能源用岛、城乡建设用岛、公共服务用岛、保留类海岛10类。在分类基础上，对每一类别分别提出了对应的海岛利用和保护的要求，其中旅游娱乐用岛要求倡导生态旅游模式，突出资源的不同特色，注重自然景观与人文景观相协调，各景区景观与整体景观相协调，旅游设施的设计、色彩、建设与周边环境相协调；合理确定海岛旅游容量，落实生态和环境保护要求；严格保护海岛地形、地貌，加强水资源保护和水土保持，提高植被覆盖率；鼓励采用节能环保的新技术。

第二，海岛资源生态保护是《海岛保护法》的重要工作内容，是实现海岛永续利用的根本手段。目前我国开展海岛资源生态保护的手段主要有三种，分别是保护规划、生态修复和保护区建设。

保护规划参照《全国海岛保护规划》和《全国海洋功能区划（2011—2020年）》

的相关内容,旨在合理开发利用海洋资源,有效保护海洋生态环境。

生态修复是一种基于生物修复技术,结合其他物理和化学修复以及工程技术措施等手段,修复污染环境的方法。我国也将这种方法作为恢复受损海岛资源环境的主要手段。根据《2017年海岛统计调查公报》的数据,截至2017年底,中央财政累计投入资金约52亿元,地方投入配套资金约36亿元,企业出资约3亿元,用于支持海岛生态整治修复项目198个。与2016年底相比,中央和地方投入资金分别增加8亿元和4亿元,整治修复项目增加15个。截至2017年底,共修复海岛岛体面积约336公顷,种植植被约70公顷,种植红树林3.3公顷,整治修复海岛岸线约39千米,修复海岛沙滩约74公顷,海岛周边海域清淤近3000万立方米,清楚海岛岸滩垃圾约8.5万立方米。

保护区管理是国际上通用的一种对自然资源和环境进行有效保护的管理手段之一。截至2017年底,我国已建成涉及海岛的各类保护区194个,比2016年底增加8个。按照保护区等级划分,国家级保护区70个,省级保护区58个,市级保护区30个,县级保护区36个。按照保护区类型划分,自然保护区88个,特别保护区(含海洋公园)75个,水产种质资源保护区13个,湿地公园7个,地质公园2个,其他类型保护区9个。初步形成了层次分明、类型多样的海洋保护区网络,为保护海洋生态系统,维护海洋生物多样性,促进海洋生态文明建设发挥了重要作用。

第三,我国海岛开发水平较低,海岛基础建设还很薄弱。据统计,我国有居民海岛中仅有三分之一开通了交通船,约二分之一没有固定淡水供应,绝大多数海岛无垃圾处理设施,还有部分海岛无电网供电。尽管有些海岛已解决了水电供应等基本问题,但是在居住条件、文化教育、医疗卫生、防灾减灾设施方面仍需要投入。无居民海岛的基础设施建设更是无从谈起,严重制约海岛旅游资源开发和滨海旅游业的发展。但也应该看到,近几年,海岛经济不断发展,海岛旅游资源开发力度有所提高,海岛电力、交通、污水处理基础设施建设逐步加强,淡水存储和供应能力有所提升,海岛防灾减灾设施规模稳步提升。尤其《全国海岛保护工作"十三五"规划》提出推进海岛地区经济社会发展,支持水资源综合利用和废弃物资源化利用,开展海岛海水利用示范,扩大可再生能源利用规模,加强海岛防灾减灾能力建设。推动国家出台支持海岛经济发展政策,鼓励近岸海岛多元化保护利用,扶持边远海岛发展;推动边远海岛交通体系发展,支持码头、桥梁道路等交通基础设施建设。

除了建立海岛旅游规划体系、加强对旅游基础设施建设的支持力度、鼓励民众参与海岛保护这三个方面支持海岛旅游开发,还可以完善海岛旅游产品体系,营造安全、文明、好客的海岛旅游社会环境,提高开发经营管理水平,从而提升我国海岛旅游开发水平。

参考文献：

1. 国家海洋局. 全国海岛保护规划[Z]. 北京：国家海洋局，2012.

2. 国家海洋局. 全国海岛保护工作"十三五"规划[Z]. 北京：国家海洋局，2017.

3. 自然资源部. 2017 年海岛统计调查公报[R]. 北京：自然资源部，2018.

4. 王自堃. 对话海洋人：我国海岛保护管理工作取得新进展[EB/OL]. （2018-01-08）[2019-09-17]. http://dy.163.com/v2/article/detail/D7L4436P0514B6BV.html.

5. 李晓东，吴珊珊. 主要周边国家海岛开发与保护管理政策研究[M]. 北京：海洋出版社，2016.

6. 吴珊珊，方春洪. 我国海岛旅游开发研究[M]. 北京：海洋出版社，2015.

案例 9.2　当个"岛主"的机会来了

（一）内容梗概

海南省海洋与渔业厅 2018 年 7 月 4 日公布《海南省无居民海岛开发利用审批办法》（简称《办法》），明确单位或个人申请开发利用无居民海岛，应向省级海洋行政主管部门提出申请，并提交无居民海岛开发利用申请书、具体方案和项目论证报告。

海南省要求，编制无居民海岛开发利用具体方案应依据有关法律法规、规划、技术标准和规范，合理确定用岛面积、用岛方式和布局、开发强度等，集约节约利用海岛资源；合理确定建筑物、设施的建设总量、高度以及与海岸线的距离，并使其海岛保护措施，建立海岛生态环境监测站（点），防止废水、废气、废渣、粉尘、放射性物质等对海岛及其周边海域生态系统造成破坏。

《办法》称，无居民海岛开发利用项目论证报告应在自然资源和生态系统本底调查基础上编制，重点论证开发利用的必要性，具体方案的合理性，对海岛及其周边海域生态系统的影响，以及对海岛植被、自然岸线、岸滩、珍稀濒危与特有物种及其生境、自然景观和历史、人文遗迹等保护措施的可行性、有效性。

无居民海岛开发利用审核包括材料审查、初步核实、专家评审、公示、征求意见、集体决策等环节。海南省人民政府依据经济社会发展规划、海南省总体规划等进行审批。

《办法》明确，无居民海岛开发利用的最高期限，参照海域使用权的有关规定执行：养殖用岛十五年；旅游、娱乐用岛二十五年；盐业、矿业用岛三十年；公益事业用岛四十年；港口、修造船厂等建设工程用岛五十年。

《办法》称，无居民海岛开发利用期限届满，用岛单位或个人需要继续开发利用的，应当在期限届满两个月前向海南省人民政府申请续期。准予续期的，用岛单位或个人应当依法缴纳续期的无居民海岛使用金。未申请续期或申请续期未获批准的，无居民海岛开发利用终止。

对于《海岛保护法》生效前已实施的无居民海岛开发利用活动，该办法明确应在其颁布实施之日起 12 个月内完善无居民海岛开发利用申请手续，拒不办理的按违法用岛依法查处。

资料来源：

1. 中国新闻网. 当"岛主"的机会来了！个人可在海南申请开发无人海岛[EB/OL]. 搜狐政务，2018 - 07 - 05. [2018 - 11 - 10]. http://www.sohu.com/a/239370384_100199104.

2. 金羊网. 个人开发无人岛的相关政策进一步明确，当个"岛主"机会来了？[EB/OL]. 新华网，2018 - 07 - 16. [2018 - 11 - 10]. http://www.xinhuanet.com/city/2018 - 07/16/c_129913962.htm.

（二）要点分析

在本案例当中，个人可申请开发海南无人岛，事实上，个人申请当"岛主"已非第一次受热捧。2003 年我国第一部关于无居民海岛管理的法规《无居民海岛保护与利用管理规定》正式实施，2008 年底国家海洋局出台"海十条"提出"鼓励外资和社会资金参与无居民海岛的开发"，2010 年《海岛保护法》正式实施，2011 年国家海洋局公布我国第一批开发利用无居民海岛名录，几乎每一次政策出台都会掀起一股"当岛主"的舆论热潮。

购买海岛，事实上只是购买海岛的使用权。《海岛保护法》明确了无居民海岛的国家所有属性，由国务院代表国家行使无居民海岛所有权，国务院海洋主管部门负责对无居民海岛的保护和开发利用进行统一管理。《海岛保护法》第三十条规定，单位和个人申请开发利用全国海岛保护规划确定的可利用无居民海岛，应当向省、自治区、直辖市人民政府海洋主管部门提出申请，并提交项目论证报告、开发利用具体方案等申请文件，由海洋主管部门组织有关部门和专家审查，提出审查意见，报省、自治区、直辖市人民政府审批。无居民海岛申请审批程序主要包括无居民海岛开发利用的申请和受理，申请的审查、审批和发证。

"岛主"并不是想怎样就怎样的。《海南省无居民海岛开发利用审批办法》要求开发主体提前向有关部门提交申请书、具体方案和项目论证报告，就是对于"岛主"的一个筛选机制。海岛由于其特殊性，生态系统较为脆弱，一经破坏，很难修复，所以要求在获得海岛的使用权之后，要根据相应的规划进行海岛的开发，不得改变其初始的用途，也不得破坏海岛的生态环境。

买岛容易养岛难。根据《海岛保护法》规定，已经批准开发利用的无居民海岛，用岛者应当依法缴纳使用金。2010 年，财政部会同国家海洋局制定了《无居民海岛使用金征收使用管理办法》，就无居民海岛使用金的征收、免缴、使用、监督检查与法律责任等内容进行了明确规定。无居民海岛使用权出让最低价标准由国务院财政部门会同国务院海洋主管部门根据无居民海岛的等别、用岛类型和方式、离岸距离等因素,适当考虑生态补偿因素确定,并适时进行调整。所以,无人岛的购买价格并非是高不可攀的。但是,无人岛一般交通不便、淡水资源供应不足、海岛电力紧缺,有些海岛仅能初步满足居民生活用电需要,工业用电紧缺,电网和发电设施建设困难较大,即便基础设施修缮完毕,后期的岛屿维护也需要一大笔费用。2011年,宁波高宝投资有限公司以2 000万拿下"全国无人岛第一拍",获得浙江大洋屿岛50年的使用权,规划建成旅游度假中心,但2014年就因资金短缺被迫中断,原因在于海岛地形复杂,潮汐和台风等自然灾害使得海岛建设的工期不断延长,成本不断加大。可以看出,向海岛要土地、要资源实际上是一件高风险、高投入的事情,需要长期不断地"输血"搞开发。

值得注意的是,"岛主"也有任期。我国的无居民海岛使用期限分为两类:一类是无居民海岛开发利用具体方案中含有建筑工程的用岛,明确最高使用期限为五十年;另一类是针对其他类型的用岛可根据使用实际需要确定使用期限,但最高使用期限不得超过三十年。《海南省无居民海岛开发利用审批办法》有一个新的现象:不同的岛屿用途中,无居民海岛开发利用有了不同的期限限制,以往规定最高期限不得超过五十年,在海南则细化为几个类别,如养殖用岛十五年;旅游、娱乐用岛二十五年;盐业、矿业用岛三十年;公益事业用岛四十年;港口、修造船厂等建设工程用岛五十年。

参考文献:

1. 王鹏.宁波大洋屿岛2000万敲定岛主[N/OL]. (2011 - 11 - 12)[2018 - 11 - 15]. http://nb.ifeng.com/nbxw/detail_2011_11/12/105827_0.shtml.

2. 李妹妍.个人开发无人岛的相关政策进一步明确 当个"岛主"机会来了[N/OL]. (2018 - 07 - 16)[2018 - 11 - 15]. http://www.xinhuanet.com/city/2018 - 07/16/c_129913962_2.htm.

3. 李晓东,吴珊珊.主要周边国家海岛开发与保护管理政策研究[M].北京:海洋出版社, 2016.

四、问题思考

1. 理解海岛的基本概念和地位与作用。
2. 简述我国海岛开发与保护管理现状。
3. 就本章的理论内容,尝试给出与本章不同的案例以说明理论问题。

参考文献

[1] 蔡泰山.妈祖与海洋文化发展的关系[J].中国海洋大学学报(社会科学版),2005(2).

[2] 蔡先凤.海洋生态环境安全:监测评价与法治保障[M].北京:法律出版社,2011.

[3] 常纪文.实施湾长制应注意的几个问题[N].中国环境报,2017-11-8(003).

[4] 陈思.从历史角度比较闽台海洋文化的发展[J].福建论坛(人文社会科学版),2012(3).

[5] 陈天寿.论闽商文化在"一带一路"建设中的先导作用[J].闽商文化研究,2016(2).

[6] 范英梅,刘洋,孙岑,等.海洋环境管理[M].南京:东南大学出版社,2017.

[7] 龚虹波.海洋政策与海洋管理概论[M].北京:海洋出版社,2015.

[8] 郭飞,俞兴树,段伟,等.海域使用和海岛保护行政执法实务[M].北京:海洋出版社,2013.

[9] 郭皓,丁德文,林凤翱,等.近20a我国近海赤潮特点与发生规律[J].海洋科学进展,2015,33(4).

[10] 洪刚,李宛燃."一带一路"背景下的妈祖文化认识自觉[J].妈祖文化研究,2018(2).

[11] 胡斯亮.围填海造地及其管理制度研究[D].青岛:中国海洋大学,2011.

[12] 黄国柱,朱坦,曹雅.我国围填海造陆生态化的思考与展望[J].未来与发展,2013(5).

[13] 黄瑞国.妈祖学概论[M].北京:人民出版社,2013.

[14] 蒋维锬,郑丽航.妈祖文献史料汇编:第一辑·碑记卷[M].北京:中国档案出版社,2007.

[15] 蒋维锬.妈祖文献资料[M].福州:福建人民出版社,1990.

[16] 金彭年.法治与发展论坛:海洋法律研究[M].浙江:浙江大学出版社,2014.

[17] 科林·伍达德.海洋的末日:全球海洋危机亲历记[M].上海:上海译文出版社,2002.

[18] 孔苏颜.福建海洋文化产业发展的 SWOT 分析及对策[J].厦门特区党校学报,2012(2).

[19] 李海峰.借鉴美国经验发展中国海洋文化创意产业的思考[J].中国海洋经济,2017(2).

[20] 李思屈.以创新思维发展海洋文化产业[N].中国海洋报,2014-02-18.

[21] 李晓东,吴珊珊.主要周边国家海岛开发与保护管理政策研究[M].北京:海洋出版社,2016.

[22] 李忠东.清除海洋塑料垃圾[J].生命与灾害,2013(4).

[23] 梁永贤.浅析海洋文化创意产业的概念与发展思路[J].中国海洋经济,2017(2).

[24] 刘佳,李双建.从海权战略向海洋战略的转变:20 世纪 50—90 年代美国海洋战略评析[J].太平洋学报,2011,19(10):79-85.

[25] 刘景凯.BP 墨西哥湾漏油事件应急处置与危机管理的启示[J].中国安全生产科学技术,2011,07(1):85-88.

[26] 宁凌.海洋综合管理[M].北京:中国农业出版社,2014.

[27] 单玉丽.弘扬妈祖文化,促进区域经济发展:以莆田为例[J].现代台湾研究,2007(6).

[28] 尚方剑.我国海洋文化产业国际竞争力研究[D].哈尔滨:哈尔滨工程大学,2012.

[29] 宋光宝.海洋法治:经济转型与社会管理创新[M].杭州:浙江大学出版社,2012.

[30] 孙冰,李颖.海洋经济学[M].哈尔滨:哈尔滨工程大学出版社,2005.

[31] 陶以军,杨翼,许艳,等.关于"效仿河长制,推出湾长制"的若干思考[J].海洋开发与管理,2017(11).

[32] 汪丹,蔡先凤.浙江海洋经济发展与海洋环境法治[M].杭州:浙江工商大学出版社,2016.

[33] 王芳,付玉,李军,等.和谐海洋:中国的海洋政策与海洋管理[M].北京:五洲传播出版社,2014.

[34] 王建友.湾长制是国家海洋生态环境治理新模式[N].中国海洋报,2017-11-15(002).

[35] 王丽梅.妈祖文化的核心价值及其现代社会功用[J].重庆文理学院学报(社会科学版),2010,29(1).

[36] 王琪,王刚,王印红,等.海洋行政管理学[M].北京:人民出版社,2013.

[37] 翁木英.提升福建海洋文化产业竞争力研究[D].福州:福建师范大学,2015.

[38] 夏章英.海洋环境管理[M].北京:海洋出版社,2014.

[39] 夏章英.渔政管理学(修订本)[M].北京:海洋出版社,2013.

[40] 杨华.中国海洋法治发展报告(2015)[M].北京:法律出版社,2015.

[41] 姚会彦.全球治理时代海洋危机的思考与对策分析[J].海洋开发与管理, 2010,27(11):9-12.

[42] 张津.乾道四明图经:卷四[M].北京:中华书局,1990.

[43] 张润秋,郭佩芳,朱庆林.海洋管理概论[M].北京:海洋出版社,2013.

[44] 郑鹏.中国海洋资源开发与管理的态势分析[J].中国农业信息,2013(1): 58-61.

[45] 朱高儒,许学工.填海造陆的环境效应研究进展[J].生态环境学报,2011(4).

[46] 朱坚真.海洋经济学[M].2版.北京:高等教育出版社,2016.

[47] 朱坦,关骁健,汲奕君.围填海造陆生态化理论与实践探索:以天津临港经济区为例[J].环境保护,2016(2).